给建筑师的人工智能导读

Architects' Guide to AI

U0184068

何宛余　赵珂　王楚裕
[马]杨良崧（Jackie Yong）
编著

同济大学出版社
TONGJI UNIVERSITY PRESS

目录

前言

人工智能近来从投资狂热回归理性，其在行业、社会和经济等不同层面所带来的影响与讨论仍不绝于耳。除了那些专注于此领域的研究学者，我们往往只能从带有耸动标题的文章中浅显地认识人工智能，然而这必定导致难以对它有着全面且深刻的理解，不清楚它究竟是如何有效地帮助我们解决现实中的问题，甚至是对它抱有过高的期待。

我在 2016 年创立小库科技的第二年就带领团队开始编撰本书，作为行业内探索建筑智能设计领域应用的先行者之一，小库科技的研发团队具有多元化的学术背景，有建筑师、人工智能专家、软件工程师等。编撰本书的初衷源于我们在与业内很多建筑师的接触过程中，发现他们对于人工智能的理解非常碎片化，在市面上又很难找到一本指南读物帮助建筑师与人工智能、计算机科学等科技背景的人士进行沟通交流。因此，我们也希望本书能作为小库在跨领域合作上的又一尝试，作为建筑、人工智能和计算机领域读者的补充读物，以促进跨领域的对话沟通。

本书定位在专业科普，即在简明解释相关专业的基本理论的基础上，追溯人工智能与建筑学相互借鉴与融合的历史、过程实践和当前案例，并展望两者未来的发展趋势。在普及性的定位下，本书不会深入探讨数学理论和计算原理，取而代之的是较为通俗易懂的方式进行阐述。有兴趣的读者可根据参考文献查找相关原文来对于相关概念进行更深入的了解。由于计算机科学、人工智能领域近年的更新速度很快，除了大部分文献的选择是依据具有一定量级的引用量之外，部分观点来自于非正式的渠道，如媒体网页和未正式发表的文献库。我们在编撰的过程中，尽量淡化自身的立场，更多是以文献综述、提问和访谈的形式为读者更客观地呈现由数据驱动下的机器学习在建筑和城市设计领域的发展轨迹。

撰写本书的过程中我们得到了许多人的帮助。首先，我要感谢此书的编撰小组，他们是赵珂、王楚裕和杨良崧。他们在本书的框架起草、资料搜索与整理、内容编写与排版、与外部联系等整个成书过程中，都倾注了大量心血和精力。

　　其次，我要感谢同济大学出版社对我们选题的认可。其中特别感谢出版社的策划编辑袁佳麟和责任编辑卢元姗，在选题策划、正文的可读性，乃至设计排版和出版过程中的各种细节上，都给予了十分有用的帮助和建议，她们付出了宝贵的时间和精力促使此书成功出版。

　　我们还必须感谢曾经为我们提供详细且全面审稿意见的众多审稿人，其中包括岑岩（深圳市建设科技促进中心主任）、冯仑（万通集团创始人）、黄健翔（香港大学建筑学院教授）、尼尔·里奇（Neil Leach，欧洲高等研究院教授）、袁烽（同济大学建筑与城市规划学院教授）、周家雨（密歇根州立大学计算机科学和工程系教授）以及一些匿名的审稿人。这几年他们在内容的修订和文献参考的补充上为我们提供了专业且富有远见的指导。

　　感谢两位受邀访谈人，尼尔·里奇与帕特里克·舒马赫（Patrik Schumacher，扎哈·哈迪德建筑事务所合伙人）。感谢他们从百忙中抽空出来与我进行了深入的交流。他们目前的研究与实践，对建筑领域的现今和未来都具有一定的启发意义。另外感谢图片版权授权方，特别是雪莉·鲍尔（Shelley Power，建筑电讯派档案馆代理人）、埃米莉·帕克（Emily Park，盖蒂研究中心联络人）、卡洛琳·多伯特（Caroline Dagbert，加拿大建筑中心联络人）等人，他们为至今已较为罕见的图像提供了高清文件。这些被授权出版的图像为本书的真实性增色不少。

　　感谢本书中所提及的众多先锋探索者、实践家和科学家，我们对如此具有想象、探究和创新的研究和实践成果感到由衷的赞叹。最后我更要感谢和我曾经或至今依然共事的合作伙伴们，正因为有了他们的信任、鼓励和支持，才让此书成为可能。

何宛余

小库科技创始人兼 CEO

2021 年 5 月

序一

承蒙何宛余女士邀请，为本书写序，心中不禁惶恐。

初识小库公司，是 2017 年 6 月，从网上看到有一家叫小库科技的公司，推出了国内房地产界首款"智能强排"的设计软件。笔者不明觉厉，也就开始关注此事。2018 年 4 月初，在珠海参加"绿色建筑博览会"，专门去听了何总的演讲，对智能设计有了些感性认识。

当前，以 5G 移动互联网、大数据、云计算、人工智能、物联网、区块链等前沿技术为代表的第四次工业革命正迅猛袭来。在这场工业革命中，中国历史性地与美国一起，站在了最前沿（尽管比美国落后半步）。美国开始对以华为为代表的中国企业发起了贸易战、科技战。为此，华为公司创始人任正非强调，"民族竞争，是从中小学讲台上开始的"，"我们不仅需要砸钱，更需要砸基础科学，砸数学家、物理学家、化学家"。

任总的讲话发人深省。要发展人工智能，首先是认真学习世界上最先进的理论。由于笔者是自动化专业出身，提起人工智能，第一时间就想起了 1948 年诺伯特·维纳（Norbert Wiener）出版的《控制论：或关于在动物和机器中控制和通信的科学》（以下简称《控制论》）一书，他将控制论思想和方法渗透到了几乎所有自然科学和社会科学领域。该理论在当时激起了极大的争议。书中将动物与机器相提并论，引起了宗教人士抗议——"冒犯了造物主与人的尊严"，更引发了"机器会否取代人的工作""机器是否会拥有比人更高的智力"等质疑，甚至恐慌。由于《控制论》中晦涩的哲学思想难以被人理解，前苏联更将其定性为"反动的伪科学"。

同样情况也出现在当下。在 1997 年"深蓝"战胜国际象棋世界冠军卡斯帕罗夫，尤其是 2016—2017 年"阿尔法狗"和"阿尔法零"相继战胜了人类围棋最顶尖的高手李世石和柯洁之后，相关质疑和误解接踵而来，担心人类将被机器所取代。所谓"太阳底下无新事"，按目前人类的科技水平，机器人的智力是不可能超过人类的，它们会"局部"取代和帮助人类的简单劳动（尽管从科学理性的角度说，人类还是应对机器人的发展保持一定的警惕性）。而按产业发展规律，机器在取代部分人的重复劳动之后，会创造更多的工作岗位。例如，汽车取代马车之后，虽然饲养马匹、马夫等工作减少了，但出现了生产汽车的工厂、为汽车生产燃料的煤矿以及后来的炼油厂、修高速公路的工人和收费员，甚至销售人员、4S 店的保养人员等，整个汽车产业的发展，容纳了原来马车行业百倍以上的从业人员。

在此要向一位本人最推崇的大科学家——钱学森先生致以最崇高的敬意。钱先生聪明绝顶，学贯东西，1935 年进入美国麻省理工学院航空系，仅用一年时间就获得了硕士学位，其后三年又在加州理工学院同时获得航空和数学博士学位，成为"世界著名空气动力学家"。1937 年，钱先生加入了加州理工学院的火箭研究组，该小组是美国火箭技术的先驱；此后他又参加了美国首枚导弹研制，负责总体与控制系统设计。1947 年 2 月，在美国麻省理工学院破格晋升钱学森为正教授的仪式上，钱先生作了《飞向太空》的专题研究报告，在世界上首次提出用"三级火箭"实现人类遨游太空、进行"星际旅行"的梦想（比钢铁侠埃隆·马斯克整整领先 55 年）。

钱先生以他擅长的数学与工程的方法，从理论的高度认真研究"一个系统各个不同部分之间相互作用的定性性质以及整个系统的运动状态"，从而发现在整个工程技术范围内，几乎到处都存在被控制的系统，可以用一种统管全局的方法，充分发挥"正、负反馈原理"，"用不完全可靠的元件组成高可靠性系统"等一系列原创性的理论，并出版了《工程控制论》的学术专著。美国权威科学杂志评论道，"钱先生将理论结合到实践上，高超地将两只轮子装到了一辆战车上，碾出了工程控制论研究的一条新路径。"《工程控制论》系统揭示了维纳《控制论》对自动化、航空、航天、电子通信等科学技术的意义和影响，迅速被科学界所接受，也促使前苏联不再将《控制论》称作"反动的伪科学"，反而积极参与其中的研究。

钱先生认为，西方国家航空工业十分发达，中国工业基础薄弱，如果从事飞机制造业研究，很难超过西方国家。当时最先进的航空工业发展趋势，工程理论已经一体化，工程是跟着理论走的。通过研究航空理论，中国完全有可能实现跨越式发展，超越西方。在《控制论》出版后的 1950—1955 年间，由于钱学森先生要求返回新中国，被美国当局吊销了国防机密研究的许可证，并被软禁长达 5 年之久（对比前段疫情期间，不少人被关在家中两个多月就"痛不欲生"了。但大科学家牛顿在疫情期间，就发现了万有引力；钱先生在被软禁期间就写出了改变世界的《工程控制论》）。

正是由于钱学森先生的远见卓识，他领导中国航天从无到有，在一个落后的农业国，经过艰苦卓绝的奋斗，使我国航天导弹事业一直保持在世界第三的高位，从火箭到近程导弹到洲际导弹再到卫星，从普通卫星到载人航天到绕月飞行到空间站建设再到北斗导航系统建设，支撑起中华民族不屈的脊梁！

之所以花这么多的篇幅讨论钱学森先生，是因为钱先生的经历为我们中国科技人员学习世界先进技术、勇攀世界科技高峰提供了生动、鲜活的榜样。首先要虚心学习世界先进科学技术，其中先进理论的学习是最基础的。对人工智能领域来说，没有科学理论的重大突破，就没有先进的算法，更没有创新性的应用。同时，工程实践也很重要。只有科学理论与工程实践的完美结合，就像钱学森的《工程控制论》一样，才是我们中国科技人员勇攀科技高峰的应有态度。

回到小库科技所从事的建筑设计人工智能领域，说实话笔者对公司的几个创始人的勇气还是很钦佩的。根据权威的麦肯锡公司的行业研究报告，建筑业在所有产业品类中是仅次于农业的在信息化应用最"落后"的行业，尤其是我国建筑业，行业离散度高、管理随意性大、以人工作业为主，这样的行业与"人工智能"差距不是一般的大啊！

笔者从事建筑行业近 25 年，从事建筑工业化推进工作近 20 年。深圳市在 2001 年第一份住宅产业化（建筑工业化）发展报告中，就提出发展建筑工业化的初心是"提高质量、提高效率、减少人工、减少浪费（节能减排）"。20 年来，建筑工业化的发展一直是这样"不忘初心"，历尽艰苦，才发展到现在，可以说与发展人工智能的"初心"有异曲同工之妙。

从工业的分类来说，瓦特 1765 年发明蒸汽机开始了工业 1.0 动力革命。许多人将 1879 年爱迪生发明电灯作为工业 2.0 电气化革命的开始，笔者认为，1908 年福特推出 T 型车和 1913 年"T 型车流水生产线"是真正拉开了席卷全球的"工业革命"的序幕，因此以 T 型车为代表的"标准化产品"和"流水生产线"构成了工业 2.0 的本质特征，使全世界的物质生产呈爆炸性增长，社会财富也极大丰富，构成了 20 世纪世界发展的主旋律。1980 年代台式电脑的发展，使人类社会进入了工业 3.0 的信息时代，叠加中国的改革开放，使整个世界政治经济呈现"加速"增长阶段，世界进入"全球化"时代。

2010 年开始，以人工智能、大数据、云计算、移动互联网、物联网、区块链等前沿技术为代表的工业 4.0 时代，即智能和互联网时代悄然来临。少数适应的国家、地区和产业呈"指数级"增长，更多的国家、地区和产业无法适应，贫富差距增大，国家、地区和不同阶层加速分化，出现了"逆全球化"的历史进程。可以毫不夸张地说，能否掌握人工智能技术，是 21 世纪国家、地区、产业及社会阶层的核心竞争力，将决定这些国家、地区、产业、阶层的前途和命运。

改革开放 40 年来，我国经历了历史上最为激动人心的"伟大的中国工业革命"，我国综合国力跃居世界前列，基础设施日臻完善，主要工业门类最齐全，主要工业产品产量居世界首位，取得了历史性的巨大成就。但我国主要产业刚刚越过工业 2.0，正在向工业 3.0 的艰难发展进程中。对建筑业来说，整体产业水平比主流产业大约落后一代，由于塔吊、施工电梯、泵送混凝土的普遍应用，使建筑业跨越了工业 1.0 动力时代的门槛，但是距离"标准化产品 + 流水生产线"的工业 2.0 时代仍有很大差距。工业 2.0 是我国建筑工业化（装配式建筑）、信息化 BIM 工业 3.0 和人工智能 4.0 发展不可逾越的障碍。这个问题欧美发达国家也不同程度地存在，只是他们工业化历史悠久，前后经历过 200~300 年的工业化进程，很多工业化的底层逻辑和社会化分工配套能力已经融入了产业生态的各个方面。

目前，我国在推进建筑工业化（装配式建筑）、建筑信息化（BIM）的过程中都碰到了许多技术、管理、制度、文化上的障碍，遭遇了"系统性困境"，如装配式建筑的"竖向构件连接方式""主体结构预制率"之争、BIM 和信息化的"信息孤岛""烟囱林立"，等等。解决之道还是要"不忘初心"，抓住本质，按联合国经济委员会曾经对"工业化"即"产业化"的定义，即生产标的物的标准化、生产的连续性、生产过程各阶段的集成化、工程高度组织化、尽可能使用机械化代替手工作业、生产与组织一体化的研究与开发，系统性地推进。

我们在推进建筑工业化时，强调的是"标准化设计"，而社会上普遍认为，过于标准化会造成建筑的呆板与千篇一律。其实这种担心是完全不必要的。早期的古希腊和古罗马建筑是非常讲究"柱式"与"比例"的；我国北宋时代李诫编著的《营造法式》也提到"材分八等、以材为祖"的建造原则。中西方的建筑学大师，在这里都同时强调了用"标准化的部件"，通过某种规则的"组合"，形成"美的韵律"，从而成为"千变万化"的作品。从人工智能的角度来说，就是要通过科学的算法，找到这种组合的"规则"，从而"智能"地设计出美好的作品。

通过阅读本书的介绍，笔者恶补了不少"人工智能算法"的知识，例如：推动机器学习流行化的第一个舵手唐纳德·赫布（Donald Olding Hebb）在 1949 年提出了神经心理学学习范式——赫布理论（Hebbian Theory），1957 年弗兰克·罗森布拉特（Frank Rosenblatt）的感知器算法是第二个有着神经系统科学背景的机器学习模型，1986 年昆兰（J. Ross Quinlan）提出了另一个著名算法——决策树算法即 ID3 算法。此后，很多其他的算法或改进如雨后春笋般出现。

1997 年 IBM 的"深蓝"打败了国际象棋世界冠军卡斯帕罗夫，在当年引起极大轰动。经过多年沉寂，直至 2016 年 3 月，谷歌公司人工智能团队战胜世界围棋冠军李世石，2017 年 5 月又战胜了世界围棋排名第一的我国棋手柯洁，全世界的目光重新聚焦在人工智能上。随后，各种人工智能算法得到了广泛的应用，尤其在人脸识别、语音识别、智能交通、自动驾驶等方面取得了许多突破性进展。小库科技也于 2017 年 6 月发布了首款"智能强排"设计软件，再度开启了"人工智能设计"的时代。2020 年 6 月，住建部批复深圳市在全国率先开展"建筑工程人工智能审图"，笔者对人工智能在建筑业的应用前景，充满信心。

　　然而，前进的道路并不平坦，估计还会遇到许多困难，例如：建筑业底层逻辑混乱，设计图纸图层管理混乱，设计质量参差不齐；建筑业数据少，结构复杂混乱，整理非常困难；人工智能的相关算法也亟待提高。这些都是我们需要认真面对的困难。解决之道，不外乎"两端用力，相向而行"，在建造方式上同步大力推进建筑工业化和信息化，按"等同装配"的技术理念，在推广标准化设计的基础上同步推进建筑业数据"结构化"。建筑业数据结构化水平提高了，人工智能设计和审图才会有坚实的基础。离开了建筑工业化的前提去推广建筑业信息化和智能化，只能是"水中月""镜中花"。同时，还要认真学习人工智能的理论，研发更加适应建筑工程实践的算法，将理论和工程实践结合得更加紧密。小库科技的创始团队结构很合理，既有具有顶级建筑公司工作经验的建筑师，又有顶级互联网公司的研发工程师，形成了"互补"的架构。正如书中所提到的，在这个智能时代，有越来越多的建筑师开始了新的探索，这些像小库科技一样的"探路者"们的发展前景，令人期待。

深圳市建设科技促进中心主任

岑岩

2020 年 7 月

序二

在过去的近二十年间，互联网的发展逐步改变了建筑业和房地产行业的很多规律。从产品到用户，从服务到思维模式，都产生了颠覆性的变化。

我们可以看到，随着交往模式的变化，人们对住宅以外的其他空间的需求大量增加；电商和互联网的发展使空间使用结构发生了巨大变化；Airbnb、WeWork 等平台的出现，改变了空间的使用方法和使用率。

这些变化，将为已经到来的后开发时代的地产业，带来很多新的选择。

从 1999 年到 2017 年，地产行业要做的事情就是：买地—盖房—卖掉。这个叫做"开发时代"。这时，地产企业成长非常快，崛起了很多巨头，因此也被称为"黄金时代"。而现在，地产业已经完成了开发时代的任务，开始迈入"后开发时代"。

"开发时代"是以单一住宅产品为核心，快速建设、销售的时代，竞争的重点就是：成本、规模、速度。

互联网在成本、规模和速度上提供了很大助力。现在互联网已成为地产发展的"标配"，那么，想要在这样的时代发展中"跑赢"，我们还可以加入什么呢？我一直在思考这个问题。

当我阅读了这本书后，我觉得或许可以找到答案。

由于我长期关注互联网地产的发展，很早的时候就预判地产行业未来供需模式会发生巨大变化。2014 年，我大胆提出了一次互联网地产的商业创新——自由筑屋。这是一次家园共建的设想，即将住房开发的主动权交给用户，一切围绕用户的需求重塑房地产开发的流程，并搭建线上、线下的专业系统，帮助用户通过互联网实现房地产定制化设计和订单化生产。

这个商业创新在当时引起了极大的轰动和争议，但项目最终没有成功落地推行，因为对正处于高速开发期的地产行业来说，它太超前了，行业内缺少能快速进行科学分析推荐、实现千人千面与标准化结合的能力与技术。

今天回过头来看，当时缺的就是人工智能的能力。

这也是我写下这篇序的原因。人工智能在开发设计上的应用，给"后开发时代"的地产发展带来了一种新方向, 对全面提升设计、建造和运营与资产管理提供了巨大助力。

本书介绍了建筑开发与人工智能交叉的历史、发展及未来可能性, 通过多个实例向读者揭示了建筑开发设计与人工智能如何更好地产生连接, 为建筑开发的新趋势提供了指引。其中的很多阐述并非纸上谈兵, 它是基于小库科技团队十年来的研究和近四年的实践经验的总结, 是从构想到研究再到应用成果的呈现。我相信, 此书能帮助我们从过去的思维转变到未来的思维上, 对很多还徘徊在地产科技新模式探索之门外的人士将是一个极大鼓励与助推, 也向人们预示, 人工智能进入建筑地产业的时代已经来临。

未来, 将是万物互联的时代。地产和建筑也将通过互联网的通道, 通过科技的助力, 与用户产生更好的连接。我万分期待这样一个新时代的来临。

是为序。

万通集团创始人、御风集团董事长

冯仑

2020 年 7 月

序三

本书结构合理、逻辑清晰，深入浅出地从建筑学和人工智能两门学科的内在属性和发展趋势揭示其学科的内在联系及其交叉的必然，同时对人工智能的未来进行展望。

首先，本书从学科发展的角度探讨建筑学受系统论、控制论、统计学或概率论（理解复杂性、预测不确定性）等复杂性先进学科思想的影响，从模数化、类型学逐渐发展出模式语言和形式语法等，在寻求设计规则的同时不断尝试应对设计的灵活性和不确定性的发展趋势。同时，随着计算性能和数据存储能力的不断提高，信息技术的发展带来建筑学的范式转移，产生了通过计算机处理设计问题、表现设计信息的生成式设计思想，计算机图形学、参数化设计和建筑信息建模的全生命周期管理思想，学科不断数字化。

另一方面，人工智能作为计算机发展的前沿，有助于解决设计中的不确定性和高复杂性的设计需求，与建筑学两者之间存在着交叉的可能与必然。在探讨两门学科关系的过程中，作者从一系列乌托邦的建筑和城市实验引入"建筑机器"的概念，这些实验从环境和使用需求等角度出发，基于先进的科学技术设计人居环境，其中的反馈和交互机制影响着建筑设计发展趋势，使建筑发生从有形的实体到无形的虚拟系统的转变。

从第三章开始，本书重点从建筑设计过渡到机器学习。由于建筑设计的复杂性，早期依靠明确指令输入的方案生成方法难以满足复杂的社会和城市发展需求，因此出现借助数学模型来求解建筑设计的复杂性的最优化问题。借此将建筑设计视为一种多目标优化的问题，进而引出求解该类问题最有效的方法之一——机器学习。然后以是否具有标签作为标准，介绍了机器学习算法中的有监督学习、无监督学习和半监督学习三种分类。

第四章则基于佩德罗·多明戈斯对机器学习方法的归纳，从"基于知识""基于逻辑"和"基于数据"，介绍了符号学派、贝叶斯学派、类推学派、进化学派和联结学派五大派别，对每种派别的算法概念和原理进行深入浅出地讲解，同时介绍其在建筑学 (包含城市) 中的应用，使读者更好地了解机器学习算法之间的概念和原理差异。第五章则基于前一章对早期人工智能算法的总结，介绍使人工智能突破发展瓶颈的深度学习算法，对机器学习的研究由"从人为提取的特征中学习出模式"转向"让机器自行提取特征并从中学习出模式"。

总体而言，全书语言较为通俗易懂，对于计算机类的专业术语亦从建筑从业者的角度进行类比解释，如通过建筑设计实例介绍数据标签类型，具有较高的可读性和科普性。

正如书中所提，"建筑设计的知识不能仅靠最终成品来作为知识传承，其设计过程，从概念到建造完毕的完整记录 (就像医生对病症的判断流程) 才能反映建筑师的设计经验"，从建筑学中的"设计科学"概念的出现，到计算性辅助工具和性能化、生成式思想等，数据推动了建筑学的 "数字化" 转向，使用计算机作为设计工具，人类智能与创造力不断提高的同时，建筑师的角色也应随着"建筑"本身概念的理解改变而发展变化。建筑师对于多门学科的掌握和综合运用，更像是在架构一个系统。人工智能的出现，或许能帮助建筑师更好地"储存知识"，为一个更智能化的系统提供知识基础，最终推动建筑的演化甚至进化。

同济大学建筑与城市规划学院教授, 副院长
上海创盟国际建筑设计有限公司创始人
袁烽
2020 年 9 月

阅读指南

第一章 引言：震荡中的建筑产业

当今建筑及相关产业在智能方向上的发展及所面临的问题与挑战。

第二章 建筑学与人工智能的邂逅

追溯了 20 世纪初诞生的复杂性科学、人工智能与建筑学之间的相互影响，回顾早期建筑学在工业化、信息化、智能化道路上的探索成果。

第三章 建筑设计中的机器学习

随着人工智能中机器学习分支的发展，建筑设计中的复杂性问题有了更好、更可行的解决方法。

第四章 机器学习在更广建筑领域的介入

通过对机器学习目前主流五大学派的思想方法进行概述，探讨不同学派的方法在建筑学(包含城市)中的应用，总结现有的探索成果并启发新的应用可能性。

较容易

一般

有挑战性

第五章
初探建筑领域中基于网络的深度学习

通过概述深度学习的主流方法与技术及其在建筑学（包含城市）中的应用，洞悉深度学习在建筑学领域的应用潜力。

第六章
与人工智能共存的城市未来

探讨人工智能未来对建筑领域的个体和机构所产生的潜在影响。

第七章
留给我们的思考

讨论业界对人工智能的一些疑虑，例如人工智能可能引发的一些道德伦理、法律权利及社会问题。

第八章
带给我们的启发

邀请业界大咖畅聊其对人工智能与建筑学和城市的看法。

正文中符号意义

{1}	读者可前往该章节编号延伸阅读
①	脚注注释
[1]	尾注参考文献

第一章 引言：震荡中的建筑产业

数据分析、人工智能、物联网、虚拟现实、区块链——所有的这些技术都将改变我们未来投资和占据房地产的方式。

——顾东尼，仲量联行亚太区首席执行官

Data analytics, artificial intelligence, the Internet of Things, virtual reality, blockchain—all of these will change how we invest in and occupy real estate in the future.

—Anthony Couse,
Chief Executive Officer of JLL Asia Pacific

建筑产业目前在世界范围内，面临着较为严峻的状况，这是一个无可辩驳的事实。从低下的效率、增速、利润率、数字化程度、智能化程度，到高昂的沟通成本和风险水平，各处皆是例证。尽管长期以来产业内外不断有力量来试图改变这不尽如人意的现状，但整个进程表现得异常艰难和缓慢。究其原因，这种困境在一定程度上，是与这个产业的本质特征联系在一起的。

然而，在这样的局面下，随着对新技术的应用和对新商业模式的探索，有一些积极的变化正在发生，有一些向好的趋势正在显现。总体来看，整个建筑产业目前处于新常态形成之前的震荡期，处于产业整体升级的过程中。

本章中我们将分别观察建设项目中的各个典型发展阶段（项目前期、设计建造、租售交易、运营维护）中正在发生的变化，更具体地来说，观察这些阶段中出现了哪些值得关注的新兴科技企业。其中，主营业务在租售交易和运营维护环节的新企业数量较多，发展也较为迅速；而项目前期和设计建造环节的新企业数量较少，发展也相对慢一些。有趣的是，我们知道一个建设项目的发展顺序通常是按照项目前期—设计建造—租售交易—运营维护进行的。这说明大部分创新型公司首先瞄准的是产业链条的末端，因为这部分是相对比较容易应用科技进行革新的。而越到产业链的上游，使用科技解决问题的要求和门槛则相对越高。

在理解了当前建筑产业的整体图景后，我们定位到建筑师的角度，开始思考作为产业的一员，应该如何顺应趋势和发展自身。而探索和寻求此问题答案的过程，也正是本书成书的经过。

1.1 建筑产业中的趋势变革

"建筑产业"是一个较为宽泛的概念，并没有一个通行的精确定义。在本书中，我们认为国民经济行业分类中的"建筑业""房地产业"和"科学研究和技术服务业—工程技术与设计服务"的相关内容都包含在"建筑产业"这个概念中[1]，即它会包含民用建筑、基础设施和工业建筑项目开发流程中涉及的各个方面。

建筑产业是世界上最大的产业，它的经济体量占全球的国内生产总值约13%[2]。在中国，建筑产业也是国家经济发展中的支柱产业之一。但纵观国内外，产业的整体表现均不尽如人意。

首先，产业的生产率增长速度低下。在过去的20年里，建筑产业的生产率仅以每年1%的速度缓慢增长，而整个经济的水平是2.8%。其次，建筑产业的技术革新和数字化的水平也很低。在麦肯锡2015年的一份报告中，美国建筑产业的数字化程度在所有产业中几近垫底，仅高于农业[3]。另外，建筑项目中时间和成本的普遍超支，以及项目开发利润低但风险高等问题，也是行业内令人诟病的顽疾。这些不佳的表现背后，是以下建筑产业自身的基本特征直接作用的结果：

项目制本质

由于每个建设项目都位于一块独一无二的土地上，所以不可能有完全一样的两个项目。即便有各种试图将产业更加工业化、标准化的努力，但直到当代，建筑产业的产品化程度相较于其他产业仍然较低。

监管严格

建筑物（包括构筑物、基础建设设施等）关系到公众利益，所以建筑项目的各个环节都会受到政府的严格监管。强制性标准、行政审批等具体监管方式，被作为限制条件和实施边界来实现对公众的生命和财产安全保障。

产业整合度低

在建筑产业中，一些项目的复杂性并不高，而且非正规劳动力/临时工所占比例较高的细分市场（如设计阶段的模型和渲染图制作、施工阶段的一些技术性较低的岗位等）准入门槛较低，从而使规模较小且效率低下的公司得以生存和竞争。这是造成产业内碎片化程度高、整合度低的重要原因。

资源短缺

建筑物的生命周期很长，而且受经济形势的影响较大，所以资本投资总的来说是较低和波动性的。除了资本，劳动力的短缺在世界范围内也是一个严峻问题，市场上长期缺乏熟练的工人。

当代项目的复杂性

为了适应当代社会的复杂需求，建设项目的复杂程度也越来越高，这给项目中的各个环节都带来了挑战。从最初的项目规划，到设计、物流、施工甚至后续的运维阶段，都需要处理大量复杂的信息。另外，受2020年爆发的新冠疫情的持续影响，在可以预见的未来，建筑产业中对卫生安全、绿色建筑等关系到公众健康、环境友好的规范条款的规定也会趋向严格，这会进一步抬升建设项目的复杂度。

尽管建筑产业面临着生产率增长速度、技术革新水平、数字化水平、利润水平低下，而项目风险高的不乐观总体现实，但是我们也观察到，在成书的 2021 年，建筑产业生态中新的趋势正在成型。例如，建筑产业中的各类企业，从开发商到设计公司、施工企业均在一定程度上加大了其在技术和设施升级方面的投资。企业试图向着更加工业化、标准化、专业化和产品化的方向发展。同时，也有本身带着技术基因的新兴科技企业，以及成熟的大型科技企业入局建筑产业。

毫无疑问，这个保守的产业正在经历剧烈的震动、洗牌、占位与改变。可以想象在不远的未来，实现了专业化分工的高数字化企业将会整合出更加工业化的供应链和价值链，实现整个建筑产业的升级。

如果思考这一新趋势背后的动因，则主要有以下两点。一方面是当代建设工程面对越来越高的复杂性。如果产业不寻求更加高效的生产工具、管理方式以及产业链条间的高效合作，将会越来越难以处理高复杂度（通常项目时间也并没有相应延长，甚至要求在更短时间内实现）的建设现实。另一个不容忽视的方面是产业中越来越低的利润。如果不进行变革，产业内的企业即便艰难存活，也难以获得可接受的回报。

1.2 建设项目各阶段的新玩家

为了进一步观察这场正在发生的产业变革，我们以建设项目的普遍阶段（项目前期、设计建造、租售交易和运营维护）作为观察的切入点，详细探查各阶段中都入场了什么样的新玩家（颠覆者），以及产业中的传统企业在寻求怎样的变革。

项目前期

项目前期是正式设计前的项目规划阶段。重要的决策，如可投资性、设计方向等，都会在此阶段做出。对于当代日益复杂的建设项目而言，一方面需要革新汇集资本和分享利润的方式，以对抗产业内的风险；另一方面也需要数字化的、更加理性可控的方式来辅助重要决策，以防止决策失误导致的各种损失。

使用新技术在建设项目投资金融方面的革新企业还较为稀少，此领域整体上还处于萌芽的阶段。由于传统的地产投资往往需要重资本，故而这个市场的潜在客户增长有限。而新兴的投资类企业，力图采用新的投资模式为轻资本的地产投资者提供服务。目前主要实践的两种方式：一种是空间上的分割，采用众筹的模式，让客户能够共同持有一个产业（例如创立于2014年的多彩投）；一种是时间上的分割，也就是个人的分期付款（例如创立于2014年的会分期）。

而无论哪一种方式都需要依赖数据分析技术对潜在项目和客户进行研究，以实现更为合理的决策。随着区块链技术和电子货币的发展，这部分企业的数量可能会进一步增长。另外，随着2020年国内开始对REITs[1]进行试点，相信这一类在国外已经较为成熟的投资工具，会为国内相关市场的建设项目投资带来新的发展机遇[4]。

在将新技术用于项目前期的初步设计决策方面，小库科技（创立于2016年）的切入点是规划阶段的建筑楼栋数量测算与布局方案的生成。在实现规划方案的自动化过程中，需要向前考虑并整合项目前期阶段内的重要项目信息，以完成规划方案的生成与初步审核。项目信息作为输入参数，一部分由使用者直接输入（如规划条件），一部分则从城市已有的数据（如用地周边交通、配套、已建成项目情况等）中获得。随着新技术、数据开放程度的进一步发展，可以预见数据将会逐步在项目前期发挥更关键的决策作用，并被更为直接运用于规划方案的形成。

░ 设计建造

设计建造阶段，覆盖建设开发项目中的设计过程和建造过程。相较于租售交易和运营维护，设计和建造所需要的知识、技术和企业资质的壁垒

---

① REITs，全称 Real Estate Investment Trust，即房地产投资信托基金。

较高，对于初创企业来说这并不是一个容易介入的领域；而对产业内传统的设计企业和施工企业来说，如何使用新技术进行数字化升级也是一个迫切却很有难度的任务。

针对设计阶段，目前较多的初创企业是为建筑师及终端消费者提供更加有效的交流和管理工具，如可提供在线极速渲染服务的光辉城市（创立于 2013 年），以及提供建筑信息管理平台的模袋（Modelo，创立于 2014 年，已于 2020 年被家居平台酷家乐收购）等。澳大利亚 Aconex［创立于 2000 年，已于 2017 年被甲骨文（Oracle）收购］从事提供建筑项目云计算解决方案的服务；位于美国加利福尼亚州的 PlanGrid（创立于 2011 年）的工作主要是将建筑项目中的大量纸质文件转移到云端，先进行数字化，再通过移动端渲染，支持使用 iPad 等进行浏览，它也在 2018 年被建筑软件领域的巨头欧特克公司（Autodesk）收购。

在设计阶段需要考虑更细的建筑尺度。酷家乐基于给定的空间和空间功能，实现了对该空间进行快速家装布局方案生成和渲染展示。在建造阶段，涉及建材和施工市场的科特亚公司（Katerra，创立于 2015 年）是引发了相当关注的企业。获得了大量资金注入后，其试图完成从设计研发、供应链管理到施工建造管理的装配式建筑产业链整合。国内的大界机器人科技（创立于 2016 年）利用机械臂等自动化制造工具提供从数字化设计到机器人建造的一体化服务。

可以观察到，上述设计和建造阶段的新入场者，都在力图通过新技术对多个环节进行基于数据流畅传递的整合工作。例如，使用人工智能的设计生成，需要从更前期的决策阶段获得重要的项目信息；而使用机械臂的自动化制造，需要从前面的设计阶段中获得精确的设计数据。

在这样的趋势下，传统的提供客户端版的建筑软件供应商们，不论其软件产品是服务于设计阶段还是建造阶段，都在寻求软件之间的积极整合。例如，2011 年 Autodesk 推出了 Autodesk PLM 360，这是一款基于云端的产品全生命周期管理工具。随后它又进一步推出 Autodesk BIM 360 这款基于云端的建筑信息模型软件，以试图实现项目信息在业主、设计师、工程师及承包商之间的共享和使用。

▨ 租售交易

租售交易阶段，专注于直接连接到顾客的房屋租售的交易环节。

在居住空间的短租市场上，由工业设计师出身的创始人建立于 2008 年的爱彼迎（Airbnb）极大挑战了传统的商业酒店行业。它采用共享经济的模式，让游客通过支付一定的报酬，暂时地获得房东居住空间的使用权，将旅客和当地的民宿家庭直接联系到了一起，整合了线下的闲置空间，能够提供更加灵活和低价的服务。国内的途家网（创立于 2011 年）采用了 O2O 模式。与爱彼迎仅作为一个线上平台负责预定流程不同，途家和开发商的闲置公寓合作，还提供房源的管理和运营。

而在居住空间的长租市场上，以链家（创立于 2001 年）为代表的提供租赁服务的中介机构在手握大量房源的基础上，采用数字化的分析和管理方式，能够更加有效地加速交易的实现。自如作为链家的长租品牌，一段时间里在租房市场上风头无两。不过值得注意的是，传统的大型房地产开发商，例如万科也开始以泊寓这类长租公寓的形式参与到竞争中。

另外，办公空间的租赁或许也是一个巨大的潜在市场。WeWork（创立于 2010 年）从提供联合办公空间入手，试图打造年轻人共同工作和生活的共享空间。最近两年其积极招募建筑领域的专业人士。例如在 2015 年 WeWork 收购了一个 BIM 咨询团队，为其快速地在世界各地布置空间提供技术支持；随后，还请到明星建筑师作为设计总监，打造标杆性的项目。这种基于共享经济的模式被资本看好，它的估值一度达到 470 亿美元，甚至高过航天领域的独角兽 SpaceX 公司。尽管到 2020 年底，它还仍然没有找到有效盈利的商业模式，但其在办公空间和共享经济结合方向上的探索对整个产业仍有重要意义。

与 WeWork 对标的还有一家创立于纽约的公司——Industrious（创立于 2013 年）。但是相较于 WeWork，Industrious 更专注于提供小容量的、更为传统的办公空间。而且它首先瞄准的是一些 WeWork 还未着力的非主要城市。类似的，国内的好租网（创立于 2015 年）是比较大的专注于提供写字楼和办公室租赁的 O2O 服务商。

　　而在房屋买卖方面，Compass 公司（创立于 2012 年）采用独有的搜索和算法技术，简化和改善了美国传统的房产经纪交易模式，减少了购房的时间。另一家美国公司 Opendoor（创立于 2014 年）作为中介，能通过定价模型和算法计算等更快捷地帮助业主线上卖房，简化了繁琐的卖房流程。与 Opendoor 类似，英国的 Nested（创立于 2016 年）通过帮助客户出售自有房产获取中介费用。在国内，对标的链家等企业也使用科技手段来协助房屋买卖的业务。

　　▨ 运营维护

　　运营维护，关注建筑物或基础设施交付之后的被使用阶段。着力这一阶段的公司主要在家政服务、租赁管理、物业维护、智慧家居或楼宇等方面为物业企业或者业主提供有效的新工具，以实现科学优化的运营管理。

　　在家政服务方面，2010 年前后出现了一波 O2O（线上到线下）的创业浪潮。在美国，Handy 和 Homejoy（均创立于 2012 年）两个竞争对手经历了不同的命运。2015 年，作为家政 O2O 的鼻祖，Homejoy 关门倒闭；而在 2018 年，Handy 被收购到 ANGI Homeservices 旗下，与 Angie's List 和 HomeAdvisor [1] 进行了整合。在欧洲，同样作为提供 O2O 服务的平台，Hassle（创立于 2012 年）开始仅专注于英国市场，后来逐渐发展到法国和爱尔兰，三年后被总部位于柏林的竞争对手 Helpling 收购。在中国，58 到家（创立于 2014 年），作为 58 同城的子公司，目前是这个领域的主要服务商。

　　在租赁管理、物业维护方面，国内的开发商和房地产经纪都在试图将此领域数字化。例如，万科物业（国内头部地产商万科集团的子公司）的业务范围覆盖住宅、商业和写字楼等各类业态，在 2011 年其成立了数据与信

---

① Angie's List 和 HomeAdvisor，美国老牌的消费者点评网站，均成立于 20 世纪 90 年代。

息技术中心,致力于对万科开发的物业进行数字化管理。2020 年年末,万科物业更名为万物云空间科技,进一步颠覆传统物业公司的模式,计划使用科技对空间中的各种设施、设备、资产和活动进行管理和服务。链家也提供了一部分运营管理和物业整修等 O2O 服务。

另外,在智慧家居方面,国内外目前都还处于比较零散的、使用单一小型智慧家用电器的阶段,例如各类智能音箱、基于虹膜识别技术的智能锁等,但总体上未形成有效的一体化智能管理系统。其进一步的发展可能有赖于物联网技术的提升和应用。目前各大科技巨头(如谷歌、亚马逊和小米等)都在此领域中积极布局。

最近在地产管理运营类中,引人注目的是一家美国公司 Lemonade(创立于 2015 年)。它利用人工智能等技术向租户和房主提供在线的房屋保险业务。它瞄准美国房屋综合保险系统中的房租租赁保险(Renters Insurance),将传统上复杂的条款、繁琐的投保和理赔流程进行简化,并人性化地增加了租客保险的保障内容,使保障更加灵活,在短期内吸引了大量的客户,实现了高速成长。

除了前述的初创企业,已经掌握了先进技术和巨量资金的科技业大公司也纷纷开始探索新兴科技与传统建筑产业结合的创新模式。IBM 公司率先在 2008 年提出了"智慧地球"的概念。2015 年谷歌建立起了它的"人行道实验室"(Sidewalk Labs)。而在差不多同一时期(2014—2016 年),国内的科技界巨头,如阿里巴巴、腾讯、华为等,也纷纷涉足智慧城市这一领域。

1.3 设计阶段中建筑师的新机会

在对建筑产业正在经历的震荡和变化有了一定的整体认知之后,本书采用建筑师的视角作为切入点,立足于设计建造阶段,思考建筑师要在翻涌的时代浪潮中生存、竞争、定义职业的内涵、承担专家的责任以及最终推动产业的发展,究竟需要获得和掌握哪些新知识、新技术和新工具。

本书在第二章使用了建筑师较为熟悉的建筑历史的研究视角,从当下的建筑产业界直接掉头进入东西方依赖比例和模数的古老建筑传统中,试图从源头开始一路探查在建筑设计这个历史悠久的领域中,一直存在着的看重数学、量化和计算等理性特征的设计发展脉络。特别是在西方进入工业时代之后,建筑设计中要处理的信息出现了爆发式的增长,前工业化时代巴黎美术学院建立起来的布扎体系与工作坊式的建筑师组织方式,明显无法满足工业社会中的建造需求。

建筑师们开始向新兴的汽车、轮船等制造业学习思想和技术,勒·柯布西耶(Le Corbusier)的模数化设计与工业化生产就是这个时期提出的。随着 20 世纪中叶计算机技术在战后的迅速发展,一种前所未有的、具有强大计算能力的工具开始为各个行业的发展提供技术基础。建筑领域的先锋派人士(当时大多数在欧美的高校研究所中),开始使用大型计算机探索计算和设计之间的可能性。回溯来看,建筑设计从来不是一个保守的领域,它在人类社会发展的各个阶段都试图使用当时先进的科学技术去解决建筑设计中的复杂性。人工智能技术被应用到建筑设计领域,更是早在计算机技术发展的初期就已经开始了。

进入第三章,本书从 20 世纪 60 年代一场关于计算机是否能够协助建筑设计的争论开始,强调的一个事实是:当下依赖基于图灵机范式的电子计算机的人工智能技术,其核心在于使用机器计算解决数学问题。如果要将这样的人工智能技术应用到建筑设计领域,建筑师需要有意识地将建筑设计定义为为一个或者多个不同层次的数学问题寻求最优解的过程。而一旦完成这个转化,建筑师就有了大量可以使用的求解工具。在这些工具中,人工智能领域的机器学习即是脱颖而出的佼佼者。

在第四章中,本书采用了佩德罗·多明戈斯教授的分类方式,进一步解释机器学习五大流派的基本理念及常用算法模型,以及在过去和现在它们在建筑领域的应用情况。由于机器学习是计算机科学和人工智能领域最前沿的技术之一,对于建筑师而言,如果不能从概念上了解其原理和模型,就难以想象它们被应用到建筑设计中的可能性,也就更难以将其作为提高设计效率和质量的先进工具应用到建筑设计的过程中来。所以本章笔者希望可以引导建筑师们踏入机器学习的浅水区,初步了解机器学习的基本内容及其在建筑领域的应用探索。

但由于机器学习仍然是个较广的领域,本书第五章将研究重点进一步收缩到了深度学习上。当下各产业界广泛探索应用的人工智能,从和围棋名家对弈的 AlphaGo 到搭载在智能电动汽车上的自动驾驶模式,都使用了深度学习技术。和第四章的策略类似,笔者通过介绍深度学习的基本内容及其建筑领域的应用,提供给建筑师思考如何使用深度学习作为设计工具的背景知识的基础。

从第六章开始,本书一方面将目光从对人工智能技术的专注中抽离出来,扩展到整个计算机领域,关注计算机算力增加和建筑业界数据累积两个要点可能给建筑智能领域带来的巨大推动作用。另一方面,笔者也将观察的对象从建筑尺度扩大到城市尺度,通过介绍城市中从管理者到设计者各类参与方在当下正在进行的智能化探索,思考建筑师的身份内涵和外延在近未来可能发生的变化。

进入第七章,本书的讨论对象进一步从人工智能技术本身,扩展到技术伦理的领域。笔者希望通过初步但有意识的探索,引导读者对机器的智能、人工智能可能存在的理解力以及创造性等问题进行思考,以建立起建筑师在使用人工智能工具过程中可能遭遇到社会伦理问题时的边界意识。

在最后的第八章,通过呈现建筑理论学家尼尔·里奇和建筑设计实践的先锋人物帕特里克·舒马赫的采访实录,本书试图将建筑学术界和业界代表性人物对人工智能的理解和态度传递给读者,以作为建筑师在未来对建筑设计中使用人工智能技术进行批判性思考时的参考意见。

建筑产业当下正在经历结构性的改变,这些变化由于资本的强力驱动故而首先出现在了市场环境中,通过涌现的新科技企业或者企业采用的新技术等方式率先表现了出来。而这些现象的背后,其实是在建筑领域不断想要工业化、数字化、信息化甚至智能化而进行不懈努力的连续进程中,由最新近的人工智能技术掀起的一个小浪潮。我们试图将这整个进程,以及人工智能技术能在建筑设计中使用的可能性展现在建筑师面前,以协助建筑师思考和探索在产业发展和变化的震荡中,我们手上到底有什么可以使用的工具,以及究竟能够如何使用它们。

参考文献

[1] 国家统计局 . GB/T 4754—2017 2017 年国民经济行业分类 [S]. 2017.

[2] Maria João Ribeirinho, Jan Mischke, etc. The Next Normal in Construction – How disruption is reshaping the world's largest ecosystem[R]. McKinsey Company, 2020.

[3] James Manyika, Sree Ramaswamy, etc. Digital America: A Tale of the Haves and Have-Mores[R]. McKinsey Global Institutes, 2015.

[4] 国家发展改革委办公厅 . 关于推进基础设施领域不动产投资信托基金(REITs)试点相关工作通知 [EB/OL]. (2020-07-31)http://www.gov.cn/xinwen/2020-08/04/content_5532280.htm.

第二章 建筑学与人工智能的邂逅

……有意识的活动中的一个极其重要的因素就是……反馈作用……当我们希望按照一个给定的模式来运动的时候,给定的模式和实际完成的运动之间的差异,被用作新的输入来调节这个运动,使之更接近于给定的模式……

——诺伯特·维纳,
《控制论:或关于在动物和机器中控制和通信的科学》

...an extremely important factor in voluntary activity is ...feedback... when we desire a motion to follow a given pattern, the difference between this pattern and the actually performed motion is used as a new input to cause the part regulated to move in such a way as to bring its motion closer to that given by the pattern...

—Norbert Wiener, *Cybernetics: Or Control and Communication in the Animal and the Machine*

自 20 世纪初以来,建筑学试图改进学科内部设计方法论,经历了数次思潮演变。这些思潮大多借鉴其他学科的理论,从哲学到计算机科学都有所囊括。通过向这些学科的借鉴,建筑学得以尝试新的发展可能。因此我们把时间再往前推一些,以观察和澄清一段较少人关注的建筑史。

两次工业革命为当时的社会赋予了高度的复杂性。大量人群涌入城市,给前现代的建成环境带来了巨大的压力,规划师亟需一种崭新的、可靠的方式来管理城市,同时建筑师也希望以更科学和理性的方式提升居住空间的品质。可是要在工业社会中进行设计，建筑师需要处理远比传统农业社会复杂的不确定性[1]（uncertainty）。在计算机和人工智能得到长足发展之前，当时的建筑师并没有太称手的工具，以柯布西耶为首的先驱们尝试从汽车等先进制造业中获取启发，并针对不确定性问题提出可能的解决方法 {2.1}。不仅仅是建筑学，当时自然科学和社会科学中的其他领域也都面对着处理复杂问题时，理论和工具缺乏的窘迫。为了回应这些需求，以系统科学和控制论为发端的复杂性科学[2]（Complexity Science）为诸多学科在理解复杂系统方面提供坚实的理论基础 {2.2}。

　　而在工具方面，随着早期机电计算机[3]和可编程电子计算机的出现，一种可通过机器来控制建筑的概念不断发酵。在这个新概念的影响下，建筑师开始尝试为建筑赋予人造"生命"。这群建筑学内部的"非主流"派对未来人类的建成环境提出了种种设想。他们畅想在类智能体的帮助下，建筑自身可以控制空间的营造，并对居住在其中的"被服务者"和室外环境作出反应 {2.2.2}。另一方面，部分先驱者也从对实体建筑的想象转向对虚拟建筑的探索 {2.2.3}，甚至开始了通过计算机实现一种类似于今天的生成式设计（Generative Design）程序的尝试。

　　复杂性科学的探索继续往前，人工智能概念的出现是其中一个重要的转折点 {2.3.1}。多位建筑师开始考虑将此与建筑学进行结合的可能性。由于当时的计算机和人工智能技术都有较大的局限，他们更多地是在理论上对生成式设计进行探索 {2.3.2}—{2.3.4}。伴随着人工智能发展第一次陷入瓶颈，构建设计生成系统的研究受阻，而且随着个人计算机的普及和商业绘图软件的使用，建筑学转向了设计表现的数字化 {2.3.5}。到 20 世纪 90 年代后期，由于计算机性能和建筑设计软件的发展，使用计算机进行生成式设计的尝试再一次得到了复兴 {2.3.6}。

---

[1]　不确定性可以简单地理解为某个事物的发展同时可以具有多个可能性。

[2]　复杂性科学是 20 世纪后人们为了研究越发复杂的自然和社会现实而发展起来的一种有别于线性的认知论的新方法论。其使用跨学科的方法来研究复杂系统中的复杂问题。

[3]　机电计算机（Electro-mechanical Computer）是基于开关和继电器的，不同于通用的电子计算机是以真空管或晶体管构造的。

2.1 建筑学对不确定性的探索与尝试

工业革命为西方社会赋予了前所未见的复杂性：各地城市中心逐渐涌现，大规模人口往城市迁徙，新的政治和经济体系形成，家庭结构和社会文化呈现多元化，人口寿命提升带来的福利制度改变，等等。不仅仅是社会科学，其他学科也为了解答更多未知且复杂的问题而陷入瓶颈。

在 20 世纪初前后，大量的人群涌入城市而增加了居住空间的需求。当时的建筑师为了在尽可能短的时间内回应大规模住房的需求，采用了标准化的设计和建造方式。但是这些为劳动阶层提供的廉价住房并不能提供理想的住房面积，甚至卫生条件。建筑师在满足了住房的"数量"需求后，就开始思考如何通过设计来提高空间"质量"，并满足多元化的居住需求。而为了满足"多元化"的需求，就需要处理复杂的不确定性问题。总结来看，建筑师们大致采用了两种策略：一是试图预先穷尽建筑空间的使用功能，并采用可改变的建筑构件来实现建筑空间的功能切换；另一种则是在看到了建筑空间被使用的高度不确定性之后，选择尽量将建筑空间设计得均质，以方便使用者根据实际情况来确定空间的功能。

2.1.1 僵化的灵活性

从维特鲁威 [1]（Marcus Vitruvius Pollio）的《建筑十书》（De Architectura）到李诫 [2] 的《营造法式》，比例常与建筑审美或等级秩序联系在一起，以指导建筑形式和内部构件之间的关系。在《建筑比例理论》（The Theory of Proportion in Architecture）一书的论述中，这些比例系统可

---

[1] 马尔库斯·维特鲁威·波利奥（公元前 80/70－公元前 25 年），据悉是古罗马建筑师，至今唯一可考的是他的重要著作《建筑十书》。他被认为是第一位建筑书籍的编纂者，为建筑设计提出了三原则：坚固、实用、美观。

[2] 李诫（1035－1110），北宋建筑师，在其著作《营造法式》中详细论述了中国建筑的设计和施工做法。

分为使用通约比的算术系统[①]（analytical system using commensurable ratios）和使用不可通约比的几何系统[②]（geometrical system using incommensurable ratios）（图 2.1.1、图 2.1.2）[1]。算术系统将二维或三维的比例问题降维到易控的一维，即简化为线性问题。然而使用此系统对建筑形式的控制并不直接；而基于几何方法的比例系统虽然能够直接操控形式，但形式之间的数学关系又会变得非常复杂。

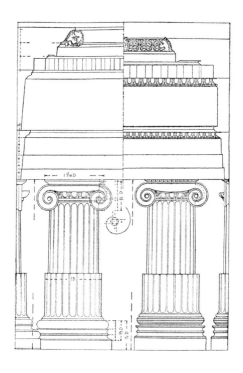

图 2.1.1 基于算数系统的柱式比例
维特鲁威所记录的爱奥尼亚柱式

---

① 使用通约比的算术系统是采用算术的方式得出比例，且数比为有理数。

② 使用非通约比的几何系统是使用几何方法得出的比例，且数比包含无理数。

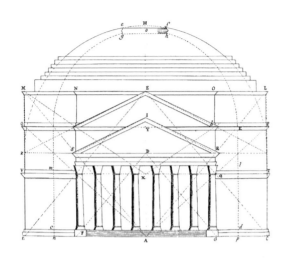

图 2.1.2 基于几何系统的立面比例
罗马万神殿立面几何关系分析

直到 20 世纪初，模数开始成为比例原则的一大进化表现 [2]。伴随着战后大量快速建造的需求与工业的标准化生产，另外在当时先锋设计理念的影响下 ①，基于模数的模块形式在建筑学中得到了广泛的应用。由于在技术上和经济上的效率，这些概念从本地到国际皆有影响，包括了奥地利女建筑师玛格列特·里奥茨基（Margarete Schütte-Lihotzky）基于人体工程学和模数所设计的法兰克福厨房（Frankfurt Kitchen）（图 2.1.3）、法瑞建筑师勒·柯布西耶基于模数控制的马赛公寓（Unité d' habitation）、美国建筑师巴克敏斯特·富勒（Buckminster Fuller）基于模块且节能的最大限度利用能源的戴梅森住宅（Dymaxion House），以及 20 世纪 60 年代建筑师摩西·萨夫迪（Moshe Safdie）基于大量模块堆叠而成的住宅聚落——栖息地 67 号（Habitat 67）。

---

① 当时的先锋设计学校有位于德国的包豪斯。该院校的创办人沃尔特·格罗皮乌斯（Walter Gropius）最初从工业界引入"模块"（Baukasten）概念，模块可通过一种组装规则进行组合。

图 2.1.3 法兰克福厨房

　　除 此 之 外,《住 宅 功 能 原 理》(*Functional Principles of Dwellings*)、《条例和提示》[1]（*Regulations and Tips*）及由德国建筑师恩斯特·诺伊费特（Ernst Neufert）在 1936 年编纂的《建筑师的数据》（*Architects' Data*）等设计指南,客观总结了建筑设计中需要遵循的诸多原则,也是当时建筑师追求理性和秩序的反映。

　　虽然模数、模块或标准化等概念在经济和效率上具有优势,然而建筑评论家伯纳德·卢本（Bernard Leupen）对于这种具有精确尺寸或比例的设计方法提出了疑虑[3]。他认为在建筑设计中如果陷入过于精确的考虑,就难以满足不可预测的空间使用变化,从而限制了该住宅在未来改作其他用途的可能性。

　　针对这种建筑空间功能变化的不确定性,建筑师们提出了一种设计策略可手动控制的建筑元素,如可折叠的面板或家具等。尽管这种处理方式还保有工业时代的机械审美,但通过给这些建筑元素赋予可操控性,建筑

----

① 　　此书成为荷兰战后重建方案中的住宅规范。

师切实为建筑提供一种灵活性, 来应对用户需求的不确定性。

　　荷兰建筑师和家具设计师赫里特·里特费尔德（Gerrit Rietveld）于 1924 年设计了里特费尔德的施罗德住宅（Rietveld Schröder House）（图 2.1.4）。该建筑上层的空间可通过动态的组件, 如可滑动和旋转的面板进行空间划分, 让用户可以参与空间灵活的使用, 它通常被认为是通过技术来实现灵活的室内原型。在勒·柯布西耶于 1929 年设计的卢舍尔住宅（Maison Loucheur）中, 二层的空间设计也具有可操控的建筑元素, 它们可进行不同组合, 为用户提供了从白天到夜晚各种不同生活场景的空间布局。这些机械式的操控方式在某种程度上实现了空间的灵活性, 至今依然被一些建筑师用作设计理念, 尤其是解决有限的建筑面积时, 或是在体现科技感的居住风格的时候。

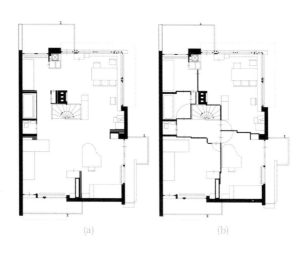

(a)　　　　　　　　　　(b)

图 2.1.4 施罗德住宅二层的不同使用场景示例

(a) 隔板开启时的场景; (b) 隔板关闭时的场景

　　然而, 这类设计手法只能根据先验知识对空间使用的不确定进行设想, 所体现的是一种在设计时尝试对"所有的不确定性"进行预测的思维方式。这些可操作的模块或规则试图穷尽业主的生活场景, 以确定建筑功能空间,但这种方式可能难以应对未来潜在的使用情况。由于此时不确定性中的"未知"还未能处理，因此被认为是一种僵化的灵活性（hard flexibility）[4]。

2.1.2　弹性的灵活性

与前述僵化的灵活性相对应的，是一种更为弹性的灵活性（soft flexibility）。它尝试直接面对不确定性，允许业主不受建筑师主观的控制，让空间本身适应未预设的功能使用[4]。这时建筑师尝试借助非技术手段，通过功能不明的空间设计来应对不确定性。

英国建筑师约翰·威克斯（John Weeks）在 20 世纪 60 年代的系列讲座和发表的文章中对医院和机场等较大尺度的建筑类型进行了研究[5]。由于这些建筑群往往因为扩建增建等未确定因素而不能预设未来的最终状态，因此需要一种具有灵活性的设计策略来处理这类非确定性的建筑（Indeterminate Architecture）。例如，用于连接不同建筑以形成建筑群的走廊系统就是这种策略的实现，由此没有最终状态的建筑群可以根据未来可能的需求变化进行"生长"。

另一方面，荷兰建筑师赫曼·赫兹伯格（Herman Hertzberger）于 20 世纪 70 年在代尔夫特设计了戴尔艮住宅（Diagoon Housing）。此住宅与以往规定好功能布局的建筑不同，业主可自主定义空间的使用。例如业主可以自行决定在何处休息或用餐，建筑师在设计中并没有严格定义餐厅的位置（图 2.1.5）。他借鉴一种法国建筑类型，提出了"多方面相关性"（polyvalence）一词，该词原意为在法国乡村小镇上见到的多功能大厅（salle polyvalante），该空间可用于婚礼、派对、音乐、戏剧表演和电影播放。这种大厅可用于各种功能，不需要对建筑本身进行任何调整。借此，他提倡不需要通过刻意营造灵活性来满足多样的空间使用[6]。当然如此一来，灵活性的副作用是会造成冗余的使用面积[7]。

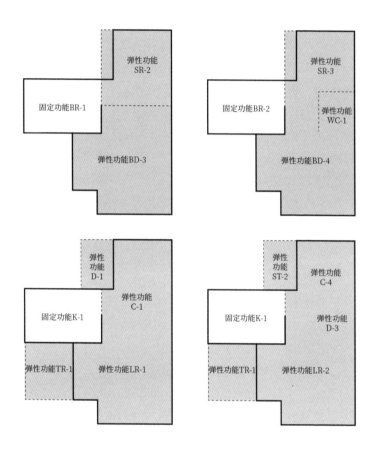

图 2.1.5 戴尔良住宅的不同使用场景示例

　　这类开放平面设计（Open Plan）延续到当代，甚至应用到非住宅类型中。例如一组德国设计团队于 1965 年为慕尼黑的一个办公空间进行基于开放平面的规划（图 2.1.6）。有别于以往通过隔墙划分空间，他们在特定的宽敞区域通过既有的办公家具、屏风、大型盆栽植物有机地布置出若干个办公小组。到了 20 世纪末，移动端交互技术和互联网技术的出现，加强了开放式办公室的接受程度 [8]。

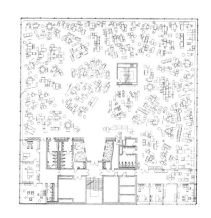

图 2.1.6 Osram的开放办公平面

　　建筑评论家埃德里安·佛蒂（Adrian Forty）认为灵活性的问题在于，这种方式很可能仅仅是功能主义的延伸，建筑师仿佛在借由这些设计策略的使用，让其在交付项目后依然能够维持他们在建筑中的控制权 [9]。

　　不管如何，这些应对不确定性的设计策略似乎也在尝试面对社会结构的多元性。建筑项目的业主不再像是西方现代主义或战后的公共住房项目中所定义的同质化的群体，而是一种活跃的、具有差异性的个体。业主可以自主地操作空间，随意地决定空间的使用，创意地对空间进行新的诠释、改造甚至是误用 [10]。

　　以上例子皆属于狭义的建筑学范畴，而广义的建筑学领域，如景观设计和城市规划的案例，本书暂不叙述。在这段向工业领域借鉴的探索时期后，建筑学对此的探索依然延续，并从建筑空间本身逐渐延展到设计过程的灵活性，这在随后形成的另一条非主流分支中得到体现，即在系统论（System Theory）和控制论（Cybernetics）等早期复杂性科学思潮的影响下，由一群建筑师乐观派开启的一场乌托邦式的建筑和城市实验。他们试图探索新科技与建筑学碰撞的可能性，为当时处于危机中的建筑学找到一条未来出路 [11]。在前往这条分支之前，我们可以暂时留步，来看看其他学科面对当时种种复杂现象时，是如何解决不确定性的。

2.2 复杂性科学对建筑学的早期影响

19 世纪以前, 在物理学中存在一种基于还原论 (Reductionism) 的范式, 即牛顿范式 (Newtonian Paradigm)。还原论指的是任何现象可通过拆解成各个要素以后, 再来理解其运作方式的方法论。因而牛顿范式可以用来描述机械运动, 例如采用隔离法将某个建筑构件从结构整体中隔离出来, 单独分析其受力情况和运动规律。

而面对更为复杂的研究对象, 如热、光、电磁等, 所引起的物理现象, 物理学家们发现以往经典的牛顿范式在解释它们的时候存在着局限性, 故而提出了一个截然不同的范式, 即一种考虑整体性的、非线性的方法论, 来研究前述的复杂现象, 例如量子力学就是物理学家在新范式下创立的一门处理经典理论无法解释现象的分支学科 [12]。

当然不仅仅是物理学, 复杂问题也存在于其他各个学科当中, 如社会学试图建立最优的福利制度、化学中的震荡反应、金融领域对未来股市的预测、生物学的表观遗传和工程领域的误差控制, 等等。这些问题均具有动态、难以预测以及多变量等复杂特性, 因此传统的线性因果关系或还原论难以有效解决这类问题。正如物理学的探索一样, 各学科的学者们都在试图发展更有效的方法论工具。

2.2.1 系统论与控制论

科学家们纷纷提出不同的理论来研究前述难题。其中被视为具有革命性的理论或概念包括系统论、控制论、统一性、涌现、模糊逻辑、突变论、混沌理论、分形理论和人工智能, 等等。这些理论共同构成了复杂性科学, 并被逐渐应用到各个学科中。深入理解复杂性科学的最为简单且重要的方法是追溯其根源。在 20 世纪四五十年代出现的系统论和控制论 [13], 作为复杂性科学的起点, 其重要性不言而喻 (图 2.2.1)。

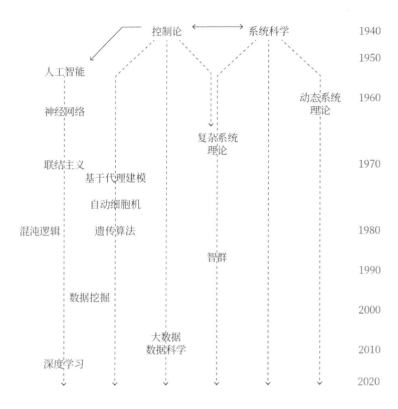

图 2.2.1 复杂性科学思维导图

系统论认为无论世界多么复杂, 人们总能从某一复杂现象中找到数个 (或单个) 系统, 而这些系统不仅可以被所属领域的概念解释, 而且可以用一种 "通用" 概念来描述, 以减少各学科中重复性的理论研究工作 [14]。例如, 水循环系统在一定程度上和电路系统相似 (图 2.2.2)。当时部分科学家认为, 理论上这种 "通用系统" 可为各个学科建立统一的理论架构, 以便人们更容易理解复杂性和预测不确定性。

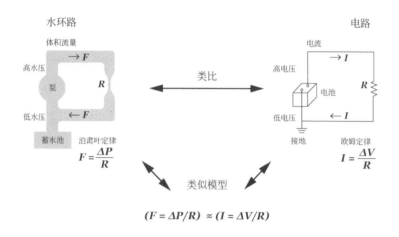

图 2.2.2 不同学科下具有类似模型的系统示例

20 世纪 30 年代, 具有生物学背景的卡尔·路德维希·贝塔郎菲 (Karl Ludwig von Bertalanffy) 认为传统的还原论难以应对自然生物中的生态关系的研究, 从而在寻求一种自组织的、无限多的、更高阶的复杂概念。他于 1946 年正式发表了 "通用系统理论" (General System Theory), 该理论探讨了系统与系统外的环境之间的界限、输入、输出、过程、状态、信息、目的和层级关系。有了这些系统的抽象概念后, 就能理解系统内影响事物发展变化的因素, 并研究事物之间的相互联系和事物发展的趋势, 从而充分地掌控整体。因而当问题发生时, 我们可以指出系统中哪些元素或子系统需要关注、修改或更新。从根本上说, 系统论强调的是系统中不同组成部分之间的联系与相互作用, 即系统的结构。

当然这种试图用一个框架去统一各个学科知识的想法在随后的发展中受到不少争议, 尤其是系统论对不确定性这个重要的概念, 还缺乏更深入的探讨。如果在一个系统中只考虑单向的因果关系就难以考虑到整体的影响, 不处理这一点就会在一定程度上又回到还原论上。因此在此基础上贝塔郎菲和其他学者试图拓展系统论的可能性, 主要方法是通过建立一种反馈机制, 使系统具有一种自适应性, 此理论即控制论。

　　美国数学和哲学家诺伯特·维纳 (Norbert Wiener) 于 1948 年发表了被视为控制论的奠基之作——《控制论: 或关于在动物和机器中控制和通信的科学》[1] (*Cybernetics: Or Control and Communication in the Animal and the Machine*)。他认为生物或机器的行为具有目的性,为了达到所设定的目的, 该机器系统的任何有效行为都与其他系统或外界环境之间的信息传递有关, 并通过反馈进行自维护、自适应和自组织(图 2.2.3)。

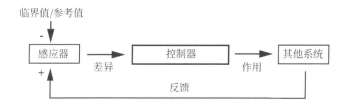

图 2.2.3 具有反馈机制的控制论循环

　　控制论中的反馈概念也在信息学之父克劳德·香农 [2] (Claude Shannon) 于 1948 年发表的《通信的数学理论》(*A Mathematical Theory of Communication*) 一书的 "信息论" (Information Theory) 一章中得到了支持。信息论设计的目的在于优化信息在工程控制系统中传输的反馈机制。该反馈机制可针对系统的现有状态和最终目的之间的差异提出警告, 并尝试弱化或抵消该差异, 以达到一种平衡状态。

　　这样一来具有反馈机制和目的驱动的系统可以进行自我调节, 并针对目的做出反应, 使得基于控制论的系统可应用到广泛的领域, 如控制引擎速度、调节经济管理、维持生物血糖浓度和管理庞大的社会劳务分配等 [15]。

① 　在此书发表前约 5 年, 诺伯特·维纳在其《行为、目的和目的论》(*Behavior, Purpose and Teleology*) 一书中已提出了控制论的基本概念, 首次尝试将以往认为只有生物才拥有的 "目的行为" 赋予机器。接着, 他在 1948 年发表的此书中再一次奠定了控制论的理论基础。需要注意的是, 现代信息技术的理论基础即包含了控制论、系统论和信息论。

② 　克劳德·香农 (1916—2001), 信息论奠基人, 提出了信息熵的概念, 为信息技术和数字通信奠定基础。他也是 1955 年人工智能研讨会 (1956 年达特茅斯会议前身) 研究提案撰稿人之一。

因此也可以说，这种控制不是武断的主导，而是一种可以与外界环境协同工作以不断进行自我管理和自我调节的方式 [16]。

系统论和控制论是第二次世界大战后不可忽视的科学思潮。战后高速的经济增长和乐观的社会氛围使公众相信科学将引领社会解放，而大规模的生产和消费模式试图给建筑赋予灵活性，以满足多元的生活方式和消费需求。与此同时，从科学到人文，从军事到艺术 ①，都开始逐渐面临范式的转移。人们开始接受信息论、通用系统理论、控制论等新的理论和早期人工智能等新兴概念，建筑学也不例外。

2.2.2 被控制的物理空间

在系统论和控制论的思潮下，建筑师有了理解和回应复杂现实的理论基础。在这样的背景下，当时的先锋建筑师对空间的探索，几乎是基于这样的认知：建筑空间是能够适应性地回应外界变化的有序空间组合。回顾他们探索的成果，往往都是从视觉上就能辨识出来的系统化的空间结构。从超级工作室(Superstudio)"连续的纪念碑"(The Continuous Monument)项目中白色、均质、网格化的宏大纪念物，到情境主义者康斯坦特·纽文惠斯(Constant Nieuwenhuys)的"新巴比伦"(New Babylon)项目中全部由柱子支撑的面积巨大的多层次网络空间结构，均是这种认知的明证。这些有序的物理空间，反映了其后有一定的规则或秩序在控制它们的组合。本节我们将会详述建筑电讯小组 ②(Archigram)等先驱们的工作，来具体理解这些被控制的物理空间。下一节则会进一步阐述伴随计算机的使用而逐渐清晰化、符号化的控制物理空间的虚拟系统。

由数位英国建筑师在建筑联盟学院所组成的建筑电讯小组在 20 世纪 60 年代投身于数个前瞻性的运动。由于对当时建筑界所提倡的功能主义感

① 当时较为激进派艺术家有尼古拉斯·舍费尔(Nicolas Schöffer)和约翰·凯奇(John Cage)。在他们的作品中都包含着参与性、即兴、反馈、传播、连接性、不完整性、不确定性和开放性等在当时被视为较为前沿的概念。

② 该名字是"建筑"(architecture)与"电报"(telegram)的结合。

到不满，该小组结合战后消费文化、太空设备和流行文化，使用漫画和拼贴的艺术形式，试图通过一系列不定期出版的杂志来宣传他们的理念，杂志主题包括"游牧式生活""可穿戴式的建筑"和"可移动的城市"等。他们希望为建筑带来一定程度上的解放，可以针对各种住户的需求作出反应，而不是使用标准化的设计套路。

这些概念在他们的系列作品中得到体现。例如，他们曾提出一种把模块化住宅单元插入一个基于中央计算系统所控制的实体框架的巨构，称为"插件城市"（Plug-in City）（图 2.2.4）。此结构具有不断生长的特性，里边包含了住宅、交通和基本服务单元，所有的单元和框架都可以通过一个固定的巨型起重机根据需求进行移动。此项目和其他涉及巨构的畅想项目，如模仿爬行动物移动的"行走城市"（Walking City）和通过飞艇承载文化教育功能的"瞬间城市"（Instant City）等，皆具有自我调节的特性，呼应了前面提到的控制论，即建筑可适应人类不断变化的需求。

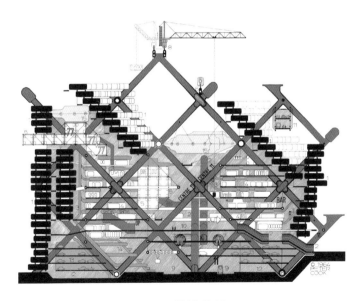

图 2.2.4 "插件城市"

1 居住单元；2 扶梯管道；3 商店后勤管道与筒仓；4 商铺单元；5 复合商铺单元；6 快速单轨；
7 本地单轨；8 车轨；9 重载铁路；10 最大流动区域；11 高速公路；12 本地接驳道路；
13 本地停车；14 本地货物分拣；15 环境密封气球

　　而在一个较为贴近真实尺度的建筑项目中, 英国建筑师塞德里克·普莱斯 (Cedric Price) 和具有计算机背景的控制论创始人之一戈登·帕斯克 (Gordon Pask) 于 1961 年共同合作, 设计了一个可提供文化艺术活动空间的剧场——"欢乐宫" (Fun Palace) [17]。此剧场并非传统的静态建筑, 它具有可回应内部用户和外部环境变化, 以达成控制的程序, 因此也可以说"欢乐宫"本身就是一个硬件和软件结合的系统 [18]。"欢乐宫"能根据监测到的用户需求和环境变化自动调整形式, 例如可以根据人群的移动行为而调整的自动扶梯, 或是下雨时能自动展开的雨篷 (图 2.2.5)。尽管"欢乐宫"从未建成, 但它反映了早期复杂性科学的思想, 改变传统上对于建筑的观念, 建筑开始被看作可回应人类需求的"机器"。

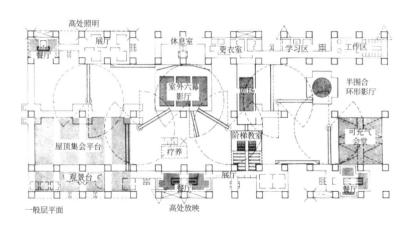

图 2.2.5 "欢乐宫"平面和反馈设备示意图

　　除了大尺度的探索, 这些革命性的建筑想法也体现在若干个小尺度的设计项目中。从建筑电讯小组早期所关注的巨构形式, 到后来的生活胶囊 (Living Pod)、自动环境 (Auto-environment) 和可行走气垫 (Cushicle) 等, 均可看到该团队的设计方向发生了变化。

　　他们在 1966 年构思的生活胶囊具有控制论中生物和非生物系统的共同交互的特性, 视人造环境为生物体 (人类) 的延伸 [19], 从中试图回应建筑师早前应对多元用户需求所遇到的不确定性。这种在尺度、材料、结构和形式上的转变可能源于他们对建筑理解的改变。他们曾提到将建筑视为消费品的观点是可接受的,希望以此来体现住户个体具有自由选择的权力[20]。例如,他们在 1967 年将 20 世纪 90 年代的生活方式设想为可自动调节的家具、多功能机器、满足用户个体需求的广播频道和可调整的空间元素,如地板、墙壁和天花板等。用户作为消费者可以根据个人的生理和心理需求来选择空间布局和元素的特性。建筑被视为一种服务型的、可满足个体化需求的机器系统,这与控制论中的反馈和交互机制不谋而合。

在类似的尺度下,雷内尔·班纳姆(Reyner Bernard)提出了在胶囊空间中引入环境控制系统,如通风、照明和空调系统等[21, 22]。因此,不同于建筑电讯小组所强调的形式,班纳姆更为细节地描绘了建筑中的系统机制,例如,他在"环境泡泡"(Environment Bubble)的设计中这样描述反馈机制:薄膜可以根据人体意志发生变化,装置中的感光和天气传感器可根据环境中的降水量、温度和风速进行温度调节。来自环境的干扰可以通过机器中的信息反馈和自我调节机制得到控制。

尽管当时这些项目并未实际建成,主要是停留于纸面上的设计,但也多少影响了往后的建筑设计趋势。例如,20 世纪 70 年代巴黎的蓬皮杜中心被班纳姆认为是建筑电讯小组思想的一种重现[23](图 2.2.6)。

图 2.2.6 蓬皮杜中心

图 2.2.7 中银胶囊塔的"胶囊"单元

　　几乎同时, 日本建筑师黑川纪章所设计的标志性的中银胶囊塔尝试回应可移动、模块化和系统化的观念 (图 2.2.7)。虽然该建筑师曾经考虑通过工业化的大量预制达到"胶囊"单元的可替换性, 然而可惜的是当时的社会却并没有这方面的需求 [24]。

　　美国建筑师兼结构师巴克敏斯特·富勒基于轻质网格状球顶结构于 1960 年为曼哈顿中城设想了一个笼罩其上直径三千米的玻璃穹顶, 在其内部实现可以控制的完美气候条件 (图 2.2.8)。此设想在 1967 年蒙特利尔世博会的美国馆设计中被调整成可实施的方案 [25] (图 2.2.9)。

图 2.2.8 横跨曼哈顿的穹顶

图 2.2.9 蒙特利尔世博会美国馆穹顶

控制论的概念看似久远,但其部分概念至今影响着我们的建成环境。居住空间的"智能"体现在可对人类行为进行预测并给予反馈:房子可通过传感器来监测环境的各个方面,包括温度、照度、湿度、声强、风速和太阳能辐射量等,甚至通过感知用户的行为模式等来进行管理。接着通过执行器如电力系统、热暖系统、照明系统、通风系统等来自主回应住户的需求[18]。

受控制论中反馈概念的影响,当时的建筑师认为未来计算机强大的计算能力使得建筑师能够部分"放权",让住户能够对建筑师所预设的设计系统进行调整,其中就涉及控制建筑模块的概念。建筑开始被设想为一种交换物质和信息的复杂动态系统,而不再只是静态的遮蔽物。

2.2.3 控制性的虚拟系统

前述的未建成项目中,有些尝试通过信息技术和控制论等概念创造一种具有适应性的建筑,以可持续地调节形态来满足住户的个性化需求。但要做到这一点,除了实体建筑中的构件和硬件设计以外,还需要背后虚拟系统的控制。

在上节提到的"欢乐宫"中，身为该项目的技术顾问，帕斯克提出使用者的偏好和个人活动信息可以被收集来用于分析剧院整体形态的发展趋势，以便预测未来可能发生的使用行为，为建筑空间动态组合提供依据。该建筑具有两大系统：记录活动的穿孔卡系统与以大英百科全书为蓝本的数据服务器[26]。

虽然该设想并未跳出当时可行的技术限制，但在一定程度上已经可以看到 20 世纪 80 年代人工智能的产物——专家系统的雏形{4.1.2}，这就好比现今的大数据和机器学习{3.3}，即从数据中寻找模式。在传统的控制论系统基础上，帕斯克强调一种自生长性，即建筑形态可以随着数据的迭代不断改进，而不是一种永恒不变的机制。在建筑师与技术专家的合作下，除了以往建筑形式的静态表达，"欢乐宫"也开始尝试通过系统流程的描述来表现建筑系统动态的一面（图 2.2.10）。

建筑电讯小组的后期作品对虚拟系统的畅想则走向了更为极端的道路。随着 20 世纪 70 年代后工业经济模式强调的无形产业[27]的出现，对代理和服务的追求日益受到重视，受到思潮影响建筑师对控制论的设想也从实体空间转向极致虚拟与无形的概念。建筑系统在一定程度上不仅指有形的实体，也是一种无形的虚拟系统。

1967 年，建筑电讯在"住宅控制与选择"（Control and Choice Dwelling）项目中展示了实体建筑向虚拟软件的转化，其中的一组时间图呈现了在长达 17 年的时间中，建筑元素逐渐地转换成电视膜和感知器等机电装置的过程[28]。由预制构件设计而成的客厅逐渐变化，墙壁变成了电视薄膜，指导这种变化的是使用传感器探测到的用户想法。这样一来，建筑从实体转变为软件就成为了可能。

接着在 1970 年他们提出了"全息景象调节器"（Holographic Scene Setter）和"千乐屋"（Room of 1000 Delights）项目，预示着建筑可以通过一种无形的"虚拟景象"呈现，即类似于现今的三维投影、增强或虚拟现实等概念[29]。在这些项目中，科技设备为人类在虚拟世界中实现愿望和梦想提供了可能。对建筑电讯小组有深度评论的《超越建筑电讯》（Beyond

Archigram）一书指出："他们设想的建筑和信息边界逐渐模糊，建筑空间不再是实体，而开始化身为人机界面、软件、程序和网络，以控制人们所居住的环境。"[30] 为了管理和传播非物质的信息与能量，建筑自身可以是具有复杂性和不确定性的系统集合。

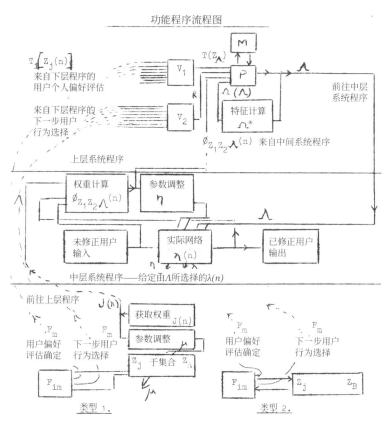

图 2.2.10 "欢乐宫"系统示意图

20 世纪 70 年代这种向虚拟世界的转向与 90 年代戴安娜·科伊尔 [①] (Diane Coyle) 所提出的概念具有某种相似性——一个完全由比特 (byte) 构筑的 "无重量世界" [31] (The Weightless World)。该畅想如今已部分实现——通过高效的图形处理硬件、虚拟现实技术和更快的网络为用户创造出刺激的虚拟空间感官体验。

计算机能力的发展为虚拟系统的表达形式提供了可能。能够生成建筑形式的生成程序就是其中一种方式。20 世纪 60 年代电子计算机还处于使用晶体管的大型机时期，昂贵而稀少，通常只有知名大学的研究部门和军方相关的大型企业才有条件使用。在那个时代，计算机图形学的研究也才刚刚兴起，我们今天习以为常的图形用户界面 [②] (Graphical User Interface, GUI) 的源头也是在 10 年之后才出现的 [③]，当时由 IBM 公司开发的 IBM 7090 [④] 程序运行所需要读取的数据信息甚至还是存储在打孔卡上的。在这种背景下，一群对不断试错的传统设计方法抱有不满的建筑师，开始尝试将计算机纳入日常的设计工作中。

数位美国和英国建筑师率先使用计算机算法，来解决建筑设计中的某一具体任务，例如平面方案的生成。其方法可简单地理解为，首先梳理并量化建筑功能之间的关系，再编制计算机程序进行运算来生成或优化方案。这就涉及需要对计算过程进行显式编程 [⑤] (explicit programming)，即尽可能将计算过程明确地用编程语言描述出来 [32]。

可以说建筑师与计算机早期的碰撞形式是从一种较为简单的逻辑流程开始的，即通过定义清晰的逻辑让计算机执行计算。当时基于这种编程方法，有人通过迭代算法来生成医院平面布局，并根据病人最短行走路线

---

① 戴安娜·科伊尔 (1961—)，英国财政部前顾问和经济学家。

② 图形用户界面是指用图形的方式呈现的人机交互界面。

③ 于 1973 年发布的 Xerox Alto 是第一个采用 GUI 作为主界面的计算机，其后的 GUI 均源于该系统。

④ IBM 7090 是晶体管计算机的典型代表，为大规模的科学计算而设计。

⑤ 通常人们所说的 "非智能算法" 大多数是通过显式编程实现的，与之相对的可处理非确定性的算法俗称 "智能算法"，例如机器学习。

进行设计优化 [33]; 有人试图通过程序寻找合理的基础来决定多层建筑的
形状, 并优化各功能空间的位置布局 [34]; 还有人使用图论 (Graph
Theory) 等相关概率理论对收集到的数据进行处理并设计算法, 最后得出
成本最低的方案 [35]。

　　到了 20 世纪 70 年代, 尤纳·弗里德曼 (Yona Friedman) 的 "公寓
编写者" (Flatwriter) 尝试为计算机在生成建筑设计过程中提供友好的人
机交互体验 [36] (图 2.2.11)。用户通过简单的键盘操作选择想要的平面设
置和习惯规律, 从而自行决定自己的住宅设计。因此该程序不仅可以接收来
自用户的输入, 还可以对他们的选择进行自主决策, 达到自动优化的设计结
果。该项目的设想是系统允许未来的用户在一个固定的结构中选择自己的
公寓套型平面和位置, 还能基于用户选择的评估结果来解决关联住户之间
的矛盾, 最后将改动和变化的结果通知施工单位和其他住户。"公寓编写者"
也可作为一个具有自协调性的反馈系统, 来消除用户触发所造成的系统错误,
如用户的选择所导致的邻居采光面受损或通道的阻碍等。

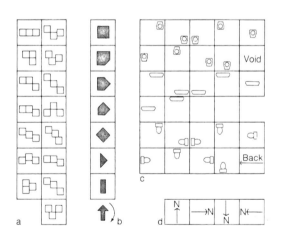

图 2.2.11 "公寓编写者" 系统界面

而位于波士顿的佩里·迪恩和斯图尔特事务所 [①](Perry Dean and Stewart) 试图开发供内部使用的辅助平面排布的软件 [37]。由于传统上考虑一个空间布局的任务需要从各种不同功能空间的组合进行试错，因此简单的方式之一是对各个空间的关系进行量化后让计算机寻找最佳的解决方案。他们开发的 Comproplan 软件可让建筑师输入各个空间的信息以形成功能空间关系的矩阵 (图 2.2.12)。在此基础上，用简单的数学算法生成数个方案，以功能泡泡图 [②](Bubble Diagram) 为载体，进一步处理形成具有实际空间的平面布局。

```
        PERRY DEAN AND STEWART
        ARCHITECTS AND PLANNERS
        ARK 2 SYSTEM ~ COMPRORELATE/

SPECIFY THE RELATIONSHIPS BETWEEN THE ELEMENTS

        - OPERA
SCRUB   - 6
        - OPERA  - SCRUB
SOILH   - 6        6
        - OPERA  ~ SCRUB ~ SOILH
EO&TR   - 1        1       -
        - OPERA  ~ SCRUB ~ SOILH  ~ EO&TR
LONCM   - 3        3       3        1
LONCF   - 3        3       3        1      LONCM
LOCKM   - 3        3       3        1      LONCM - LONCF
LOCKF   - 3        3       3        1      LONCM - LONCF - LOCKM
TOILM   - 3        3       3        1      6       5       6       6        LOCKF
TOILF   - 3        3       3        1      LONCM - LONCF - LOCKM - LOCKF - TOILM
CLENM   - 3        3       3        1      6       5       6       6        6        5        TOILF
CLENF   - 3        3       3        1      5       6       5        6        6        5
        - CLENM
        5
        - OPERA  - SCRUB ~ SOILH  ~ EO&TR ~ LONCM - LONCF - LOCKM - LOCKF - TOILM - TOILF
SOILM   - 3        3       3        1      6       5       6        5        6        6
        - CLENM - CLENF
        6        5
        - OPERA
SOILF   -
```

同一年，在基于类似推理的研究中，卡内基梅隆大学的伊士曼 (C.M. Eastman) 尝试针对二维的平面布局建立一种普适性的自动规划系统

①　于 1923 年成立，于 1982 年改名为 Perry Dean Rogers Partners Architects。
②　泡泡图是一种根据其内在关系将含有主题词的圆圈用线条连接起来的图解，主要用于在建筑设计初期阶段排布平面上的功能空间。

(General Space Planner) [32], 其中目标和原理也是清晰地被描述的。
英国数学家兼建筑师莱昂内尔·马奇（Lione March）在其 1976 年出版的
《形式的架构》（*The Architecture of Forms*）一书中, 也尝试将建筑平
面和体量形式数字化成一个个字符串, 并进行评估和生成 [38]。

    几乎在同一时期, 不乏有其他的建筑相关领域, 如景观设计等, 开始尝
试计算机的使用。例如在设计决策方面, 哈佛大学设计研究院的景观系教
授卡尔·斯坦尼兹（Carl Steinitz）和其研究团队在 20 世纪 70 年代末,
通过计算机建立了土地利用配置及其影响的评价模型。该模型由数据驱动,
在社会、财政、环境和规范等因素的限制下, 对某个区域的城市发展过程进
行预测分析, 在核心指标评价中可胜过人脑决策 [39]。

    伴随着计算机使用的探索在建筑领域越发深入, 建筑师们认识到他们
面对的复杂性和不确定性程度非常之高, 甚至显式编程这种方式都难以应
对和处理, 所以当时刚刚兴起的人工智能也迅速进入了建筑师的视野。早
期的先驱们开始试图将人工智能的相关概念及智能算法借鉴到建筑学中来
处理这些复杂性。

2.3 早期人工智能在建筑学的局限

    20 世纪四五十年代, 人类从战争的浩劫中逐渐挣脱出来后, 搭上信息
化这列高速前进的时代列车。在这一时期除了计算机实现了从机电式（如机
械和电器）逐渐向电子式（真空管、晶体管等）的转变, 其他学科如生物科学、
心理学、哲学等领域也开始从更高的层次思考计算机在各领域中的应用潜力。
其中控制论的提出者——诺伯特·维纳（Norbert Wiener）肯定了人类神
经系统的智能活动同技术装置之间的一种模拟关系, 另外现代电子计算结
构的提出者冯·诺伊曼（John von Neumann）从细胞自动机 ① （Cellular

---

①   细胞自动机是一种简单的计算机模型, 可以通过无限迭代而不断演化数学结构。除了
体现出一种类似于生物的自我复制能力, 也可以生成复杂的数学形式, 如分形等。其原理
是基于简单的规则发展成类似自然界中具有一定程度的复杂 "行为"。

Automata）的研究开始思考智能系统的可能性。可编程电子计算机的出现及神经生物学上的发现更是激励了一些科学家开始认真讨论制造"电子大脑"的可能性。人工智能的概念也随之浮现。

现代人工智能概念的种子或许可追溯到公元前古希腊时期，当时哲学家们畅想一种具有自主思考能力的机械。这些具有思维能力的人造系统至今依然可在诸多科幻文学著作或电影中出现 [40]，然而这些关于人工智能的描述仅仅是个别作家主观上的想象，那么人工智能是否有公认的定义呢？我们又如何从一群看似智能的系统中，判别什么样的系统才算是人工智能？

2.3.1　人工智能

在人工智能概念被正式提出之前，首要问题是如何判别人工智能。最早提出判断标准的是计算机科学家艾伦·图灵（Alan Turing）。他于1950 年提出的图灵测试（Turing Test），是沿用至今判断机器是否表现出与人等价或者无法区分的智能的黄金测试 [41]。

图灵测试自提出之初到现在被调整和发展成不同的版本（图灵测试是针对广义的问题而设置的测试模式，可基于其他不同场景对其进行调整），一个标准的模式是测试涉及三位角色（图 2.3.1）：被测试机器 A、被测试人类 B 及人类询问者 C。

他们之间互相隔离接受测试，因此询问者 C 预先不知道询问的对象是谁。接着询问者 C 询问两位被测试对象一系列相同的问题，并从他们各自的回答来判断受测试对象是机器还是人类。在实际的测试操作中，这个过程需要多位人类询问者 C 参与测试。通常来说，当只要有百分之三十以上的询问者 C 误判被测试机器 A 为人类，则代表该被测试机器 A 拥有人工智能。

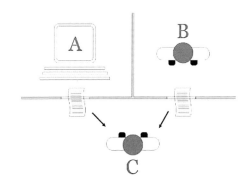

图 2.3.1 图灵测试示意图

在图灵测试被提出不久之后,"人工智能"一词被提出,以用于定义和描述这种似人的智能系统。一般认为该词首次被正式提出并奠定这个领域以后的研究方向是在 1956 年的达特茅斯会议上 [42]。其实在此会议召开约一年之前,即 1955 年 8 月 31 日,"人工智能"一词已经出现在一份研讨会提案中 [43]。研讨会提案撰写者包括了当时此领域中的杰出人士,有达特茅斯学院的约翰·麦卡锡 [1](John McCarthy)、哈佛大学的马文·闵斯基 [2](Marvin Minsky)、IBM 公司的纳撒尼尔·罗彻斯特 [3](Nathaniel Rochester)和贝尔电话实验室的克劳德·香农 {2.2.1}。

当时他们对人工智能的研究主要建立在一种假设上,即人类学习的各个方面或人类智能的任一种特征,理论上都可以被精确地描述,以至于可以通过制造机器来模拟该学习或智能。他们对当时的人工智能问题提出了以下研究提案 [43]:

---

[1]　约翰·麦卡锡 (1927—2011),达特茅斯会议召集人。他是 LISP 语言发明者,解决了人工智能核心问题的关键,被誉为"人工智能之父"。

[2]　马文·闵斯基 (1927—2016),人工智能和框架理论的创始人,第一位获得图灵奖的人工智能学者。

[3]　纳撒尼尔·罗彻斯特 (1919—2001),IBM 700 系列首席工程师,编写了第一个符号汇编语言,曾协助麦卡锡开发 LISP 语言。

1. 自动化计算机
如果某一机器可以完成工作, 那么可以通过编写一台自动化计算器来模拟该机器。虽然当前计算速度和内存容量可能还未能模拟人脑的高级功能, 但主要的障碍不在于机器的性能, 而在于我们还无法编写可以充分利用现有计算机资源的程序。

2. 如何对计算机进行编程, 使其具备使用语言的能力?
据猜测, 人类思维的很大部分是由推理与想象来操纵词汇而获得。从这一观点可以形成一个概括: 人类语言的推理能力是通过允许一个新词汇和包含该词汇的句子所暗含的一些规则, 或其他句子所暗含的规则来达成的。这一思想从未被非常精确地阐述过, 也未有被实现的实例。

3. 神经网络
这是关于如何安排一组 (假设的) 神经元以形成神经网络的概念。在此之前已经有数位学者[1] 已在此问题上做了大量的理论和实验工作。虽然已经获得部分成果, 但还需要进一步的理论研究。

4. 计算量的理论
对于一个定义明确的问题 (该问题可被机械地测试所提出的答案是否有效), 其解决的方法是按顺序遍历所有可能的答案。然而此方法效率低下, 所以为了排除答案需要设定一些准则来确保计算的高效。为了测量计算的效率, 需要掌握一套用来测量计算方法复杂性的方法, 一套关于功能复杂性的理论将有助于该方法的实现。

---

[1]　他们是英国科学家亚伯特·乌特利 (Albert M. Uttley)、美国生物物理学之父尼古拉斯·拉什夫斯基 (Nicolas Rashevsky)、研究自我组织系统的法利 (B. G. Farley) 和克拉克 (W. A. Clark)、研究神经元的沃尔特·皮茨 (Walter Pitts) 和沃伦·麦卡洛克 (Warren McCulloch)、以及前面提到的明斯基、罗彻斯特和遗传算法之父约翰·霍兰德 (John Henry Holland)。

5. 自我改进
一台真正意义上的智能机器将会很大程度上进行被认为是自我提升的任务。一些为实现此目的的方案已被提出，并值得对此做进一步的研究。此问题也可以抽象地进行研究。

6. 抽象化
一些"抽象"的概念类型可以被明确地定义，当然也存在一些难以被定义的类型。因此值得直接尝试对这些"抽象"概念类型进行区分（知道什么可被定义，什么不能），并从感知设备或其他数据来源中获得描述数据中"抽象"概念的机器方法。

7. 随机性与创造力
一个非常吸引人但不甚完善的假设是：创造性思维与缺乏想象但可靠的思维之间的差异在于随机性的引入。这种随机性必须由直觉引导才能有效。换言之，经过思考的猜想或预感，表现为在其他有序的思维中存在可控的随机性。

　　这份提案描绘了人工智能这一领域的大致轮廓，即尝试找到某些方法，让计算机理解；从数据中找出特征、模式并产生相应的概念，让计算机具有抽象化与概念化的能力；让计算机解决当前只有人类可以处理的计算问题，例如证明数学定理、找到两地之间的最短路径等；从失败中学习并提升性能，让计算机实现自我改进。也就是说，让机器可以像人类一样表现"智能"。在此具有指导性的提案基础上，隔年长达两个月的达特茅斯会议成为此后人工智能研究方向的正式起点。人工智能成了一个涉及广泛的学科领域，其中包括语言处理、计算机视觉、创意能力、概括和自我总结能力，等等。在自我改进方面，它还拓展了机器学习、深度学习等至今较为常见的研究领域，我们将会在第三章和第四章中继续阐述。
　　达特茅斯会议之后，人工智能的第一次研究热潮到来。数年后，当时的与会者及相关学者们开始以逻辑推理方法、启发法等思想理论为指导，研发出了可以自动证明定理的逻辑理论家 (Logic Theoriest)、一般问题解决器 (General Problem Solver)、可下棋的计算机程序 (The Samuel Checkers-playing Program)，等等。20 世纪 60 年代中期，美国国防部开始大力资助人工智能的研究，并且在世界各地建立了实验室。当时人工智能的创始者们对未来持乐观态度：司马贺 ① (Herbert Simon) 预言机器将能够在二十年内完成人类可以做的任何工作 [44]；马文·闵斯基认同并表示创造"人工智能"的问题将在一代人之内得到实质性解决 [45]……

然而纵观历史，前述学者们对人工智能发展的预期或许过于乐观了。到 1970 年中后期，由于人工智能的研究成果多数停留在实验室里，在应用上远远没有满足公众当时过高的期望，人工智能的发展随后陷入了第一次寒冬。这种停滞在一定程度上也影响了建筑学早期试图通过计算机进行生成式设计方向的探索。

人工智能在发展陷入寒冬之前，建筑探索者如麻省理工学院的建筑机器组 (Architecture Machine Group) ② 试图借鉴其概念拓展建筑学的可能性。在认识到当时计算机和早期人工智能技术局限后，部分建筑师转向理论上的持续构思，出现了模式语言 (Pattern Language) 与形式语法 (Shape Grammar) 等成果。随着计算机的发展并被大规模投入商业应用，建筑学开始在各个方面接纳数字化。接着计算机性能、软件技术、人机交互技术方面的显著进步为生成式设计的发展铺平了道路，之后通过计算机生成建筑设计方案的思潮又再次复兴。

2.3.2 建筑机器

"建筑机器"（Architecture Machine）理论由尼古拉斯·尼葛洛庞

---

① 司马贺，又名赫伯特·西蒙 (1916—2001)，于 1975 年荣获图灵奖，于 1978 年荣获诺贝尔经济学奖，并于 1994 年当选为中国科学院外籍院士。

② 建筑机器组 (1967—1985)，是麻省理工学院媒体实验室 (MIT Media Lab) 的前身。建筑机器组的资金来源主要为美国国防部机构，而媒体实验室主要从企业获得资金支持。

帝（Nicholas Negroponte）提出，简单来说它是一种被构想出的、供人类在其中生活的终极智能环境。它的核心思想是"人机共生"（Man-computer Symbiosis）。因此人类、机器和建成环境间的交互是研究要点，其中，启发法（Heuristics）是当时主要用来解决问题的人工智能技术。

为了深入理解"建筑机器"这一理论的历史意义，我们可以先来看看尼葛洛庞帝与莱昂·格拉伊塞尔（Leon Groisser）于 1967 年在麻省理工共同创立的建筑机器组 [46]。建筑机器组是为了实现"建筑机器"理论所关注的智能环境而组建的实验室，研究机器如何为创造性的设计过程赋能，将建筑设计到建造视为一个整体。

建筑机器组虽然隶属于麻省理工建筑城市规划学院，但它却是结合了计算机科学、人工智能和电子工程学等多个学科的跨领域实验室。它的诞生并不偶然，当时学校的风气以科研为导向，时任校长霍华德·约翰逊（Howard Johnson）明确提出要建设以科学为基础的学习环境，接着麻省理工学院人工智能实验室①（MIT Artificial Intelligence Laboratory）于 1970 年成立。

另外，当时的建筑城市规划学院院长劳伦斯·安德森（Lawrence Anderson）也试图挑战传统的建筑教学方法——布扎体系②（Beaux-Arts）。除了改变现有的教学课程和拥抱新的研究方法，他要求学院与其他学科进行紧密的合作。这样的背景为建筑机器组提供了理想的时机和环境。尼葛洛庞帝认为"建筑机器"试图将设计过程转变为一种"对话"。这种对话可以改变当时人类和机器之间的互动关系，为了实现此目的就必须结合人工智能的概念。因此建筑机器组历年来所经历过的种种试验都是在探索人如何与人工智能进行互动。他们借鉴认知心理学、人工智能、计算机科学、

① 麻省理工人工智能实验室是由闵斯基所创立，它脱胎于 1963 年由美国国防高级研究计划局（Defense Advanced Research Projects Agency）所资助的项目。其于 2003 年和计算机科学实验室（Laboratory for Computer Science）合并，成为如今该校的计算机科学与人工智能实验室（MIT Computer Science and Artificial Intelligence Laboratory）。

② 布扎体系是建筑学的教育体系之一，源自巴黎美术学院。特点包括由实践中的建筑师带领设计教学、高低年级学生之间的互相学习、快题设计和强调以形式作为创新等。

艺术、电影和人机交互等各种领域的知识, 并使用当时前沿的技术和工具做出雏形。此外, 建筑机器组中的教学与传统的建筑学院的设计工作室 [1] 有很大差别, 学生需要自主学习并实践编程工作。尼葛洛庞帝试图将建筑教育和研究计算化, 逐渐打破当时建筑学较为封闭的边界。建筑机器组在 20 世纪 60 年代和 70 年代的主要成果各有 URBAN5 和 SEEK。

URBAN5 是一个对话式的城市设计系统, 用户可以使用光笔 [2] 在屏幕上绘制方块并输入属性 (图 2.3.2)。在用户完成前述步骤后, URBAN5 会根据系统内置的 500 个问题与人类用户进行交互式的对话以推进设计。然而 URBAN5 最终的设计效果并不太理想, 试图让当时的计算机智能地与人类对话特别考验技术水平, 因此要让系统的表现达到预期要比预想的困难得多。

图 2.3.2 正在运行的URBAN5系统

在 1970 年举办的一个名为 "软件" (Software) 的展览上, 建筑机器组展出了 SEEK [3] 项目 (图 2.3.3)。SEEK 是一个由计算机程序控制的实体

[1]   源于 17 世纪法国皇家建筑科学院实行的工作室制度 (atelier system), 在英国称为 "unit", 美国则称为 "studio"。每个工作室由教授带领一组学生在特定的主题下进行建筑设计来训练学生的设计能力。

[2]   光笔是在阴极射线管显示器 (cathode ray tube) 上使用的计算机输入设备。

[3]   由杰克·伯纳姆 (Jack Burnham) 于 1970 年为纽约犹太博物馆所策划。

装置, 该装置由一个树脂玻璃围合的透明盒子、500 个 2 英寸的金属立方体和沙鼠所组成。编写者首先输入具有三维空间属性的指令到程序中, 计算机控制和重新定位金属立方体应该处于的位置, 接着机械手臂根据指令将体块排列成特定的组合。当立方体稍微错位, 该程序可根据前提设置进行重新排列。如果途中被沙鼠占据了该立方体的位置而形成干扰, 由计算机控制的机械手臂就会尝试将体块移到新的地方。简而言之, SEEK 项目试图探索生物体和机器之间的共生关系, 似乎又回应了控制论系统中的自调节和自产生。

图 2.3.3 SEEK 项目的系统装置

从这些具有代表性的实验项目可以清晰地看到当时人工智能概念的影响。例如从 SEEK 项目可以看到, 人们试图使用自然语言操控块体的移动, 模拟在交互作用下建成环境的变化。

在遭遇人工智能的第一次寒冬后, 建筑机器组的研究项目转向了更加具体和实用的方向, 例如一个通过图形用户界面去控制信息层的空间数据管理系统、探讨远程监控可能性的"阿斯彭电影地图"(Aspen Movie Map)、可理解语音和手势输入的"放下那三个"(Put that Three) 系统。身为建筑机器组的后继者, 麻省理工学院媒体实验室 (MIT Media Lab) 在 1985 年由尼葛洛庞帝和校长杰罗·威斯纳 (Jerome Wiesner) 共同建立, 旨在继续在基于先进的科学技术设计人居环境的道路上前进。

2.3.3 模式语言

模式语言是一种尝试对建筑设计过程起辅助作用的方法，由建筑师克里斯托弗·亚历山大（Christopher Alexander）创立。他受早年在剑桥大学学习数学的影响，始终都在找寻一种理性的设计生成方法。

在其 1964 年发表的博士论文《形式综合论》（*Notes on the Synthesis of Form*）中，他否定了当时建筑学院所传授的"无意识的设计方法"（Unselfconscious Process）[47]。在当时的社会背景下，他认为解决现代设计问题的困难点在于，必须同时满足多达几十个潜在的相互冲突的需求，也就是需要处理具有一定复杂性的问题。然而传统的"无意识的设计方法"是通过在封闭性很强的范围中进行微小的形式调整，这种方法只能处理简单的问题。因此他试图建立一种新的、理性的设计原则和方法。受益于当时人工智能的一些概念，新的"有意识的设计方法"（Selfconscious Process）采用先分解再合成的思路，即通过使用集合等数学概念来逐级拆分设计问题为若干子问题，再用图解（Diagram）作为子问题的解答，最后将图解逆向整合为设计的结果。

受到罗兹·阿什比[1]（W. Ross Ashby）和闵斯基[2]的影响，亚历山大认识到使用计算机作为设计工具，或许可以增强人的智能与创造力。在完成博士论文期间，他也确实尝试将分解和合成的方法编写成计算机程序[3]，在麻省理工学院计算中心进行计算实现。在构建此分解和合成方法的过程中，他使用了当时人工智能领域常用的启发法，以高效地解决设计问题[47]。

但随着研究架构在复杂性上的增加，并加上当时计算机性能的局限，

---

[1] 罗兹·阿什比（1903—1972），英国神经生理学家及控制论的先驱，发表过有关使用机器能够增强智能相关的出版物，如《为大脑设计》（*Design for a Brain*）和《为智能放大器设计》（*Design for an Intelligence Amplifier*）等。

[2] 当时闵斯基出版了《人工智能问题的启发法方面》（*Heuristic Aspects of the Artificial Intelligence Problem*）和《迈向人工智能》（*Steps towards Artificial Intelligence*），这两本书对亚历山大有一定的影响。

[3] 亚历山大和同事分别于 1962 年和 1963 年开发出了 HIDECS2（Hierarchical Decomposition of Systems 2）和 HIDECS3。

亚历山大选择舍弃了计算机的使用，而转向研究一种不需要通过计算机来实现的设计生成系统——模式语言。他在 20 世纪 70 年代连续通过模式语言"三部曲"：《建筑的永恒之道》（*The Timeless Way of Building*）、《建筑模式语言》（*A Pattern Language*）和《俄勒冈实验》（*The Oregon Experiment*）来不断地完整模式语言的理论基础、设计方法和实践成果 [48-50]。

"模式语言"中的"模式"是从现有的建筑和城市空间内发生的各种事件中，通过观察总结出一系列具有社会合理性的空间模式，并将其表达为描述性文字的图解。当面对具体的设计问题时，首先针对需求挑选出相关的模式组合成为这个问题下的模式语言，一种由模式构成网络状的图解，再按照一定的秩序将该问题带入架构好的模式语言中，最终获得建筑或城市的形式。

尽管在 2002 年出版的《秩序的本质》（*The Nature of Order*）中，亚历山大又对模式语言进行了修正和发展，但其核心始终在于从现实中抽象出一套符号系统，此系统中包含了难以被解析的规则 [51]。例如在空间关系和社会关系上对这些符号进行组合，以形成一套包含符号和规则的关系网络。简而言之，模式语言是具有生成性的设计规则，设计问题作为参数被输入，以获得的最终的设计结果作为输出。

然而亚历山大的设计方法论并没有在当时的主流建筑界获得太大反响，在指导复杂的建筑实践方面也受到一些质疑，但其思想在计算机领域却影响颇深 [52]。其中，《形式综合论》对软件结构化的设计方法具有决定性的影响 [53]，而《建筑的永恒之道》与《建筑模式语言》中的思想被应用于面向对象编程 [1]（object-oriented programming）技术的创新 [54]。

模式语言在当时人工智能的概念和方法的影响下延续了一种类似于生

---

① 面向对象编程的编程语言有 Java、C++ 和 Python 等。对象编程是具有对象概念的程序编程范式。对象作为程序的基本单元，内容可包括计算过程或数据等，并将其封装其中，以提高程序整体的可重复使用性、灵活性和扩展性。与他对立的是面向过程编程（procedure-oriented programming），编程语言例子有 Visual Basic 和 C，是一种以事件为中心的编程逻辑。

成式设计的探索。由于技术的局限最后并没有完全地采用当时的人工智能技术，因此可以说是早期人工智能与建筑学结合受阻后的产物。

2.3.4　形式语法

大约在 20 世纪 70 年代，当亚历山大在加州伯克利大学和同事们一起研究模式语言时，美国西海岸的其他高校也在积极研究如何使用早期的人工智能来实现生成式设计。其中最瞩目的成就是乔治·斯特尼 [1]（George Stiny）和詹姆斯·吉普斯 [2]（James Gips）共同创立的形式语法 [55]。他们发表的《绘图与雕塑的形式语法与生成说明》（*Shape Grammars and the Generative Specification of Painting and Sculpture*）奠定了形式语法的理论基础。

形式语法是一种理性且量化的方法，通过制定初始图形与图形变换迭代规则来自动生成几何形式 [56]。随后斯特尼和吉普斯分别在各自的博士论文中详细阐述了形式语法的定义、方法论和应用前景 [57, 58]。在 1978 年出版的《算法美学》（*Algorithmic Aesthetics*）中，两人提出了一种模拟人脑 [3] 创作艺术品的智能架构。

这个架构被他们称为"设计算法"（Design Algorithm），它具有生成性，在响应输入初始设计条件的情况下，最终将生成的艺术作品作为结果输出。可惜的是，这个生成式艺术品的构想并没有真正实现。而形式语法其

---

① 他当时的学术背景是加州大学洛杉矶分校的系统科学博士。他的毕业论文《形式和形式语法的图形和形式》（*Pictorial and Formal Aspects of Shape and Shape Grammars*）于 1975 年正式出版。

② 他于 1974 年在斯坦福获得计算机博士学位，他的毕业论文《形式语法及应用》（*Shape Grammers and Their Uses*）是受到当时斯坦福人工智能（Stanford AI）实验室及美国军方资助的研究项目，随后正式出版。

③ 他们使用心理学家肯尼斯·克雷克（Kenneth Craik）提出的思考过程模型作为基础。此模型在心理学和计算机科学中均被广泛采用，主要有接收器、处理器和效应器，分别对应模拟人体中的眼睛、大脑和手。

实只是其中"审美系统①"（Aesthetic System）的一部分, 用于生成、解释和评估所需的图像[59]。

形式语法通过对形状的直接计算来创建设计结果, 这就为以视觉对象为操作基础的建筑学和以文本对象为沟通媒介的计算机之间搭建了一座实现图形符号计算化的桥梁, 让计算化得以进入设计的核心阶段来帮助建筑师生成形式。形式语法随后扩展出了使用参数化的方式来描述图形及规则的能力, 可以将更多的已有设计条件纳入考虑, 影响图形的内部属性, 从而有创建出更多设计形式的潜力[56]。

直到今天形式语法依然保持着旺盛的生命力, 一方面被应用到基于地理信息系统（Geographic Information System, GIS）的城市设计模块中, 另一方面也被应用于生成式建筑和城市设计的前沿研究领域。例如, 麻省理工学院的李（A. Li）于 2001 年提出了营造法式风格的形式语法[60]。2011 年苏黎世联邦理工的西尔莫（P. Schirmer）等人提出用形式语法作为规则的城市设计生成框架[61]。2016 年米兰理工大学的格瑞托（C. Guerritore）等人基于形式语法的设计生成工具, 将某办公建筑改造为居住建筑[62]。

当前述先驱们试图借助计算机的运算能力, 探索生成式设计方法论之际, 当时传统的建筑界则沉浸在"后现代"②（Post-modernism）的争论中。有意识者发现了处理建筑设计过程中复杂问题的迫切性, 可是当时正统建筑学院教育所培养的建筑师们手中并没有能够使用的工具去解决复杂的设计问题。

---

① 斯特尼和吉普斯构建的生成架构主要由 8 个部分组成：（1）初始条件。可以是直接的指令, 例如"绘制一张画"。（2）接收器。（3）接收器的输出：规范化后的初始条件。（4）审美系统。用于解释和评估整个架构中被描述的对象。（5）合成算法。使用审美系统中的算法来找到具有最佳解释和评估并同时满足初始条件的对象的描述。（6）合成算法的输出：要生成的对象的描述。（7）效应器。使用合成算法产生的描述来构造对象, 生成出（5）中描述的对象。（8）生成的艺术品。

② 建筑学的后现代泛指发生在 20 世纪 60 年代以后, 以美国为中心所发展起来的一种有别于现代主义建筑风格的思潮, 其主要特征有装饰、非对称、曲线和拼贴等。其中的代表建筑师有罗伯特·文丘里（Robert Venturi）、菲利普·约翰逊（Philip Johnson）等。

在此背景下, 于 1963 年在剑桥大学完成博士论文《现代建筑的形式基础》(*The Formal Basis of Modern Architecture*) 的彼得·艾森曼 [①] (Peter Eisenman) 和亚历山大相似, 他也试图建立一种理性可靠的方法获得建筑形式。但不同点在于艾森曼的落脚点是去寻找一种可能存在的, 来源于建筑形式本身逻辑性质的固有秩序。简单来说, 两人的差异在于他们对如何获得建筑形式上的分歧: 亚历山大相信形式获得的背后可以有一套生成系统; 艾森曼则专注于对形式自身的操作进行变形 [63]。

1982 年, 艾森曼和亚历山大在哈佛设计学院进行了一场题为 "有关建筑中和谐的对比概念" (Constrasting Concepts of Harmony in Architecture) 的著名辩论。这场辩论是两种冲突观念的激烈交锋: 一边是亚历山大所抱持的, 通过科学理性来建立一套可操作的设计方法论来指导设计的理念; 而另一边, 从诺姆·乔姆斯基 [②] (Noam Chomsky) 的转换生成语法 [③] (Generative-transformational Grammar) 离开的艾森曼转向试图将解构 [④] 的哲学思想引入建筑学。尽管当时哈佛大学学生给予了亚历山大的理论以热烈的支持, 但随后的发展却是解构思想成功占领了当时的学界和业界 "高地" [64]。

2.3.5 数字化

进入 20 世纪 80 年代后, 上述通过计算机或算法试图建构设计生成

---

① 彼得·艾森曼 (1932—), 美国建筑师、理论家与教育家。

② 诺姆·乔姆斯基 (1928—), 美国语言学家, 哲学家与认知科学家。他的生成语法 (generative grammar) 理论被认为是对 20 世纪理论语言学研究的重要贡献。

③ 转换生成语法是研究人类语言能力的理论。乔姆斯基认为语法包括基础和转换两个部分, 基础部分生成深层结构 (表征语义), 深层结构转换得到表层结构 (表征语音)。

④ 雅克·德里达 (Jacques Derrida, 1930—2004), 当代法国解构主义哲学家。解构思想随着德里达与彼得·艾森曼和伯纳德·屈米 (Bernard Tschumi) 两位美国建筑师密切的交流, 在一定程度上影响了当时的建筑学。德里达的解构思想可以理解为对西方哲学领域思想传统的批判, 对认为万物背后都存在一个真理或秩序的想法提出挑战。解构思想要打破现有已经架构好的秩序, 不管这个秩序是社会的、道德的、伦理的、文化的还是个人的。

系统的探索日益式微。其中停滞不前的一个重要原因是早期人工智能自身的发展进入了第一次的"寒冬期",这让建筑学中试图研究生成式设计者的信心受到了一定程度的影响。

而随着个人计算机的普及与商业制图软件的兴起,建筑学界和业界逐渐放弃了"绘图板 + 纸笔"的传统制图模式,而开始广泛使用配有显示屏、键盘和鼠标等交互设备的个人计算机和数字制图软件(例如 AutoCAD)绘制技术图纸。计算机被应用于建筑设计中的主要场景,从辅助"建筑生成阶段"逐渐转变为辅助设计完成后的"建筑表现阶段",即通过计算机将技术图纸、效果图和实体模型等传统建筑设计中的信息表现形式进行数字化(digitalization)。

从计算机诞生初期,计算机图形学(Computer Graphics)作为研究人机交互、虚拟图形成像等内容的学科开始得到发展[65]。回溯历史,被视为"图形学之父"的伊凡·苏泽兰(Ivan Sutherland)在他 1963 年撰写的博士论文《画板: 人机图形通信系统》(*Sketchpad: A Man-machine Graphical Communication System*)中设计了一种搭载在晶体管计算机 TX-2[1] 上的绘图软件 Sketchpad。他使用户能够使用光笔[2] 直接在计算机显示屏上实时设计和绘图,还允许用户操控、复制、存储和重新调用文件,为非计算机从业者提供了用户友好的使用界面。

施工图等技术图纸的数字化主要得益于计算机图形学中所研究的矢量图(Vector graphics)。矢量图是使用基于数学方程的点、线或多边形来定义的计算机图形。建筑师在数字制图软件中绘制技术图纸时,就是在创建矢量图文件,其本质是以一定的方式组织起来的函数和参数。建筑师在制图软件中的操作看似是在进行"绘制",然而实际上是软件正在记录调用函数和所输入的参数(图 2.3.4)。

---

① TX-2 是由麻省理工学院林肯实验室(MIT Lincoln Laboratory)于 1958 发明的晶体管计算机。它最重要的一个特征是可以通过显示屏直接与计算机进行交互。

② 光笔是在阴极射线管显示器上使用的计算机输入设备。

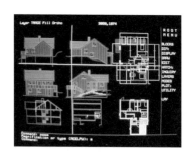

图 2.3.4 1985年AutoCAD软件界面

　　因此, 建筑师除了通过图形界面, 也可以直接通过代码去控制几何形式。例如马克·贝里 (Mark Burry) 于 1992 年试图借助计算机为西班牙的圣家族大教堂 (Sagrada Família) 构建双曲线形态, 他使用 AutoLISP 写出了具有原点、最小点和渐进点三个参数的双曲线函数方程 [66]。

　　渲染技术也是计算机图形学中的一个重要研究领域。20 世纪 60 年代计算机专家们已经开始进行渲染算法的理论研究, 80 年代进入渲染技术真实感的研究, 90 年代可以做到在个人计算机中进行动画制作 ①。渲染是通过建立数学方程模拟光线从三维模型上散射到人眼的过程 ②, 将数字空间中的三维模型场景转化为二维的位图。渲染过程是一个对渲染方程 ③ 进行近似计算求解的过程。一个待渲染的场景文件中会包含经过严格定义的数据结构模型, 包含几何、视点、材质、照明等信息。经过模拟计算, 从三维模型散射出来的光线会到达与显示器平行的一定大小的像素阵列中, 并将其携带的颜色值存储到相应的像素中形成位图 (bitmap)。

　　建筑模型的数字化依赖于 20 世纪 70 年代三维建模技术的研发。建

①　进入到 21 世纪后, 计算机图形学的内涵进一步发展, 拓展到了虚拟现实、增强现实和实时渲染等技术, 以追求更加真实地模拟表现建筑场景的渲染软件。

②　根据模拟散射方式的不同, 常用的渲染技术有扫描线渲染与栅格化 (scanline rendering and reasterisation)、光线投射 (ray casting)、光线跟踪 (ray tracing) 和辐射着色 (radiosity) 四种。

③　渲染方程 (rendering equation) 是计算机图形学的先驱之一吉姆·卡吉雅 (Jim Kajiya) 在 1986 年提出的模拟光能在场景中流动的积分方程。

模技术的最初阶段是从二维绘制发展而来的三维线框建模(wireframe modeling)。线框模型基于顶点和边的集合来描述三维形体。有了点和线之后就可进一步实现面,曲面建模(surface modeling)即是在线框建模的基础上增加面的信息[67]。根据模拟曲面的方式不同,曲面建模技术可以大致分为两类①:基于非均匀有理B样条②(Non-uniform Rational B-Splines, NURBS)和基于多边形网格(Polygon Mesh)(图2.3.5)。

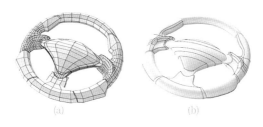

图 2.3.5 曲面建模类型

(a) 多边形网格; (b) 非均匀有理B样条

建筑几何建模最常使用的软件均是采用的这两种建模技术: Rhinoceros (Rhino) 基于 NURBS; 3ds Max、Maya 和 SketchUp 基于多边形网格。基于 NURBS 的三维建模软件(如 Rhino、Alias 等)最初是面向工业设计的需求开发的,具有模型精度高、便于对接生产制造标准等特点。部分建筑师选择基于 NURBS 的建模软件的重要原因是他对自由曲线和自由曲面③的造型能力。当建筑师调用了基于 NURBS 的某个曲线函数并确定了该函数中的参数如控制点后,可以精确计算出以这些控制点所

---

① 近年来也出现了一种介于 NURBS 和多边形网格之间的曲面建模方式,被称为细分曲面建模(Subdivision-modeling)。他是多边形网格建模方式的一种拓展,具有 NURBS 建模方式的平滑曲面特性。

② 20 世纪 60 年代,法国和美国的汽车制造商们亟需一种可以在计算机中虚拟表达出自由曲线形态的数学函数,用于通过计算机控制数控机床精确切割出具有流线型的金属车身。雪铁龙、雷诺和通用公司在当时都不约而同地大力研发这种函数,分别得到了基于 B 样条的 de Casteljau 算法、Bezier 曲线和 de Boor 算法。到了 1981 年飞机制造商波音公司最终设计出了一种可以涵盖从简单线条到最复杂曲面各种需求的数学函数——NURBS。

③ 自由曲面(Freeform Surface)是指不能由圆锥曲线运动获得的曲面。

构成的自由曲线, 接着再计算出闭合的 UV 网格 ①。

为了制作更好的动画和特效, 20 世纪 90 年代, 好莱坞计算机特效业开发出基于多边形网格的三维几何建模软件 (例如 3ds Max 和 Maya 的前身)。由于这一类建模的对象通常具有比工业产品更有机的形态, 所以仅限于拓扑矩形的 NUBRS 曲面对它们进行建模和动画处理就非常困难, 于是基于多边形网格的建模软件应运而生。多边形网格的三维几何模型实质上是由多边形所组成, 每个多边形都是各点共面的平面图形, 具有极强的造型能力。

这些软件的独特优势, 加上个人计算机的普及化, 极大地促进了它们在学术界和业界的推广。二维制图和渲染软件允许建筑师进行多次快速、便捷的图纸修改, 另外三维几何建模技术让建筑师更容易操控几何形体, 这样一来就提高了形体的可行性, 降低了试错成本。简而言之, 在数字世界中进行设计, 让设计中的试错和选择在数量上不再受到现实物理世界的限制。

不过随着建筑师对软件需求的日益增加, 现有的软件还不能完全满足某些需求, 例如更为复杂的二维或三维形体的设计。随着计算机性能和数据存储能力的不断提高, 一些可以适应更复杂设计需求的建模设计软件也开始面世, 甚至带来了新的概念——参数化设计。

2.3.6　参数化

在计算机还未普及化之前, 20 世纪 60 年代建筑师路易吉·莫雷蒂 (Luigi Moretti) 在一个体育馆的设计中就使用了 "参数" (parameter) 的概念。他试图通过 19 个参数, 其中包括观众的视角和混凝土的预算来控制体育馆的形式 [68]。该设计结果从外观上看似具有一定的有机复杂度, 然而形成此有机形态的内部推导过程却是严格且理性的。在其论述中, 他通过依托于各种参数互相关联的系统寻找建筑形式, 他被认为是最早使用 "参

---

① 在三维空间中, 曲面只需要两个方向的约束就可以唯一确定。所以曲面可以在 UVN 坐标系中描述, 其中 N 指法线方向。任一曲面可以由 UV 两个方向上垂直的网格组成。

数"一词的建筑师。而在实践上，也有人认为西班牙建筑大师安东尼·高迪（Antoni Gaudí）也曾使用了类似的设计方式，为我们带来形体极为复杂的建筑形态[69]。

　　在建筑师的实践中使用参数的概念或许还可以追溯到更早以前。例如在设计宫殿时需要考虑的比例系统中，就包含了使用各种参数来控制建筑最终的几何形态。随着计算机进入建筑教育领域后，建筑师们对将参数应用到建筑设计中的探索也变得更加蓬勃起来。1988年，建筑师伯纳德·屈米（Bernard Tschumi）被任命成为哥伦比亚大学建筑规划保护研究院（GSAPP）的院长，他鼓励当时设计工作室的师生进行新的建筑设计方式的实验。在 GSAPP 任教的格雷戈·林恩 ①（Greg Lynn）的建议下，屈米随后说服院校在计算机工作站和设计软件上进行投资。接着无纸工作室（Paperless Studio）于1994年正式成立，从此计算机开始进入 GSAPP 的设计教学领域[70]，激发老师和学生积极探索计算机如何作用于设计生成阶段。

　　计算机介入后的"参数"控制设计的探索，得益于一种新的三维建模方式——参数化建模（parametric modeling）。传统的建模方式是基于简单的几何形体及其组合的直接创建，这样一来，一旦需要更改模型，即使只有一个尺寸变动也可能需要重建整个模型。而参数化建模则尝试解决这种操作上的重复性。在事先建立起几何形体中参数和数值之间的关联系统后，只需要更改参数数值即可实现几何形体的变化。由于它可以实现动态修改几何形体而不需要重新建立整个模型，因此大大提高了效率和减轻了设计人员的工作强度。另外，通过参数在数量上、定义上和关系上的设置，建筑师可以更轻松地把控复杂的几何形体[71]。

　　如此一来，由于设计结果可以由参数控制生成，生成式设计在21世纪初又一次成为先锋建筑师的实验主题。随着建筑师有能力控制设计模型中的参数，参数化设计（Parametric Design）逐渐在建筑学中成为一种新的

---

① 　格雷戈·林恩（1964—），美国建筑师，在建筑设计计算化领域颇具影响力。

概念，该词甚至被现任扎哈·哈迪德建筑事务所（Zaha Hadid Architects）的合伙人帕特里克·舒马赫（Patrik Schumacher）视为一种设计趋势或风格 [72]。他试图借用德国社会学家尼克拉斯·卢曼（Niklas Luhman）的社会系统理论，即量化人群在空间中的活动，提出基于代理的参数化符号学（Agent-based Parametric Semiology）来作为一种建筑设计的新模式 [73]。

计算机的介入使得建筑师可以基于确定的参数和关系来生成大量的设计方案。这些相关软件大量使用了图形界面，以弥补建筑学对计算机科学知识的缺失，使得建筑师可以更直观地操作设计逻辑。随着在 21 世纪初逐渐发展出将代码封装为图像的可视化编程技术，即便没有编程经验的建筑师也可以通过拖拽图标并按照一定的逻辑关系将参数连接起来，方便且直观地操作设计逻辑（图 2.3.6）。

第一款应用该技术面向建筑师和工程师的软件是 MicroStation 的 Generative Components，其后有基于 Rhino 的插件 Grasshopper 和 Revit 的 Dynamo Studio。建筑师也可以在这些软件中自行编写代码，尝试突破软件中预设的功能模块。

不管是像早期莫雷蒂那样人工操作参数，还是在前述计算机软件中操作参数，都可以笼统地理解为参数化设计。而后者由于计算机的介入，生成这些设计模型的技术更多涉及通过算法（algorithm）即一系列的指令来实现。基于此，有学者认为使用"参数化设计"一词来描述目前在计算机中控制参数的设计仍有待商榷 [74]。

随着制造业对模型承载的信息量要求的提升，在实现了线框建模和曲面建模之后，三维建模技术在 20 世纪 80 年代进入了新阶段。除了参数化建模，另一种可控的建模方式——实体特征建模（feature-based modeling）随之而生。它是以特征 ① 造型方式创建实体模型，实体特征模型中除了包含几何特性（如面积、形状等）和物理特性（如质量、重心等）之外，

① 此处的特征可以理解为属性，例如几何形状、拓扑关系、典型功能、绘图表示方法、制造技术和公差要求。注意不要和后面机器学习中的"特征"概念混淆。

还承载了产品设计、工艺过程设计、数控加工阶段所需要的产品功能信息。简单来说,它为数字三维模型赋予了更多维度的信息。因此,在结合基于几何的参数化建模的可控参数特点后,这种新型的建模方式即参数化实体特征建模①,被采纳到市面上常见的建筑信息模型应用(Building Information Modeling, BIM)②的软件中。

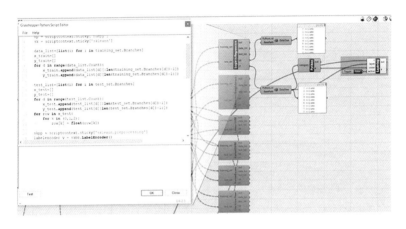

图 2.3.6 Grasshopper程序界面
拥有图形界面和脚本编程的参数插件

建筑信息模型应用是产品全生命周期管理③(Product Lifecycle Management)思想在建筑行业的一种应用方式[75],它允许设计过程中的

---

① 美国的参数化技术公司(Parametric Technology Corporation, PTC)在 1988 年发布的 Pro/ENGINEER(PTC Creo 的前身),是第一个整合了实体特征建模技术和参数化特征技术的商业化建模软件。自他问世以后,其他主流的 CAD 软件商也纷纷为自己的产品添加参数化功能。达索公司(Dassault Systèmes)1993 年发布的 CATIA V4 就已经有了参数化建模的功能,后来帮助建筑师弗兰克·盖里(Frank Gehry)开发 Digital Project 的软件工程师就是曾经在航天工业工作的 CATIA 专家。而目前业界大量使用的参数化软件如 Revit 的开发者曾经也是 PTC 公司里开发 Pro/ENGINEER 的软件工程师。

② Revit 是典型的参数化实体特征建模软件,他于 2002 年被欧特克(Autodesk)公司收购后提出了建筑信息建模的概念。

③ 产品生命周期管理是指对产品从设计、生产、服务到报废全生命周期的一个管理过程。其诞生于 20 世纪 80 年代,为汽车制造企业降低成本和增加收入所用,适应于工业化大生产的需求。

所有利益相关者都可共享并编辑该建筑信息模型。所以建筑信息模型应用不仅是关于一个或几个参数化实体特征建模软件的使用，而且是一整套生产管理的应用。故而在谈论到建筑信息模型应用时需要解释它在三个层面上的涵义：作为一个建筑的信息模型、作为一种合作的方式和作为一个全生命周期产品的管理 [76]。

它试图整合所有的设计流程、合作方式以及其他虚拟数字信息，使得相关参与到设计的人员都可对其进行"控制"。因此可以说，参数化实体特征模型是一种完全新型的建筑信息形式，超越了技术图纸和几何模型这些传统建筑信息的简单数字化。

参数化除了让建筑师更容易操控几何形体之外，还对整个行业从设计到施工各个流程的发展都具有不可磨灭的贡献。尽管它使得建筑师在一定程度上可以掌控未来可能发生的变化，但在某些方面还有不足之处。例如目前通过算法所实现的参数化设计和早期的显性编程非常类似，需要非常清晰且明确地定义参数和描述参数之间的关系，这些操作必须通过内嵌所预设好的编程语法来完成。由于设计的过程本身极其复杂，其中涉及的参数有时候难以完全通过代码表达，势必难以应付设计中存在的复杂情况，如抽象的参数定义、参数之间复杂的关系表达和设计变量的找寻等。

如此一来，随着近年来计算机科学和人工智能技术的蓬勃发展，我们或许也可以像 20 世纪的先辈们所做的那样，再次向人工智能领域进行借鉴，以解决当代更为复杂的设计问题。

参考文献

[1] Scholfield P H. The Theory of Proportion in Architecture[M]. Cambridge: University Press, 1958.

[2] Le Corbusier. The Modulor: A Harmonious Measure to the Human Scale Universally Applicable to Architecture and Mechanics[M]. 2nd ed. Basel: Birkhäuser, 2000.

[3] Leupen B. Frame and Generic Space[M]. Rotterdam: 010 Publishers, 2006: 18.

[4] Till J, Schneider T. Flexible Housing[M]. Amsterdam: Architectural Press, 2007: 7.

[5] Weeks J. Indeterminate Architecture [J]. Transactions of the Bartlett Society, 1963,2:83-106.

[6] Hertzberger H. Lessons for Students in Architecture[M]. Rotterdam: 010 Publishers, 1991: 147.

[7] Koolhaas R, Mau B, Sigler J, et al. Small, Medium, Large, Extra-Large: Office for Metropolitan Architecture, Rem Koolhaas, and Bruce Mau[M]. New York: Monacelli Press, 1995: 239-240.

[8] Gillen N M. The Future Workplace, Opportunities, Realities and Myths: A Practical Approach to Creating Meaningful Environments[M] // Worthington J. Reinventing the Workplace. 2nd ed. Oxford: Architectural Press, 2006:61-78.

[9] Forty A. Words and Buildings: A Vocabulary of Modern Architecture[M]. New York: Thames & Hudson, 2000: 143-148.

[10] Brand S. How Buildings Learn: What Happens After They're Built[M]. New York: Viking Press, 1994: 2-10.

[11] 曼弗雷多·塔夫里, 弗朗切斯科·达尔科. 现代建筑 [M]. 刘先觉, 译. 北京: 中国建筑工业出版社, 1999.

[12] Herbert N. Quantum Reality: Beyond the New Physics[M]. New York: Anchor Press, 1985.

[13] Castellani B, Hafferty F W. Sociology and Complexity Science: A New Field of Inquiry[M]. Berlin: Springer International Publishing, 2009.

[14] Von Bertalanffy L. General System Theory: Foundations, Development, Applications[M]. Revision ed. New York: George Braziller, 2015.

[15] Wiener N. Cybernetics; Or, Control and Communication in the Animal and the Machine[M]. 2nd ed. Cambridge, Mass.: MIT Press, 2019: 112.

[16] Pickering A. The Cybernetic Brain: Sketches of Another Future[M]. Chicago: University of Chicago Press, 2010.

[17] Lobsinger M L. Cybernetic Theory and the Architecture of Performance: Cedric Price's Fun Palace[M] // Legault R, Goldhagen S W. Anxious Modernisms: Experimentation in Postwar Architectural Culture. Montréal: Canadian Centre for Architecture, 2000:119-139.

[18] Kemp M, Fox M. Interactive Architecture[M]. New York: Princeton Architectural Press, 2009.

[19] Hardingham S, Greene D. The Disreputable Projects of Greene[M]. London: Architectural Association, 2008.

[20] Cook P. Archigram[G]. Revision ed. New York: Princeton Architectural Press, 1999.

[21] Banham R. The Architecture of the Well-Tempered Environment[M]. 2nd ed. Sydney: Steensen Varming, 2008: 93-121.

[22] Banham R, Dallegret F. A Home is Not a House [J]. Art in America, 1965,2:77.

[23] Banham R, Partridge J. Pompidou Cannot be Perceived as Anything but a Monument[EB/OL]. (2012-03-01)[2018-08-10]. https://www.architectural-review.com/buildings/1977-may-the-pompidou-centre-the-pompodolium/8627187.fullarticle.

[24] Lin Z. Nakagin Capsule Tower: Revisiting the Future of the Recent Past[J]. Journal of Architectural Education, 2011, 65(1): 13-32.

[25] Kim J. Carver E. The High-Tech Dome that Could Save Us Energy and Make a Better City[EB/OL]. (2015-11-30)[2019-06-04]. https://nextcity.org/features/view/Buckminster-fuller-dome-over-manhattan-dome-of-future.

[26] Mathews S. From Agit Prop to Free Space: The Architecture of Cedric Price[M]. London: Black Dog Architecture, 2007: 118-119.

[27] Bell D. The Coming of Post-Industrial Society: A Venture in Social Forecasting[M]. Special ed. New York: Basic Books, 1999.

[28] Chalk W, Cook P, Crompton D, et al. Control and Choice Dwelling[EB/OL]. [2019-6-10].

http://archigram.westminster.ac.uk/
project.php?id=109.

[29] Cook P. Room of 1000 Delights[EB/OL].
[2018-06-10]. http://archigram.westminster.
ac.uk/project.php?id=148.

[30] Steiner H A. Beyond Archigram: The
Structure of Circulation[M]. New York:
Routledge, 2009: 33.

[31] Coyle D. The Weightless World: Strategies
for Managing the Digital Economy[M].
Cambridge, Mass.: MIT Press, 1998.

[32] Eastman C M. Automated Space Planning[J].
Artificial Intelligence, 1973, 4(1): 41-64.

[33] Souder J J. Planning for Hospitals: A
Systems Approach Using Computer-Aided
Techniques[M]. Chicago: American Hospital
Association, 1964.

[34] L M. Rational Design Theory for Planning
Buildings Based On the Analysis and
Solution of Circulation Problems[J].
Architects' Journal, 1963, 138: 525-537.

[35] Whitehead B, Eldars M Z. The Planning of
Single-Storey Layouts[J]. Building Science,
1965, 1(2): 127-139.

[36] Friedman Y. The Flatwriter: Choice by
Computer[J]. Progressive Architecture,
1971, 3: 98-101.

[37] Lee K, Meyer R. How Useful are Computer
Programs for Architects?[J]. Building
Research and Practice, 1973, 1(1): 19-24.

[38] March L. The Architecture of Form[G].
Cambridge: Cambridge University Press,
1976.

[39] Steinitz C. Simulating Alternative Policies
for Implementing the Massachusetts Scenic
and Recreational Rivers Act: The North
River Demonstration Project[J]. Landscape
Planning, 1979, 6(1): 51-89.

[40] Mccorduck P. Machines Who Think: A
Personal Inquiry into the History and
Prospects of Artificial Intelligence[M].
Natick, Massachusetts: A.K. Peters, 2004.

[41] Turing A M. Computing Machinery and
Intelligence[M] // Collins A, Smith E E.
Readings in Cognitive Science. Montreal:
Morgan Kaufmann, 1988:6-19.

[42] Crevier D. AI: The Tumultuous History of
the Search for Artificial Intelligence[M].
New York: Basic Books, 1992.

[43] Mccarthy J. A Proposal for the Dartmouth
Summer Research Project on Artificial
Intelligence[EB/OL]. (1996-04-03)

[2018-05-04]. https://web.archive.org/
web/20070826230310/http://www-formal.
stanford.edu/jmc/history/dartmouth/
dartmouth.html.

[44] Simon H A. The Shape of Automation for
Men and Management[M]. New York:
Harper & Row, 1965.

[45] Minsky M. Computation: Finite and Infinite
Machines[M]. Englewood Cliffs, N.J.:
Prentice-Hall, 1967.

[46] Steenson M W. Architectural Intelligence:
How Designers and Architects Created the
Digital Landscape[M]. Cambridge, Mass.:
MIT Press, 2017: 165-222.

[47] Alexander C. Notes On the Synthesis of
Form[M]. 7th ed. Cambridge: Harvard
University Press, 1973.

[48] 克里斯托弗·亚历山大. 建筑的永恒之道[M]. 赵冰,
译. 北京: 知识产权出版社, 2002.

[49] 克里斯托弗·亚历山大. 建筑模式语言[M]. 王听度,
周序鸣, 译. 北京: 知识产权出版社, 2002.

[50] 克里斯托弗·亚历山大. 俄勒冈实验[M]. 赵冰, 译.
北京: 知识产权出版社, 2002.

[51] Alexander C. Empirical Findings From the
Nature of Order[EB/OL]. (2016-12-16)
[2018-11-25]. https://www.
livingneighborhoods.org/library/
empirical-findings.pdf.

[52] 朱嘉伊, 余倩. 克里斯托弗·亚历山大的建筑理论评
述——概述、转变与局限[J]. 新建筑, 2018,(3):
130-133.

[53] Mehaffy M W, Salingaros N A. Design for a
Living Planet: Settlement, Science, and the
Human Future[M]. Portland: Sustasis
Foundation, 2015: 166-174.

[54] 卢健松, 刘沛, 吴彤. Christopher Alexander的
"模式语言"及其在计算机领域的影响[J]. 自然辩
证法研究, 2012, 28(11): 104-109.

[55] Stiny G, Gips J. Shape Grammars and the
Generative Specification of Painting and
Sculpture[C] // Freiman C V. Information
Processing 71. Amsterdam: 1971.

[56] Stiny G. Introduction to Shape and Shape
Grammars[J]. Environment and Planning B:
Planning and Design, 1980, 7(3): 343-351.

[57] Stiny G. Pictorial and Formal Aspects of
Shape and Shape Grammars[M]. Basel:
Birkhäuser, 1975.

[58] Gips J. Shape Grammars and their Uses:
Artificial Perception, Shape Generation and
Computer Aesthetics[M]. Basel: Birkhäuser,
1975.

[59] Gips J, Stiny G. Algorithmic Aesthetics: Computer Models for Criticism and Design in the Arts[M]. Berkeley: University of California Press, 1978.

[60] Li A I. A Shape Grammar for Teaching the Architectural Style of the Yingzao Fashi[D]. Cambridge: Massachusetts Institute of Technology, Department of Architecture, 2005.

[61] Schirmer P, Kawagishi N. Using Shape Grammars as a Rule Based Approach in Urban Planning—a Report On Practice[C] // Proceedings of the 29th eCAADe Conference. Ljubljana: eCAADe and University of Ljubljana, Faculty of Architecture, 2011.

[62] Guerritore C, Duarte J P. Manifold Façades: A Grammar-Based Approach for the Adaptation of Office Buildings Into Housing[C] // Proceedings of the 34th eCAADe Conference. Oulu: University of Oulu, 2016.

[63] 王蔚. 纯形式批评——彼得·埃森曼建筑理论研究[D]. 天津: 天津大学, 2009.

[64] Harvard University Graduate School of Design. Studio Works (Book 7)[M]. Cambridge, MA: Princeton Architectural Press, 1987: 50-57.

[65] Shirley Peter. 计算机图形学[M]. 高春晓, 赵清杰, 张文耀, 译. 2版. 北京: 人民邮电出版社, 2007.

[66] Burry M. Scripting Cultures: Architectural Design and Programming[M]. Chichester, UK: John Wiley & Sons, 2011.

[67] 伏玉琛, 周洞汝. 计算机图形学——原理方法与应用[M]. 武汉: 华中科技大学出版社, 2003.

[68] Bucci F, Mulazzani M, Deconciliis M, et al. Luigi Moretti: Works and Writings[M]. New York: Princeton Architectural Press, 2002: 114.

[69] Frazer J. Parametric Computation: History and Future[J]. Architectural Design, 2016, 86(2): 18-23.

[70] 王蔚. 探索数字时代的建筑设计和教育——纽约哥伦比亚大学无纸设计工作室管窥[J]. 世界建筑, 2003,(04): 110-113.

[71] 孙家广. 计算机辅助设计技术基础[M]. 北京: 清华大学出版社, 2000.

[72] Schumacher P. Parametricism: A New Global Style for Architecture and Urban Design[J]. Architectural Design, 2009, 79(4): 14-23.

[73] 帕特里克·舒马赫, 尼尔·里奇, 郭蕾. 关于参数化主义 尼尔·里奇与帕特里克·舒马赫的对谈[J]. 时代建筑, 2012,(05): 32-39.

[74] Leach N, Yuan P F. Computational Design[M]. Shanghai: Tongji University Press, 2018: 16-19.

[75] 卢小平. 现代制造技术[M]. 北京: 清华大学出版社, 2011.

[76] 中华人民共和国住房和城乡建设部. GB/T 51212—2016 建筑信息模型应用统一标准[S]. 2016.

第三章　建筑设计中的机器学习

　　　　如果一个计算机程序在任务 (T) 中的表现 (由表现度量 P 计算) 随
着经验 (E) 而提高的话, 我们就可以说该程序从经验中学习, 此经验涉及
一些类型的任务 (T) 和表现度量 (P)。

——汤姆·迈克尔·米切尔,《机器学习》

　　　　A computer program is said to learn from experience E with
respect to some class of tasks T and performance measure P if
its performance at tasks in T, as measured by P, improves with
experience.

—Tom Michael Mitchell, Machine Learning

　　随着 20 世纪末计算机在建筑学领域的广泛使用, 建筑师得以在可视
化的屏幕上拖拽几何形体的控制点, 搭建参数关系, 甚至通过编写文本代
码来控制设计逻辑。后者非常依赖人类明确的指令输入, 即显式编程, 使用
清晰的指令告诉计算机解决某一问题的详细步骤。这种方式帮助建筑师避
免了重复性的机械工作。在相关变量及限定条件十分明确的情况下, 方案的
生成实现了一定程度的自动化, 提升了设计效率。

　　明确的指令对于特定简单的任务来说是十分有效的, 然而当遇到更为
复杂的问题时, 例如实现智能的设计程序, 显性编程的局限就会凸显出来。
近年来随着社会和城市的发展, 建筑设计过程中涉及的变量越来越多, 不
难发现建筑设计中存在一定程度的复杂性 {3.1}。如果我们认同建筑设计

中的这种复杂性可以通过计算得到解答，那就需将其转化为数学模型 ① 以待求解。通过求解合适的数学模型得到解决特定问题的最优或者近似最优方案，通常被称为求解最优化问题。在数学上，最优化问题可以定义为：在给定的约束条件下，选择最优的参数和方案，来使得目标函数最大化 / 最小化的问题。

建筑设计的复杂性体现在同时满足多个目标的需求，因此建筑设计也可以看作一种多目标优化问题 {3.2}。在处理这类复杂问题方面，机器学习（Machine Learning）可能是目前最有效的方法之一。机器学习是人工智能领域的主要分支，并且当代机器学习离不开数据的支撑，就像我们人类的学习过程离不开学习资料（如书籍、文献等）{3.3}。根据机器学习所需要的数据是否含有标签，机器学习主要被分为有监督、无监督和半监督三类 {3.4}。

3.1 建筑设计的复杂性

我们在社会生活和生产中，常常会遇到各种问题。若遇到简单问题，也许"想都不用想"直接就能解决。像是遇到下雨，我们会自然地撑开雨伞，以避免衣服被淋湿。但日常遇到的很多问题可能都比"下雨撑伞"更加复杂。有意无意间，我们都在尝试把这些问题先抽象为一种物理模型或数学模型，然后通过分析计算以获得解答。

现实生活中存在许多复杂的问题或现象等待我们去解答，或是从中寻找模式（pattern）。瓦伦 · 韦弗 ② （Warren Weaver）于 1948 年在《科学与复杂性》（*Science and Complexity*）一书中将我们日常可能面对的种种复杂问题和相应的学科梳理成三类 [1]：

① 需要注意的是，如果没有特别注明，之后涉及的"模型"一词主要是指计算机科学领域的一种数学模型，而非建筑学常说的实体建筑模型或建筑信息模型。

② 瓦伦 · 韦弗（1894 – 1978），美国数学家，早期机器翻译的研究者之一。

▨ 第一类: 简单的问题 (少变量);

▨ 第二类: 无秩序且复杂的问题 (无穷变量);

▨ 第三类: 有秩序的复杂问题。

第一类科学 (如 19 世纪前的传统物理学) 中遇到的问题通常涉及很少的变量, 通常 2—4 个, 因此可以很容易地通过数学函数进行描述和求解, 例如预测某个球体的运动结果。然而当需要计算好几百万个球体共同的运动结果, 如原子的相互作用, 也就是当问题存在更多的、无法预知或无穷的变量时, 第二类科学将会发挥作用。复杂问题的无秩序性可以使用统计学或概率论来解释, 例如在量子力学中通过概率来解释亚原子粒子的动力学。

而第三类科学需要处理的变量个数, 则介于第一和第二类之间。既不是少数变量, 也不是大规模的变量, 而是变量本身具有一定的数量, 且互相关联, 以形成一个有机的整体。如果通过传统的还原论, 即将这些变量之间隔离开来进行分析, 内在的关联性就会丢失。同时, 统计学这种工具本身也有局限性, 对于非量化、异质性的数据会显得束手无策。

第三类问题 (如基因的复制模式中有哪些变量起到关键作用、该如何有效地操控经济系统中的变量来预防经济萧条、如何阐述某个建筑设计环节中的变量关系等) 尽管复杂, 但是韦弗认为它们其实具有一定的秩序或规律。因此第三类问题涉及了 "系统" 的概念。这些问题的内在系统具有一定数量的可知或不可知的变量 (既不像几百万个原子那样不能控制, 也不仅仅只有一两个变量)。另外这些变量之间看似相互独立, 但在某些时刻它们各自的单独行为可能会累积起来造成不可预测的结果, 即 1+1<2 或 1+1>2。这类问题涉及的对象被视为一种复杂系统 (Complex System)。

而在设计中的某些阶段也存在复杂系统的概念。例如在建筑设计中的形态设计问题, 其中涉及的变量可能包括日照、道路、建筑类型、面积需求、绿化等, 其中单是日照的计算又可能需要考虑所在地区、周围建筑之间的距离、底层窗台高度等, 甚至有可能还出现其他个别的特殊因素。除了变量数量多且不确定外, 这些变量之间的相互作用也不是简单的线性关系, 难以通过人为的方式把它们之间的关系清晰地进行描述。

而上述也仅仅是建筑设计中常见的内部问题,来自外界的复杂性也会介入现有已知的设计架构中。肯·弗里德曼(Ken Friedman)等人为麻省理工学院出版社撰写的有关设计方法的系列丛书——《设计思维,设计理论》(*Design Thinking, Design Theory*)中就提到了目前设计专业所面临的三大类挑战 [2]:

▨ 性能挑战(Performance Challenges):设计解决方案需要应用到现实的世界中,因此除了体现人类的需求外,设计也会对建成环境有着直接的作用。

▨ 实质挑战(Substantive Challenges):各领域所涉及的规模(社会、经济和工业框架)日趋庞大,导致需求、条规和约束也日趋复杂,因此在产品、结构和过程之间的界限也逐渐模糊。这些不确定性都突显了设计实践中方案收敛(优化)的重要性。

▨ 场境挑战(Contextual Challenges):对于上述实质挑战在设计实践中所呈现的不确定性,需要我们探索有别于以往的设计理论和研究框架。更多跨领域的人员需要介入其中来共同解决问题。因此,在解决某个问题的场景中人们将会发现其中涉及多个组织和利益关系者,同时还必须满足多个利益关系者的期望或目标,这些期望体现在各个层面,如生产、分配和控制等。

另外,研究设计方法论的学者凯斯·多斯特(Kees Dorst)也试图概括设计中所遇到的问题性质,包括复杂、开放、动态和复杂等联系 [2]。其中设计问题的复杂度体现在问题的变量上。这些变量及其彼此之间产生复杂的关系网络可引起连锁效应,开放性导致该设计问题所涉及的领域、利益关系者的边界不明确,而问题的动态性则体现在由变量所构成的关系网络会随着时间的推移发生不可测的变化。

这些挑战意味着设计师在提出解决方案前需要考虑的不确定性越来

越多, 如动态的环境变化、难以预测的社会和政治难题、用户体验、商业模式和前沿技术等。不管是来自系统内部还是外界的变量, 它们之间绝不是简单的线性关系。由于这些关联性难以通过人为的方式进行梳理或描述, 因此可能的解决方法就是让计算机介入设计过程中。

但是计算机的介入也带来了新的问题, 如对计算机性能的依赖、设计系统的合理性以及设计师的编程能力等都会影响处理设计问题的效能。例如20 世纪 80 年代曾被寄予厚望的专家系统 ①{4.1.2}, 这类系统大部分是基于规则 (rule-based) 实现的, 规则的设计可以依靠人的知识, 也可以通过机器学习方法从数据中推理得到。如果数据足够多、足够优质, 并且计算机性能足以支撑运行大型的机器学习算法, 那么通过后者得到的规则往往比前者更有效。然而, 当时数据是缺失的, 计算机的存储、计算能力也存在较大的局限, 因而专家系统在棋类竞技、医学等少数几个领域风靡一时之后, 很快就在其他领域以及更复杂的问题上凸显其局限性。基于案例的 (case-based) 专家系统确实可能可以协助人类将问题进行收敛, 不过当它遇到矛盾、需要人类重新评估设计目标时, 也不得不将问题抛回给人类专家。

此外, 追求科学且严谨的设计过程看似前程似锦, 然而当时就有人质疑这种方式, 甚至是原来的拥护者也对此提出疑虑。有人认为理性的设计流程容易让设计师服从于教条式的设计规则, 如机器般地进行设计; 有人怀疑规划和设计这类棘手问题不能简单地通过 "计算" 来有效地解决; 有人认为需要考虑更多人性的直觉因素 [3]。可是单就编程实现 "计算" 过程解决问题就已经非常考验计算机专业人员的编程能力, 更何况是 "直觉因素" 如此高度抽象的概念。

随着时间的推移, 针对这些问题的疑虑可能逐渐弱化。例如早期对计算机能力局限的疑虑, 随着计算机硬件的性能提升和软件算法的优化得以逐渐消减。另外, 虽然早期系统性的设计方法遇到瓶颈, 但后继者不断优化前人的设计理论, 使得设计方法的相关理论得以不断迭代 [4]。学者们尝试

---

① 当时较为热门的人工智能概念, 类比于当今的深度学习。

使用更为抽象的词汇来描述设计方法，或采用更贴近人类直觉的设计要素，以避免设计师陷入如机器般的设计套路。而至于这些抽象的直觉因素，或是难以被人为编码的问题，有可能在本世纪因人工智能的发展而得到解决。

3.2 建筑设计的最优化问题

关于计算机是否能够协助建筑学中核心且需要人类创造力的"设计过程"，早在 1960 年代就已是当时建筑学会议或期刊上不断被讨论的议题。其中一场著名的会议是 1964 年末在波士顿举办的"建筑学和计算机"大会（Architecture and the Computer）①。相关人士齐聚一堂，与会者中不仅有包豪斯院校的创办人沃尔特·格罗皮乌斯，还有马文·闵斯基等人工智能领域的学者以及 IBM 等大型科技企业的研究人员。会议中激辩的议题集中在计算机是否能够以及如何处理设计过程上 [5]。

倘若想要让计算机介入处理建筑设计的核心过程中，就意味着首先要承认设计是一个"解决问题"（problem-solving）的过程，而不是无法被描述的建筑师的天才与灵感。对于任一问题，只有在它首先被抽象描述为一个数学模型后，才能使用计算机对其进行计算求解。在会议中，建筑教育家罗斯顿·兰道（Royston Landau）提到了克里斯托弗·亚历山大和约翰·克里斯托弗·琼斯 ②（John Christopher Jones）在设计过程中所使用的启发法，并强调了其重要作用 [6]。他将建筑设计作为归纳(induction)类型的问题，并认为建筑"形式"是建筑师为解决问题而提出的假设。相对地，麻省理工建筑学院的教授斯坦福德·安德森（Standford Anderson）则批判了这种将建筑设计看作解决问题的观点。而建筑设计是否能被认为是

---

① 该会议由当时波士顿建筑中心（Boston Architectural Center）的同名建筑师继续教育项目发起。波士顿建筑中心是由 1944 年的执业建筑师俱乐部发展而来。当时主要为制图员及对建筑感兴趣的人士提供职业建筑教育培训。2006 年该中心变更为波士顿建筑学院（Boston Architectural College）。

② 约翰·克里斯托弗·琼斯（1927—），英国设计师。他于 1970 年出版的《设计方法》（Design Methods）被认为是设计领域的重要著作之一。

一个"解决问题"的过程, 直到今天仍然在被争议和讨论中。

如果我们先抛开这些争议, 接受"建筑设计是一个解决问题的过程"的观点, 那么, 要设计出一个在特定条件下"最好"的建筑就意味着需要为这个问题找到一个"最优解"。而人类对于求解问题的最优解的探索有着漫长的历史, 一代代数学家们研究出了各种计算方法。早在 17 世纪的欧洲, 费马 (Pierre de Fermat) 就提出了著名的费马引理 (Fermat's theorem) 来处理极值问题 (maxima and minima); 随后出现了拉格朗日乘数法 (Lagrange Multiplier Method); 19 世纪, 法国数学家柯西 (Augustin Louis Cauchy) 提出了梯度下降法 [1] (Gradient descent); 到了 20 世纪前叶, 为了解决社会生产中的实际工程问题, 苏联数学家康托罗维奇 (L.V. Kantorovich) 提出了解决下料问题和运输问题两种线性规划 [2] (linear programming) 问题的求解方法。20 世纪 40 年代之后, 随着计算机的出现与介入, 人们有了强有力的工具, 最优化理论及其算法迅速发展起来, 在生产生活中发挥越来越大的作用 [7]。

最优化理论研究的是最优化问题 (optimization problem), 即是从所有可行解 (feasible solution) 中寻找到最优解 (optimal solution) 的问题。最优化问题包含三个基本要素: 用于衡量优化结果好坏的目标函数 (objective function)、需要通过数据来确定的变量 [3] (variable), 以及需要满足的约束条件 (constraints) [8]。基于这三个要素, 一个问题的最优解就可以被描述为: 在一定的约束条件下, 求解出目标函数最大或最小值, 这个极值所对应的变量取值, 就是此问题的最优解。因此接下来对最优化问题的探究, 就可以明确为如何求得目标函数的最大或者最小值以及它们对应的变量取值, 这个求解过程也就是最优化问题的算法设计。前面已经回溯了历史上求解最优化问题的一些经典方法 (例如费马引理、拉格朗日乘数

[1]   梯度下降法目前被广泛应用在深度学习中, 用于人工神经网络模型的训练。

[2]   线性规划是最优化问题中的一个重要领域。工业生产中面临的很多实际问题都可以用线性规划来处理。

[3]   变量是一个 n 维的向量。

法等)，随着计算机的使用，特别是机器学习（Machine Learning）技术的使用，针对求解最优化问题已经有了更多高效的优化算法。机器学习的一些常用算法将会在第四章和第五章中具体介绍。

从数学角度初步了解了如何求解问题的最优解之后，我们可以进一步审视建筑设计是如何作为最优化问题被处理的。

当我们认同建筑设计问题可以作为最优化问题被求解的时候，它就可被视为这样一种过程：首先生成一群由各种可行解所构成的解空间（solution space），从中找到针对该设计问题的最优解。如果我们把某个建筑设计问题视为一个起始点 X，那么该点可以以抽象化的形式，类似于一种树状结构连接到各个可能的解，如建筑设计方案 Y_1、Y_2……Y_n（图 3.2.1）。这些可行解的集合即解空间。

图 3.2.1 起始点和可能性

如何从解空间的无数个可能性中找到最优解，《控制论和科学方法论》一书提出了较为容易理解的步骤 [9]：

i. 列举这个解空间的各个可能性（例如将某个设计环节中可能的解都列举出来）；

ii. 为该解空间中指定出目标（例如某个设计可能性必须满足特定的指标）；

iii. 通过控制条件来使得该系统逐渐向目标前进，最终找到最优解 Y_i。

对照前述最优化问题中的三要素，这里提到的"目标"可被理解为目标函数，"控制条件"可被理解为约束条件；Y_n 可被理解为变量。而我们试图寻找的最好的那个建筑设计方案，就是满足目标函数的最优解 Y_i。

在进一步讨论作为最优化问题处理的建筑设计中所使用的算法及其特点之前，需要明确并不是所有的优化算法都适用于建筑设计。因为尽管可以依赖计算机强大的运算能力，但是如果求解一个建筑设计问题需要消耗过量的计算资源 ①（时间或者存储量），那么即使这个算法在理论上是可行的，但实际上这个问题仍然可能是无法被求解的 [10]。所以通常使用计算机求解一个问题，如果其算法运行需要消耗大量的时间或者存储量，我们就说这个问题的复杂度较高。

建筑设计领域的问题，通常由于复杂度较高，很难获得在数学意义上的最优解。不过，在现实世界的实践中我们往往也不一定非得找到绝对最优解 ②。很多时候近似的最优解 ③ 就已经足够满足我们的需求，在实际寻找的过程中也更具有可行性。随着计算机技术和算法的发展，如今已有相当成熟的"智能"算法用于求解复杂度较高的最优化问题，例如近似算法 ④（Approximation Algorithm）和随机化算法 ⑤（Randomized Algorithm）。虽然这些算法没有降低问题本身的难度，但降低了求解问题的开销 ⑥，从而实现了求解。

除了近似算法和随机化算法，启发式算法（Heuristic Algorithm）也

① 衡量求解计算问题所需要的时间、存储量等计算资源，通常要使用时间复杂性（time complexity）和空间复杂性（space complexity）这两个概念。

② 即全局最优解，所有可行解中最优的那个。

③ 近似最优解包含两种情况：一是指全局最优解的近似值，另一个是指局部最优解。

④ 近似算法可以通过保证其近似解和最优解的差异在一定的范围内，以获得一个有质量保证的近似解。贪心算法（Greedy Algorithm）、局部搜索（Local Search）、动态规划（Dynamic Programming）及线性规划等都是常用的近似算法。

⑤ 随机化算法允许在运行过程中随机地选择下一个计算步骤，其返回值会直接或间接影响算法后面的执行和输出。由于在每一次迭代时都是随机选择，故而计算速度较快。常用的随机化算法有蒙特卡洛算法（Monte Carlo Algorithms）和拉斯维加斯算法（Las Vegas Algorithms）等。

⑥ 求解问题的开销一般指运算过程需要的时间、存储数据的空间等。

是一种解决高复杂度最优化问题的方法。在启发式算法里也使用了近似的方法，但与近似算法的不同在于，它没法保证其找到的解的质量。启发式算法在早期人工智能领域是一个相当重要的算法，从 20 世纪 40 年代开始伴随着人工智能早期的符号学派发展起来，在后续章节中我们将会持续看到它的身影。

启发式算法发展至今并没有一个确切的学术定义，但是我们可以理解为它在某种程度上综合了近似和随机化的概念，是一种能够比较快地找到比较好的解的实用算法。在建筑设计中有一定应用的模拟退火算法（Simulated Annealing）、遗传算法（Genetic Algorithm）、粒子群算法（Particle Swarm Optimization）等都是基于启发式算法。它们通过模拟自然界中能量的耗散过程以及群体动物的"智能"行为等，在可行解中随机采样，来逐步完成搜索过程，找到一个较好的解。

例如，在一个城市音乐厅项目中，我们将目标设定为"设计一个有最多交流聚集的公共空间的音乐厅"，并采用优化算法来寻找其最优解或者近似最优解。随着这个极值的获得，能够决定建筑形态的参数也就相应确定下来，音乐厅的形态也就生成了。计算机的生成性，或者说它进行"设计"的能力，就在寻找最优解的过程中表现了出来。优化算法寻找最优解的过程并不受人类设计师的干涉，而是机器学习的结果。设计师们在计算机生成形态之前无法知道最终会出现怎样的建筑形态。

至于一个建筑设计问题中的目标是什么，又该由谁确定，则是另一个大的议题，本书不在此展开讨论。但按照不同的目标（例如，建筑师想要将音乐厅的目标设定为有最多交流聚集的公共空间，而城市管理部门想要它是最小能耗的，而建造商想要它的建造成本最低，等等）被优化出来的设计方案，至少提供了多个备选项，可供相关人员选择和确定。建筑设计实践中，还会遇到需要同时满足多个相关目标的问题，即多目标优化问题（multi-objective optimization）。例如，在建筑结构的设计中，可能需要设计一个同时满足最轻重量、最低造价和最合理形式几个目标的结构，这时就需

要构建多目标函数 [1]。但多目标优化问题中各个目标之间可能是互相矛盾的，在某个单一目标函数取得极值时其他目标函数有可能无法达到极值。要同时满足各目标一起达到极值的可能性很低，所以只能采用一定的方法试图对各个目标函数进行折衷，以使得各个目标函数尽可能达到极值。一些启发式算法也常被用于解决多目标优化问题。

本节简要介绍了最优化问题及其部分算法。伴随计算机的介入，用于寻找最优解的优化算法也和机器学习有了无法脱开的关系。本节还提及了一些已经被应用到建筑设计领域的优化算法，但更多的优化算法，如深度学习中的人工神经网络等，将会在后面章节中陆续介绍。除了算法，数据是机器学习中另一个非常重要的要素。下一节将会详细介绍机器学习的基本概念及与之相关的数据。

3.3 解决最优化问题的工具之一：机器学习

曾在很长的一段时间里，复杂系统中的复杂性被误认为是数据或信息不完整，或者大量的变量掩盖了潜在的规律或模式造成的。然而多年来，挑战这一观点的实验数据和理论已表明，被视为复杂的系统往往难以，甚至无法被化解为各部分之组合来加以理解和描述，即植根于经典物理学法则的还原论思想在理解复杂性上并不适用。因此可以说，还原论思想与复杂性思想是正好相悖的。如果传统的方法难以胜任，那么是否有另一种可行的方法帮助我们理解复杂系统中的模式呢？

机器学习是理解复杂系统的一种有用工具，尤其是可以基于样本数据进行自主学习的机器学习算法，为很多无法精确进行数学建模的优化问题

---

[1] 多目标函数的同时优化必然存在彼此之间的矛盾情况，不一定存在一个对所有目标都是最优的解。对于这类问题可以引入帕雷托最优（Pareto Optimality）的概念。它源自于经济学中如何有效分配资源，其意义是，在资源分配（优化）的过程中，不可能在没有任何一方（目标）受损的情况下使得至少一方的情况变得更好。由于存在目标之间的无法比较和冲突，通过此方式得到看似最优的解往往可能只是满足各个目标的最低标准。对于这种类型的问题通常存在一群解，不能简单地将它们彼此之间进行比较，这种解称为帕雷托最优解。因此可能需要人为地介入选择环节，也就是根据个人的主观偏好来支配优化方向。

提供了有效的解决方法。机器学习是目前在人工智能领域从数据中提取模式的主流方法。有了模式，或是数据中变量之间的相关性，就能将此模型应用到各种寻找最优解的场景中，包括预测、判别、推荐等。20 世纪中叶，受控制论影响的建筑想象——"欢乐宫"中就设想了类似的场景：用户数据被收集起来进行分析以得到潜在模式，让建筑可以根据此模式预测，并根据结果做出反应 {2.2.3}。

　　大数据的概念于 20 世纪 90 年代被提出，但它在国内为人们所熟知的时间点与最近一次人工智能的热潮，即基于数据驱动的阶段，几乎是同一时期。这不是一个纯粹的巧合。20 世纪末，互联网的普及使得数据可以快速高效地传输、处理并最终沉淀下来。到 21 世纪初，数据的体量已达到一定量级，使得很多致力于从数据中获取"知识"的机器学习算法犹如内燃机有了汽油，开始蓬勃发展。所以当代的人工智能又被称为"数据驱动"的人工智能。

　　事实上，人类在很早以前已经发现了数据的价值。在计算机出现以前，人们就一直在探索数据储存的方式——从洞穴的壁画到打孔卡①。20 世纪中叶以来，电子计算机及远程通信技术逐渐发展，数据的产生、传输、处理及储存技术不断升级。随着越来越多的计算任务依赖于对数据的处理，数据被认为是当今时代的"新黄金"。

3.3.1 机器学习

　　在第二章中我们提到人工智能是个较为广泛的概念 {2.3.1}。整个人工智能领域的发展大体可划分为三个时期：基于推理 (logic-based)、知识驱动 (knowledge-driven) 和数据驱动 (data-driven) [11, 12]。基于推理的人工智能聚焦在赋予机器逻辑推理能力。随着研究的深入，人们发现机器仅拥有逻辑推理能力是不够的，还需要拥有一定的知识才能使其具有智

---

① 19 世纪储存和读取数据的主要方式。1890 年被用于美国人口普查，仅 6 周就完成了 1880 年前需要 7 年时间才能完成的人口普查任务。

能, 于是人工智能进入知识驱动时期。早期知识的输入需要依赖人为总结再"教"给计算机, 这自然是低效的, 而且知识体系的庞大也使很多知识工程陷入困境, 所以发展出最近的由数据驱动人工智能, 致力于研究如何让机器自己从数据中"学习"知识。

这三个时期的特点反映了人工智能的研究重点从自动逻辑推理发展到在机器中构建映射现实世界的知识库, 然后再发展到现阶段从数据中学习"模式"。当然这三个时期也不是完全泾渭分明的, 前一个时期的研究成果会持续在后面的时期中被应用和深化, 所以现在我们可以看到很多知识系统是在知识库的基础上推理而来的, 这就是结合了前两个时期的研究成果, 而且知识库在今天仍被应用得比较多。其中机器学习作为人工智能最主要的分支, 是基于数据进行自主学习的有效方法, 并逐渐发展出表征学习、深度学习等细分分支 (图 3.3.1)。

机器学习, 顾名思义, 就是让机器 (计算机) 通过从数据中学习的方式来获得"知识"[1]。人类从婴孩时期就开始从周围环境中观察各种数据, 其中包括了语音、颜色、形体、动作、现象等。这些未被形成知识或还未成结构的原始数据称为观测数据 (observative data), 这种数据能在一定程度上反映真实的世界或现象。好奇心驱使人类主动去接触更多的数据。

随着时间的推移, 人类对这些看似混杂的数据不断试错、自我归纳总结, 并基于预设逻辑再次推理来验证结果, 经过如此循环迭代的过程将数据形成更高阶的知识。可以说, 人类也是通过事例和经验进行学习以获得某项技能的。建筑学的教育也是如此, 初学者被鼓励从诸多现有的建筑设计案例 (数据) 中针对某个目标进行归纳并总结出一种模式或原理, 去学习这些有经验的建筑师们对于某个设计问题的解决方法。

机器学习的核心也是从数据中学习并得到经验。人类可以通过感官从环境或书本中主动得到学习素材, 并从多次试错中找到这些数据之间的模式, 有了模式就可以在下一次遇到类似情况时知道需要如何反应, 从而逐渐形

①　参见 {6.2.2} 以理解数据和知识之间的关系。

成知识甚至智慧。同理，建筑师经过多年的训练也会自然地对某种设计问题形成自己的理解，并在下一次遇到类似问题时能够很快地提出相应的设计策略。然而机器由于没有感官[①]，因此需要人类去"喂养"或指定学习材料，这些材料则是数据。为了在学习的过程中让机器自我总结出一种模式，数据的数量理论上是越多越好，因此机器学习中的数据往往称为数据集（data set），是具有一定量级的数据样本所构成的集合。

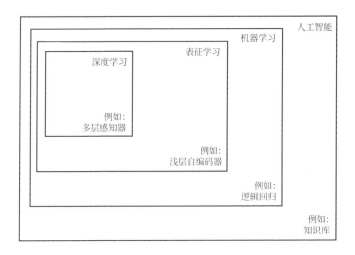

图 3.3.1 人工智能和机器学习之间的关系

如今，计算机、万维互联网、移动互联网和物联网的普及和兴起使得数据量级的增长越来越快，产生不能忽视的潜在价值。与其他领域相似，建筑或城市领域也有大量的信息需要被有效地搜索和跟踪。从 20 世纪 80 年代建筑师从纸上设计逐渐转变到计算机辅助设计开始，其他计算机应用（如提供解答复杂的数字问题程序）和信息管理程序也逐渐发展起来。建筑、工程和建造三者各自也非常依赖各种数据的支持，这些数据包括财务账单、设计管理、建筑性能等。

① 机器没有感官不代表它不能"主动"吸取数据，例如自动爬取，或是侦测到异常的情况时可以自动搜集相关的数据。这可以通过指令实现，然而在此之前仍需要人类的指示。

3.3.2 数据个体

广义而言，数据是被转换成可以高效转移和处理的格式信息。大数据基本可以理解为"持续增加的数据"，其"大"不仅体现在体量上，也体现在其多样性上，例如我们在网络购物时产生的交易数据、社交网站上的文本和图像数据、移动端地理位置定位数据、在各平台录入的个人信息、公司的数据库等都是数据的类型。数据就像是庞大的网中散落的金子，通过本地网络、互联网、移动互联网和物联网时时刻刻被收集、传输、处理和沉积。

正如黄金拥有单一的结构，相对今天的计算机等物理机器而言，数据是被转化成二进制 [1] 数值的信息，由 0 和 1 进行组合。但为了方便人类理解数据，数据在与人类交互的层面以很多不同的形式存在。这些不同的数据类型在计算机或移动端设备被生成时就源于各种不同的程序或应用，编写方式也尽然不同，通常特定格式的数据只能在特定软件中进行查看或编辑。

为了方便计算机储存和解读各种类型的数据，计算机对文件进行一种特殊的编码方式，即以不同的扩展名作为文件命名的后缀进行储存。医疗系统既可扫描图像，也可通过数字和文本记录数据。

而在建筑设计领域中，由于没有统一的标准，我们需要接触太多不同的设计软件，因此有很多不同的数据格式，如文本、数据表格、图像、三维几何模型、建筑信息模型等。

数据是机器学习的基础，对于机器学习来说，数据具有举足轻重的地位。然而，如果数据没有经过一定的处理，即数据本身具有不同的格式或瑕疵，就算再好的学习机制也难以发挥作用。在理解数据如何成为"黄金"（有价值的信息或者知识）之前，我们可以先来看数据的"原始状态"。以下是数据集的其中一种表现形式（表 3.3.1）：

---

[1]　在二进制里，只有 0 和 1 两种数字，是计算机进行数据存储和运算的基本形式。

表 3.3.1 数据集范例

建筑单元	建筑功能	楼层数量	首层建筑面积	首层架空	......
建筑单元1	A	2	500.00	是	......
建筑单元2	B	8	400.00	否	......
建筑单元3	C	8	550.00	否	......
......	......	......	......	......	......

　　在表中，首行（row）称为属性（attributes）[1]，描述了数据集中所涵盖的属性，在此案例中则包括建筑功能、楼层数量、首层建筑面积等。而对于一个人口普查数据集，属性就可能是年龄、性别、身高、体重等。首行以下的每一行数据是各个带有标签的数据样本（data sample）。标签的取值大概可分为两种：分类值（categorical value）和数值（numerical value）。分类值通常是离散值，例如表中的立面风格和装饰，可记录类别和是非值；而数值则包括了一切以数字构成的整数（integer）和浮点数（float），例如表中的楼层数和首层面积。

　　表中的每一列（column）可理解为特征[2]（feature），由各属性和其下的数据所构成。有时候，我们也会把特征的数量和维度（dimension）挂钩，如某一问题的复杂性往往取决于维度（或特征）的数量，这也一定程度上反映了数据样本的量级。高维度的问题通常预示着需要大量级的数据样本用于分析。

---

[1] 在描述数据或在数据挖掘的领域中，我们多用属性一词。而在大多数数据挖掘和机器学习教材中，其意义等价于机器学习中的"特征"（feature）。

[2] 特征的定义在机器学习领域中很广阔且模糊，需要基于特定的语境来理解。例如在描述数据集中的数据时，属性和特征的概念可以互相交换。不过在某个具体训练模型如神经网络中的数据表示时，一种约定俗成的表达词汇则是特征。

有时候, 我们收集到的数据并不完整, 或具有"噪声"① (noise)。这有可能是制作、收集和传输相关的硬件或程序的多元化和限制所致, 例如硬件限制而导致接收数据性能下降, 又或者同一个公司各个单位的数据库缺乏标准化。这些具有缺陷的数据将给数据挖掘② (data mining) 过程带来困难, 因此我们需要对数据进行预处理 (data preprocessing)。数据预处理有很多方法或步骤, 大致上可以归纳为三个环节[13]: 数据清洗 (data cleaning)、数据转换 (data transformation) 和数据整合 (data integration)。

在数据清洗的过程中, 一般会涉及两个重要的技术: 一是数据补全 (imputation), 即根据当前数据猜测缺失的数据从而进行数据补充; 二是数据去噪, 把噪声数据即带有大量附加无意义的信息去掉。具体来说, 数据补全的方法通常是分析数据集中缺失的数据, 然后从周围相邻的数据进行数学计算上的补充。数据去噪的方法一般是通过分析发现异常数据后, 尤其是对于大量级且具有小部分噪声的数据, 可以对其选择删除, 因为这样不会对原来的数据集产生太大影响。另外, 不能删除的情况也有可能发生, 例如如果数据集的量级本身就很小, 删除这些异常数据就有可能会影响最后的挖掘结果, 或者本来研究的就是异常现象。

在机器学习里, 数据转换是为了确保数据集的结构化。有时候收集到的数据毫无结构可言, 呈现为一种特别随意、混杂的形式, 难以将数据对应到属性或特征。因此我们需要对这些数据进行结构化, 即特征构建 (feature construction)。将相关的数据归纳到相应的属性下形成特征, 让数据之间的关系得以清晰起来, 好让计算机可以理解这些数据。反之, 非结构化数据则是指缺乏标记彼此间关系的数据, 因而计算机很难对其进行更高阶的数据处理③。

① 噪声是指观测数据中的随机误差或方差。

② 数据挖掘是指从较大型的数据集中发现模式的计算过程。

③ 其实任何数据一般都具有内在的结构, 而这里的非结构化数据是具体针对那些难以通过常规的方法或已有程序去解析并提取出有价值信息的数据。

　　数据的结构化也可通过数据归一化（data normalization）来实现。数据归一化是指将不同尺度的特征数据进行标准化的过程。例如建筑楼层（通常在个位数到三位数之间）和建筑总面积（取决于单位，有时候达到六位数）两者之间的量级差异较大，这有可能影响数据挖掘的结果。

　　数据往往来自多个渠道，因此这些原始数据需要经历数据整合，它们彼此之间才能建立起关系，方法可以是通过选择关键属性来进行互相映射[①]。同时，出于计算上的经济考虑，在机器学习训练前也需要尽量保证数据的有效性，没有多余的数据或特征（维度）。

　　有时候我们需要筛选数个最关键的特征进行训练，来强化关键特征和特征值之间关系的建立。那么接下来的问题是，我们如何知道应采用哪些特征呢？例如针对前面的数据表格，我们在面对某一个和建筑设计有关的问题时，应选择哪些特征来进行机器学习？又如要人为地判断一个建筑是不是巴洛克风格，纯文本的数据集可能需要考虑的维度有平面布局类型、屋顶类型、装饰类型等[②]。因此对某些较为复杂的问题，我们通常并不能预先明确需要考虑的维度。

　　维数越多也有可能在计算过程中遇到维数灾难[③]（curse of dimensionality）。另外，和数据样本同理，并不是所有的特征都是关键的，合理地减少特征数量是非常必要的，毕竟有些特征可能与我们的研究目标并不相关（irrelevant）或是冗余[④]（redundant）的[14, 15]。适当的减少数据体量可以节省计算资源和时间，同时也可能避免模型过拟合

---

① 具体的整合方法非本书讨论的范围。

② 如果是根据图像，则需要更多考虑抽象概念，如光影、边角、颜色、形体构成等上百甚至上千个维度，这些复杂且抽象的概念就更难以被人为地描述。所幸这在深度学习中得以被解决，即表征学习 {5.1.2}。

③ 最早由理查德·贝尔曼（Richard E. Bellman）在考虑优化问题时提出的术语，用来描述当（数学）空间维度增加，即变量的数量增加时，分析和组织高维（通常成百上千维）空间因体积指数增加而遇到的各种问题场景。因为把多个变量放在一起时需要考虑很多种组合方式，这样的后果又通常被称为"组合爆炸"（combination explosion）。

④ 冗余和不相关是两个不同的概念，因为一个相关特征对于另一个强相关的特征可能是多余的。

(overfitting)或泛化能力减弱。所以一种直观的做法就是降维(dimension reduction)，通俗来说是在不影响整体表现的情况下减少数据的维度。

降维的其中一种方法是特征选择(feature selection)，即选择用于模型构建的相关特征子集的过程。这可以依靠人类的专业经验来判断，但人为的方法非常耗时耗力，因此也可以通过计算机算法实现。这些算法多基于统计和建模，在设定一定的目标函数后通过梯度的方法来求解，这样通过多次迭代得到原特征集的一个子集，从而较好地保留了特征，减少了数据集的维数。降维的另一个方法是特征抽取(feature extraction)。与特征选择返回特征子集不同，特征抽取是通过比原来更少的特征来刻画出所有样本的特征，也就是说并不是删除不必要的特征，而是在原始特征的基础上进行"重组"，实现降低整体的特征数量。

无论是特征选择还是特征抽取，可以实现数据降维的技术有很多，比较流行的一种是主成分分析(Principle-component Analysis, PCA)，这是一种基于统计学的降维方法 [16]。如果我们把原来数据中的特征作为数学空间中的轴线，形成"特征空间"，PCA 在此特征空间中用一个超平面 ① (hyperplane) 对所有样本进行恰当的表达，也就是说把高维的特征空间中的数据映射到一个低维的子空间 (图 3.3.2)。在建筑领域中有学者就尝试利用 PCA 对建筑平面数据抽取特征 [17]。

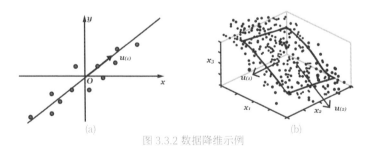

图 3.3.2 数据降维示例

(a) 二维特征 (x, y) 空间的数据投射到一维的超平面
(b) 三维特征 (x₁, x₂, x₃) 空间的数据投射到二维的超平面

① 在几何学中，超平面可以是一种子空间 (subspace)，此子空间的维度比它所处的空间少了 1 个维度。

3.3.3 机器学习模型

在继续描述这些处理好的数据接下来将被如何利用之前，让我们先来了解机器学习的一般流程（图 3.3.3）。

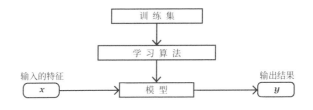

图 3.3.3 机器学习过程示意图

在早期的机器学习应用中，处理好后的数据首先会按比例[1] 划分成训练集（training set）和测试集（test set）。其中，训练集是机器学习的"材料"，而测试集则是用于评价训练后模型的性能。随机划分是其中一种常用方式[2]。之所以要将测试集与训练集区别开来是因为这样才能确保测试的时候更逼近真实的情况，例如要验证我们所学的数学知识是否准确，会尽量选择课本以外的习题来进行测试。

如果测试集被锁定，但我们仍希望测量模型在未知数据上的表现，则可以将数据（不带测试集）划分为训练集和验证集（validation dataset）[18]。训练集和验证集的主要区别在于，前者用于调整模型的参数（如神经网络中神经元之间的连接权重），后者则用于调整由训练集训练得到的模型的超参数[3]（例如神经网络中隐藏神经元的层数、个数等）[19]。所以现在用得

① 　划分比例根据应用场景、数据量级、模型选择的不同而不同，可以根据具体情况参考行业内的已有案例进行划分。通常，训练集在收集到的数据全集中所占比例是远高于测试集和本节下一段介绍的验证集的，例如训练集和测试集按8：2 比例划分。

② 　其他方法有训练集本身也是测试集（最简单但准确率不高）、K 折交叉验证（K-fold cross-validation）等。

③ 　大多数机器学习模型都有参数和超参数。参数（如神经元之间的权重等）是可以通过学习算法学习出来的，但只讨论单个非嵌套式的模型时，超参数本身不是通过学习算法学习出来的，而往往是设置来控制算法行为。想要深入了解这两者区别的读者可以参考伊恩·古德费洛（Ian Goodfellow）等人编写的《深度学习》（*Deep Learning*）一书的第 5.3 节。

比较多的流程是，学习算法先通过训练集调整参数，再由验证集评估调整超参数，最后由测试集评估得到的模型是否达到要求。

数据被划分好后，机器学习研究人员根据需求找到几种可能适合的学习算法（learning algorithm）与划分好的数据共同进行"实验"。由于机器学习的算法部分地依赖数学理论，如矩阵、向量、概率和微积分等，因此在有了以上介绍的数据集和合适的机器学习算法后，我们最终可以得到一种数学模型。当我们把非训练集的外来数据输入到训练好的模型中时，该模型就可以根据从数据中"学"得的输入和输出之间的映射关系给出针对新输入的输出结果。

在整个过程中，评估模型的好坏是很关键一步，涉及三个需要特别注意的概念：泛化（generalization）、过拟合（overfitting）和欠拟合（underfitting）。

如果训练好的模型不仅对原来的训练集或测试集表现良好，也能对新数据（非原来的数据）得到不错的结果，那么我们可以说该模型的"适应力"，也就是泛化能力很好。举例来说，当使用建筑类型 A 的相关数据作为训练集去训练一个分类模型，我们接着向此模型输入一部分非训练集的数据作为测试数据后，得出的结果也具有很高的正确率，那么可以说此模型具备了较好的泛化能力。

有时候，由于模型复杂度太高、数据量相对模型而言太少等原因导致机器学习训练得到的模型对训练集的数据进行判断时几乎"百发百中"，然而对训练集之外的数据却无法进行有效判断,这就是机器学习中的"过拟合"现象。导致这个现象的因素很多，主要原因在于模型把训练样本中所包含的不具有一般性的特征都学习到了，导致该模型对外来数据产生一种"排他性"，因此泛化能力较弱。相反的，"欠拟合"则是指模型并不能完全地学习到训练集上的所有特征，也就是无法充分地捕捉到数据中的模式。因此我们需要在"欠拟合"和"过拟合"之间找到合适的平衡，才能产生泛化能力最高的模型。

研究人员或数据科学家如何利用机器学习就好比让厨师制作料理。食材是给定的（或是可以自己去找其他补充材料），然而工具并未指定，需要厨师根据经验来判断选择什么样的工具是最适合的。如果我们将数据比喻为食材，那么前面提到的数据预处理的工具就像是洗涤和调理用具，将食材（数据）进行清理、切碎并调制在一起。从食材的状况我们可以出推断它们适合哪些菜系，如是中式的还是西式的，再依次来选择不同的烹调用具，其中包括锅、炉、灶等。因此如何选择合适的锅，我们需要从食材的情况考虑到潜在菜肴的类型，接着才能做出更具体的选择，是平底锅、高压锅还是其他不同金属材质的锅。而这些具体的烹调用具就是学习算法，菜系则可以理解为机器学习的类型。

　　同理，在下一章节中，我们可以看到在选择合适的机器学习算法之前，我们还需了解不同的机器学习。通常来说，算法的选择主要是根据数据本身的状况来定的（当然也需要考虑应用的场景等），这将影响我们判断机器学习的类型，从而找到数个合适的学习算法。

3.4　机器学习的类型

　　机器学习的方法可按照多种方式分类。若依据训练数据是否具有标签（label）分类，通常可以把机器学习分为有监督学习（Supervised Learning）、无监督学习（Unsupervised Learning）和半监督学习（Semi-supervised Learning）[1]。

3.4.1　有监督学习

　　为了更形象地理解何为有监督学习，让我们打个比喻。为了使机器进行快速且有效的学习，我们可以让一位"老师"告知学生（模型）每次学习的答案是否正确，而答案正确与否即对应数据集当中的"标签"。如此一来，机

---

[1]　其中还有强化学习或增强学习（Reinforcement Learning）。由于在概念和应用场景上和前三者有区别，所以我们可以在第五章中进行延伸阅读。

器学习的过程就类似学生在老师的监督下学习，所以我们把这种方式称为
有监督学习。

　　如果从数据层面来解释，有监督学习的主要特点是通过从一个包含输
入数据（即各种特征数据）和预期的输出判断（标签）的训练集中进行学习，
在建立一个满足精确度要求的模型后，可以用此模型推断新的实例。它可以
用来解决那些我们已知预期判断结果，但还未得到这些数据背后最优的特
征函数的问题。至于特征函数的构建，我们可以将输入数据集 X 和输出判
断集 Y 之间的映射关系通过数学公式进行表达，即 f: X → Y。

　　当我们有已知的输入集合 X 和输出集合 Y，学习算法的目的就是将 X
和 Y 之间的的映射关系给训练出来，即解出函数 f。接着我们将一个新的
数据 x' 作为输入，就可以由训练好的模型得出相应的 y'。所以这里的模型
本质上是一个数学函数，其中的函数表达根据模式的复杂度既可能被轻易
理解，如一次函数，也可能难以揣摩，如神经网络。

　　有监督学习的应用可以概括为两类：回归（Regression）和分类
（Classification）。

　　回归是用来预测连续值（continuous value）域的问题，如数值。以预
测房地产价格为例。若要根据近 30 年深圳的房价数据，来预测某套房子在
未来某个时间点的价格，将会涉及地段、楼龄以及住房面积等诸多特征。如
果只考虑单个自变量的简单线性回归（Simple Linear Regression），即可
只考虑住房面积与房价之间的关系。我们先将过去 30 年的住房面积和对应
的房价数据作为训练集，对模型进行训练。当训练完成后，我们可以输入另
一个非原来训练数据集中的住房面积数值,输出结果将会是相应的预测房价。
为了更为直观,我们可以把住房面积设为 X 轴,房价设为 Y 轴作图(图 3.4.1)。

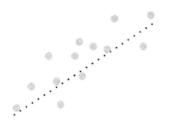

图 3.4.1 简单线性回归示例

不难发现，在这个例子中线性回归学习算法的任务是找到一条尽可能拟合最多数据点的直线。换言之，这条直线试图让所有的数据点距离该直线的方差最小，以尽可能准确地描述住房面积与房价两者之间的关系。

回归问题里的有监督学习的算法包括贝叶斯线性回归（Bayesian Linear Regression）、最近邻算法（K-nearest Neighbours）、线性回归（Linear Regression）、神经网络回归（Neural Network Regression）、多项式回归（Polynomial Regression），等等。

而在分类中，所预测的目标往往是离散值（discrete value），如分类值。以判别建筑立面风格为例，我们试图从一组立面图像数据判别出对应的风格类型。这里涉及的特征可能包括颜色、体块、边缘、材质等。我们难以用人为的方法去选择或描述这些特征，但是如今我们有特定的学习算法可以帮助我们省略掉这个复杂的过程 {5.2}。将这些立面图像数据和对应的风格标签作为训练材料，机器基于这些数据通过学习算法自行提取特征。对于一个二元分类，例如通过逻辑回归 ①（Logistic Regression），在模型训练完成后，可以找到一条尽可能将这些数据区分开的线，从而根据新输入的图像来判断它所属的分类标签（图 3.4.2）。

---

① 注意，不一定所有称为"回归"的算法都是处理回归的任务。

图 3.4.2 二元分类示例

　　分类活动中常用的有监督学习的算法包括决策树（Decision Tress）、逻辑回归（Logistic Regression）、朴素贝叶斯（Naïve Bayes）、最近邻算法（K-nearest Neighbours）、神经网络分类（Neural Network Classification）、支持向量机（Support Vector Machine）等。

　　因此从以上两种例子来看，在标签完整的情况下，机器学习试图寻找一个尽可能与训练数据吻合的特征函数，使得该函数可以根据我们以后给出的任意输入，得到一个可靠的、与训练数据相匹配的输出值作为预测。

3.4.2　无监督学习

　　而对于没有标签的数据集也可以通过机器学习进行训练，这便是无监督学习。和有监督学习不同的是，在机器训练前我们只有输入变量 X，但还未指定可对应的输出变量 Y，即标签，也就是说在学习的过程中没有"老师"向"学生"提示是否正确。无监督学习的特点是不需要人为地"监督"机器学习的过程，放手让机器自行探索数据中潜在的模式或者规律，从而使其对数据有更多的理解，即在训练后，该模型会自主提出某种输出变量 Y。然而由于这种输出变量是由机器自主提出的，所以输出变量本身也具有不确定性，即每一次训练的结果会不一样，不可预测。无监督学习中常见的应用是聚类（Clustering）。

聚类是机器尝试依据数据之间的相似性将数据进行自主分类。由于可以被划分为同一类的数据理论上必定拥有共同相似的特征，所以它们可以与其他数据区别开来，形成个别聚落（图 3.4.3）。

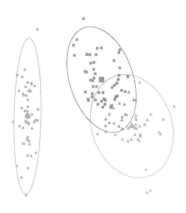

图 3.4.3 聚类示例

尤其在面对一组量级和维度较高的数据集时，人类很难从数据中发现潜在的特征，一些聚类的数学方法却通常比较轻易做到。例如 K- 均值（K-Means）聚类便是一种常用的聚类算法，它通过多次重新确立数个中心点及其同类邻近数据点，最终达到相似的点被聚拢到同一个中心形成多个簇的状态。

常用的无监督学习的方法有最大期望算法（Expectation-Maximization Algorithm）、DBSCAN（Density-based Spatial Clustering of Applications with Noise）、层级聚类（Hierarchical Clustering）、K- 均值（K-means）等。

在建筑领域中，盖里科技（Gehry Technologies）曾使用 K- 均值聚类为某博物馆的立面施工进行优化 [20]。由于该博物馆的自由形体外立面需要由 16 000 多块面板组成，而在原来的设计中这些面板的几何形状在优化前是完全没有重复的，这意味着造价将会是个大问题 [1]。技术团队使用 K-

①　不同类型的模具越多，造价越贵。

均值基于每个立面面板最大可接受的制造误差将相似的面板进行聚类, 将制造所需的模具数量减少到 49 个。

在城市方面, 多希 (C. Doersch) 等人使用聚类原理在庞大量级的巴黎街景数据中让计算机自行梳理出潜在的能代表当地的视觉元素, 并发现这些视觉元素较多在市井生活场景中出现, 而非出现在地标建筑中 [21]。库马尔 (D. Kumar) 等人使用聚类算法, 对新加坡的大量出租车 GPS 移动数据 (包含计程车出行的始发地点和目的地) 进行聚类分析, 试图理解城市规划和交通应用在时间和空间上的动态关系 [22]。

3.4.3　半监督学习

半监督学习结合了有监督学习与无监督学习的特点。其中部分训练数据带有标签, 而另一部分则没有标签。由于标注工作 ① 成本高昂, 当我们拥有部分未标签数据和部分标签数据时, 就可以使用半监督学习。通常来说, 半监督学习首先借助有监督学习 (如回归和分类) 得到现有标注数据中潜在的数学模型, 接着在标注数据中加入无标注样本再一次生成模型 (图 3.4.4)。

另外, 也可以将有标签和未标签的数据集一起通过无监督学习进行聚类, 接着根据所属类别为这些未标注的数据增添标签。这样, 可以在满足精确度的同时减轻数据标签的工作量。半监督学习通常应用于拥有大量未标签数据和少量标签数据, 而标注的人力、时间成本又较高的场景, 包括海量网页基于文字的分类、生物基因序列和图像识别等 [23]。

半监督学习的方法有生成模型 (Generative Models)、基于图论方法 (Graph-based Methods)、半监督支持向量机 (S3VMs)、自训练算法 (Self-training Algorithm) 等。

---

① 标注工作, 通俗来说就是 "打标签", 即通过人力, 为训练数据的自变量 X 指定正确的因变量 Y 的期望值。

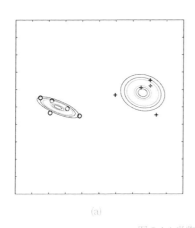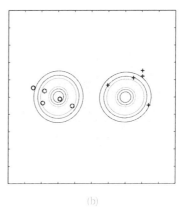

                                    (a)   (b)

图 3.4.4 半监督学习示例
(a) 基于生成模型算法中的高斯分布对标注数据进行分类；
(b) 加入未标注数据后的分类边界更新

在过去的二十多年里，随着个人计算机处理能力的提高，机器学习的可行性不断被证实，并且在不少场景中已有标准化应用，例如人脸识别、智能推荐等。综合来看，监督学习、无监督学习和半监督学习考虑了静态数据处理的各种问题，主要有回归、分类和聚类。目前机器学习已广泛应用于数据挖掘、计算机视觉、自然语言处理、生物特征识别、搜索引擎、医学诊断、证券市场分析、基因序列检测、机器人等。虽然机器学习在建筑学的应用尝试并没有其他学科多，但也有不少学者试图探索其可能性，其中大部分应用尝试分散在各个具体的设计问题中，也不是说使用单个机器学习算法或框架就可以从设计到施工一气呵成。

因此，对于某个设计中的需求，需要着重考虑问题的类型、可用的数据类型和合适的机器学习算法，这样才能得到尽可能准确的结果。而在机器学习算法方面，随着历年来的发展产生了诸多学派，在下一章中，我们将以此为脉络探索每个机器学习学派的基本思想方法以及它们在建筑领域的应用探索。

参考文献

[1] Weaver W. Science and Complexity[J]. American Scientist, 1948, 36(4): 536-544.

[2] Dorst K. Frame Innovation: Create New Thinking by Design[M]. Cambridge, MA: MIT Press, 2015: 9-15.

[3] Rittel H W J, Webber M M. Dilemmas in a General Theory of Planning[J]. Policy Sciences, 1973, 4(2): 155-169.

[4] Cross N. A History of Design Methodology[M] // de Vries M J, Cross N, Grant D P. Design Methodology and Relationships with Science. Dordrecht: Springer Netherlands, 1993:15-27.

[5] Steenson M W. Architectural Intelligence: How Designers, and Archtiects Created the Digital Landscape[M]. Cambridge, MA: MIT Press, 2017.

[6] Steenson M W. Architectures of Information: Christopher Alexander, Cedric Price, and Nicholas Negroponte & Mit's Architecture Machine Group[D]. New Jersey: Princeton University, The School of Architecture, 2014.

[7] 陈宝林. 最优化理论与算法[M]. 北京: 清华大学出版社, 2005.

[8] Vandenberghe L, Boyd S P. Convex Optimization[M]. Cambridge: Cambridge University Press, 2004: 129.

[9] 金观涛, 华国凡. 控制论与科学方法论[M]. 北京: 新星出版社, 2005.

[10] Sipser M. Introduction to the Theory of Computation[M]. 3rd ed. Boston, MA: Course Technology Cengage Learning, 2012.

[11] 周志华. 机器学习[M]. 北京: 清华大学出版社, 2016: 10-12.

[12] Flasiński M. Chapter 1: History of Artificial Intelligence[M] // Introduction to Artificial Intelligence. Switzerland: Springer International Publishing, 2016:3-13.

[13] Zheng Y. Urban Computing[M]. Cambridge, MA: MIT Press, 2018: 604.

[14] Blum A L, Langley P. Selection of Relevant Features and Examples in Machine Learning[J]. Artificial Intelligence, 1997, 97(1): 245-271.

[15] Kohavi R, John G H. Wrappers for Feature Subset Selection[J]. Artificial Intelligence, 1997, 97(1): 273-324.

[16] Jolliffe I T. Principal Component Analysis[M]. 2nd ed. New York: Springer, 2002.

[17] Hanna S. Automated Representation of Style by Feature Space Archetypes: Distinguishing Spatial Styles From Generative Rules[J]. International Journal of Architectural Computing, 2007, 1(5): 2-23.

[18] Norvig P, Davis E, Russell S J. Artificial Intelligence: A Modern Approach[M]. 3rd ed. Upper Saddle River: Prentice Hall, 2010: 1132.

[19] Ripley B D. Pattern Recognition and Neural Networks[M]. Cambridge: Cambridge University Press, 1996: 354.

[20] Gehry Technologies. Museo Soumaya: Facade Design to Fabrication[EB/OL]. (2013-07-17)[2018-05-15]. https://issuu.com/gehrytech/docs/sou_06_issuu_version.

[21] Doersch C, Singh S, Gupta A, et al. What Makes Paris Look Like Paris?[J]. ACM Transactions on Graphics (SIGGRAPH), 2012, 31(4): 101.

[22] Kumar D, Wu H, Lu Y, et al. Understanding Urban Mobility Via Taxi Trip Clustering[C] // 2016 17th IEEE International Conference on Mobile Data Management (MDM). Porto, Portugal: 2016.

[23] Chapelle O, Schölkopf B, Zien A. Semi-Supervised Learning[M]. Cambridge, MA: MIT Press, 2010: 1-12.

第四章 机器学习在更广建筑领域的介入

不论多么复杂，每个算法都可以被简化成三种逻辑运算：与、或、非。

——佩德罗·多明戈斯，《终极算法》

Every algorithm, no matter how complex, can be reduced to just these three operations: AND, OR, and NOT.

—Pedro Domingos, *The Master Algorithm*

和大多数学科类似，在 20 世纪中叶诞生的人工智能，经过各个时期学者们的多次探索和实验后，产生了数个派别。要快速理解历年来这些不同的机器学习算法之间的概念和原理差异，一种较为简便的方式是参考华盛顿大学佩德罗·多明戈斯（Pedro Domingos）教授归纳的五大派别，它们分别是符号学派、贝叶斯学派、类推学派、进化学派和联结学派 [1]{4.1}—{4.5}。这里的每个学派都有其核心思想及其关注的特定问题。通过上一章的介绍，我们已经了解了机器学习的基本概念，本章将分别阐述五大派别的基本理念及常用算法模型，并结合实践案例探讨机器学习在建筑和城市相关领域的应用潜力。

考虑到本书专业科普读物的定位，本章的每个小节都以下方式编排：先介绍各派别的简明发展历程和基本理念，接着以代表性的算法为例，介绍其基本原理及其在建筑和城市领域应用的可能性。对机器学习算法感兴趣且想拓展阅读的读者可以自行参考多明戈斯的著作，或者阅读各算法提出者的原始文献。

4.1 符号学派：从表示与搜索出发

把人的所思所想用符号、文字、音乐甚至建筑物等形式化的方式表达出来是人类拥有的独特能力。就像建筑师擅长用几何图形表达自己关于空间的构想，机器学习领域中也有一个源远流长的派别试图在机器中通过符号表达现实世界。这个流派便是以艾伦·纽厄尔（Allen Newell）和司马贺[①]（Herbert A. Simon）为早期代表的符号学派。

由于人的认知（cognition）能力自古以来就被认为与人类的智力或智慧密切相关，所以在人工智能这个概念还没出现之前，就已经有哲学家、心理学家、数学家等在研究人脑的认知过程或者推理过程的符号表达。受到这些符号学理论基础的启发，早期的人工智能也试图借助可进行符号操纵的模型[②]解决问题，因此早期的人工智能又被称为符号型人工智能（Symbolic AI）。

4.1.1 符号学派概述

符号学派提倡实现人工智能的方式有两大阵营：一个阵营力图构建知识表达的通用模型；另一阵营则研究针对特定应用领域的模型[2]。如果我们尝试对这两大阵营的方法进行归纳，可以得出该学派主要使用的方法有认知模拟（cognitive simulation）、基于逻辑的方法（logic-based approach）以及基于知识的方法（knowledge-based approach）三大类。

认知模拟是试图使用人工智能来模仿构成人类智力、适应能力和创造能力的信息过程。纽厄尔和西蒙便是这个方向的代表人物。这种方式的"智能"主要体现在两个方面：表示（representation）与搜索（search）。表示是指通过符号的形式来描述现实世界中的逻辑和规则，使计算机可以理

---

① 纽厄尔和司马贺也因为这些研究成果获得了 1975 年计算机协会图灵奖（ACM Turing Award），该奖项有计算机领域的诺贝尔奖之称。

② 计算机是其中一种可进行符号操纵的模型或机器，但在计算机出现之前，就已经有研究围绕符号操纵展开，如计算机的前身——打孔机也是符号操纵模型之一。

解和操作这些规则。纽厄尔和西蒙提出用问题空间（problem space）来实现规则的符号表示。问题空间是一个以符号结构（symbol structure）表示问题状态（包括初始状态和目标状态）的空间（图 4.1.1）。搜索则是状态转移的过程，从直观上来理解，可以看作是试错的过程，或者是"猜测和检查"（guess and check）的过程。

　　由于问题的解决方案（从初始状态到目标状态的路径）是整个问题空间或者规则集的子集，那么搜索算法的核心是如何让计算机自主高效地找到这些潜在的子集。同时，他们通过数学理论验证了搜索之所以可以呈现出"智能"的特征，是因为潜在的解决方案在规则集里的分布并不是随机的[①]，即有很多信息的存在可以帮助更快地解决问题，它们会暗示解决方案的步骤。这种借助信息帮助和暗示，在问题空间中巧妙地寻找解决方案的过程被称为启发式搜索[3]（heuristic search）。

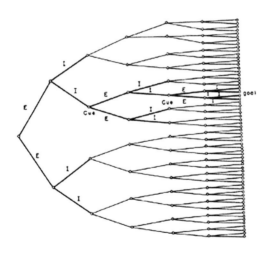

图 4.1.1 一个简单任务的问题空间

节点表示不同的状态，边则承载了从一个状态转移到另一个状态相关的规则或知识

---

① 如果潜在的解决方案分布是随机的，那么所有智能搜索都不会比随机搜索更好，也就没有设计智能搜索算法的必要了。

　　基于认知模拟的研究成果是早期人工智能舞台上的主角。它作为"第一个人工智能程序"的逻辑理论家 [1]（Logic Theorist），与其后被发明的通 用 问 题 求 解 器 [2]（General Problem Solver, GPS）、生 产 系 统 [3]（production system）模型和认知框架（cognitive architecture）——Soar [4] 都是基于认知模拟的产物 [4-6]。建筑师们在认知模拟方法的指导下，也进行了早期人工智能与建筑学结合的探索。在第 2 章第 3 节中所谈论到的建筑机器、亚历山大早期研究的分解合成理论和斯特尼与吉普斯提出的智能架构，均采用了符号学派中认知模拟思想，具体来说是把启发法应用到建筑学中。

　　但基于搜索的机制面临一个重大问题——组合爆炸 [5]（combination explosion），即搜索过程中的某一个状态到达下一个状态有太多选择，以致每一步与下一步之间构成了指数式增长的组合状态。这在当时计算机内存非常有限的年代，是一个致命的难题。所以启发式算法的其中一个重要研究方向是用一些技术手段去控制产生潜在方案的过程，避免组合的指数

----

① 早在 1956 年达特茅斯会议之前，纽厄尔、西蒙和克利福德·肖（Clifford Shaw）就在 1955—1956 年间实现逻辑理论家。它先被用于证明了英国数学家怀特黑德（Alfred North Whitehead）和罗素（Bertrand Russell）在《数学原理》（Principia Mathematica）一书中的前 52 个定理中的 38 个，后来又在 1963 年证明了全部 52 条定理。虽然它可以做出不错的数学证明，但是仍不足以解决现实世界中大部分的实际问题。该限制成为人工智能首次遭遇寒冬的因素之一。其他因素则有硬件限制、内部学者对当时模拟人类智能表现的局限感到挫败，等等。

② 发明于 1959 年的通用问题求解器是第一个将目标和子目标的问题解决结构与特定领域分开的系统，所以它的名字也暗示了研究人员们试图解决人工智能系统通用性问题的决心。在当时，该系统的确在逻辑理论家的基础上进了一步，取得了一些不俗的成绩，例如它可以解决符号整合、求解哥尼斯堡问题的路径、解河内塔之谜等问题。

③ 生产系统模型于 1972 年被提出，它从心理学中得到启示：规则（rules）被存储在生产记忆中，可以随时访问；而关于环境的信息可以变化的，则被保存在工作记忆中。所以生产系统包含两个基本部分：生产记忆（production memory）和工作记忆（working memory），分别对应了心理学里的长期记忆和短期记忆。

④ 1987 年被提出的 Soar 的名字来源于此认知框架中的基础步骤循环：State, Operator, Result。它是一个旨在处理一般智力问题的系统架构。

⑤ 组合爆炸是几乎所有学习算法都会面临的问题，只是在不同的算法里，它的体现不一样，例如在符号学派的搜索算法里，它表现为可选状态的指数式增长；在贝叶斯的概率推理里，则表现为需要计算的概率的指数式增长等。

式增长。

　　同时期, 符号学派的又一代表人物约翰·麦卡锡[1] (John McCarthy) 认为智能系统应该是基于逻辑推理的形式化模型, 而不是作为人类心理过程 (即前述"猜测和检查"的过程) 的启发式规则的模拟器来设计, 于是他试图引入基于逻辑 (logic-based) 的人工智能方法。

　　麦卡锡留意到, 在人类的常识推理过程中, 行为的一个小改变不会引起整个逻辑体系的大改动。例如从人类常识来说, 馒头是可食用的, 但当我们拿起一个馒头发现其有异味, 会决定不吃该馒头。这种孤例并不会颠覆我们关于"馒头可以食用"这个基本常识。在我们的逻辑体系中, 只是简单地把它与"有异味的食物不宜食用"这样的常识联系起来或者在原来常识的基础上加入"无异味"这样的限制条件。这在人类的语言逻辑体系里看似十分简单自然的过程, 在实现人工智能系统的考虑上, 却是一个经典的难题。因为在那个时代设计和实现一个信息系统主要是通过指令式编程 (imperative programming) 的范式, 即程序员需要把一个程序定义成一系列明确的指令, 以供计算机按指令操作。这种方式导致很多时候一个小改动会引起程序上的连锁式改动, 是一个庞大繁琐的工程。

　　因此麦卡锡的切入点在人工智能程序语言上, 他希望在人工智能中使用符号进行逻辑运算去解决常识问题, 于是有了 LISP[2] 编程语言的发明。基于这种更灵活、更通用的编程语言, 麦卡锡实现了一个只需要给定预期结果的性质它就能产生得到这个结果的方案的智能程序, 从而实现了指令式编程向声明式编程 (declarative programming) 的范式转移, 即程序员

---

[1]　达特茅斯会议上人工智能概念的提出者。

[2]　虽然在 20 世纪 70 年代时已经使用编译器技术和硬件, 然而 LISP 的实现还是一个挑战, 在通用计算机上运行 LISP 的效率仍然是一个问题。这导致了 LISP 专用计算机的创建, 也就是用于运行 LISP 环境和程序的专用硬件。之后计算机硬件和编译器技术的发展迅速, 使得昂贵的 LISP 专用机器过时, 不过后来 LISP 又逐渐得到复苏。在建筑实践中常用的施工图绘制软件 AutoCAD 中, 用户可通过基于 LISP 语言的衍生版——AutoLISP 和 VisualLISP 语言, 与该软件进行互动。由于 LISP 编程语言大大扩展了人工智能系统的通用性, 约翰·麦卡锡因其促进"人工智能的通用性"(Generality in Artificial Intelligence) 方面的贡献而获得了 1971 年计算机协会图灵奖。

仅需要告知计算机问题的目标，让计算机"自主"地去达到此目标，奠定了用计算机实现逻辑推理的基础。除了 LISP 语言，Prolog 语言 ① 也是基于逻辑方法的应用成果之一。

符号学派的第三种，即基于知识（knowledge-based）实现人工智能的方法是 20 世纪 80 年代人工智能领域的焦点，这是因为在之前研究认知模拟、自动推理等方法的过程中，人们逐渐发现知识也是人类智力的重要方面。在很多案例中，如果没有先验知识作为基础，纯粹使用推理可以解决的问题非常有限。这也是为什么专业人士可以更好地解决专业相关问题的原因，除了他们被训练针对某个领域或学科拥有良好的逻辑思维能力，也由于他们在脑中已经储存了大量专业相关的知识，例如：医生的脑海中就存在大量关于如何判断一位病患是否患有流感的知识。

基于知识的方法有很多种，包括基于规则（rule-based）、结构化（structural）、基于案例（case-based）、基于模型（model-based）和数学语言学（mathematical linguistics）等 [2]。总的来说，这些方法的目的在于如何把人类知识抽象成机器能理解的表示，使得知识可以在机器中存储、处理以及被应用于推理。我们将会在接下来的一节中详细介绍基于知识的系统的一个典型且重要的应用——专家系统及其在建筑和城市领域的应用。

4.1.2　专家系统及其在建筑领域的应用探索

专家系统（expert system），一个基于知识的系统 ²（knowledge-

---

① 具体来说，它是一种使用了一阶逻辑语言（First-Order-Logic, FOL）的逻辑编程语言。不同于 LISP 把计算机运算视为数学上的函数计算（由于 LISP 的特性，使用 LISP 编程也被称为函数式编程，如今应用函数式编程思想的语言还有很多，如 Python 和 Matlab 语言等），Prolog 的程序是基于谓语动词逻辑的理论，最基本的写法是确立对象与对象之间的关系，然后用询问目标的方式来查询各对象之间的关系，系统会自行进行匹配及回溯，找出所询问的答案。

② 也有人认为"基于知识的系统"并不能完全涵括"专家系统"的广义概念。不过为了简化理解，本书所提到的专家系统主要是针对基于知识的系统。

based systems),是一种集成了 20 世纪 80 年代前诸多人工智能技术的综合性系统,相对有效地解决了先验知识与自动推理结合的难题。专家系统的出现成就了几乎整个人工智能发展的第二次小高潮。

　　具体来说,专家系统是一种人工智能程序,可以仿效特定领域专业人士的知识和决策能力。它使用源自专家知识的逻辑规则来回答问题或解决有关特定知识领域的问题。更形象地说,它是一种智能知识取向系统,通过操纵知识存储体,以便模仿人类专家的推理经验和判断,而人类可以根据专家系统所提出的建议做出更好的决策。同时,专家系统可以根据用户所提供的其他信息做出合理的假设,以便能处理部分不完整的信息。此外,它也在适应知识中的不确定性方面有一些改进,针对某些情景和案例,可以从这些不确定、不完整的信息中寻找用户问题的最终解决办法 [7]。因此,专家系统可以表现为一种具有"涌现性"(emergence)的结果,即该结果并非完全是被预先编程好的。

　　专家系统将自己专注在一个特定专业的领域中(从而避免了处理常识性知识问题),并且它们的简单设计使得程序构建起来相对容易,也便于在程序到位后进行修改或优化。专家系统可以简洁地描述为由三大部件,即知识库(Knowledge Base)、推理机(Inference Engine)及用户界面(User Interface)组成(图 4.1.2)。

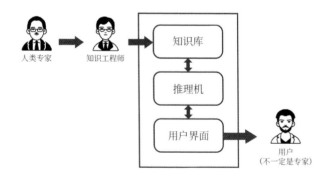

图 4.1.2 一个典型的专家系统的构成

　　首先，知识工程师会咨询多位特定领域的专家来架构知识库，例如要构建辅助医生诊断病人的专家系统，知识工程师就需要和数位医生进行深入访谈来了解诊断疾病的过程。然而访谈也存在不确定性，很多时候专家的知识（医学或建筑学等）不仅仅依赖于正式的知识，如事实或公理等，他们有时候也会通过直觉来工作，即依赖经验法则 [1]（rules of thumb）。因此专家系统的知识除了由事实构建，也可以包含经验，此形式会在 {4.1.3} 中继续陈述。

　　专家系统的推理机通过逻辑规则解读用户的指令，并结合知识来提出决策建议。推理机的逻辑可以是 IF - THEN（如果—则）这种条件判断的形式，例如"当某个建筑体块超越了建筑红线之外，则不满足规范标准"，因此可以想象，在一个复杂的专家系统中，内嵌推理机的逻辑指令是成千上万的（图 4.1.3）。另外，随着计算机图形学的不断发展，对用户友好的设计界面大大普及，降低了用户门槛，让非计算机背景的用户在使用专家系统时得心应手，扩大了受众群体。

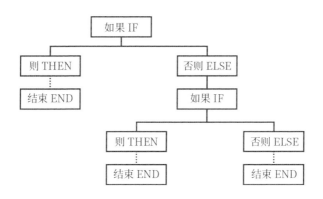

图 4.1.3 基于规则的IF - THEN - ELSE条件判断示意图

---

① 在解决某个问题时，我们不保证所使用的解决方法完全考虑所涉及的各种情形，即经验法则。经验法将过于复杂的问题进行了简化，计算结果势必不能完全准确，但是可以通过近似的方法得到答案，因此学习和应用成本较低。当计算机的储存能力或计算能力有限时，针对某问题的推理计算可以适当的简化，让用户能在可接受的时间内得到近似的结果。

专家系统区别于常规的计算机程序的要点在于: 在操控和表达的内容方面, 专家系统使用的是"知识", 也就是结构化的数据, 而不是原始数据; 在解决问题方面, 专家系统使用的是试算解法程序和推论法, 而不是算法程序与常规程序的重复计算过程 [8]。

与初代的人工智能系统 (如逻辑理论家) 不同, 专家系统似乎更受到市场的接纳, 当然这也不是一夕之间的事。首批专家系统主要被用于医学、商业和金融领域, 帮助各领域专业人士做出更好的决策。最早的专家系统可以追溯到由爱德华 · 费根鲍姆 (Edward Feigenbaum) ① 和他的学生们于 1965 年开始研发的 Dendral 程序, 其主要目的是研究科学假设的形成与发现。该系统被设计为成功地完成一个特定的科研任务: 运用相关的化学知识帮助化学家从光谱仪读数中鉴定出未知的有机分子 [9]。接着另一个专家系统项目 MYCIN 于 1972 年在斯坦福大学开发, 可用于诊断感染性血液病 [10]。

1980 年, 美国卡内基梅隆大学为数字设备公司 (Digital Equipment Corporation, DEC) 完成了一个名为 XCON 的专家系统, 它可以根据用户的需求, 自动选择相应的计算机组件, 以完成计算机系统的订购。在长达 6 年的使用期间, 它协助处理了超过 8 万个订单, 每年成功为该公司节省大约 2 500 万美元 [11]。有了实际的经济效益, 世界各地的企业也相继开发和部署专家系统, 到 1985 年, 有超过 10 亿美元的经费被用于人工智能的研发, 其中大部分经费被用于研究企业内部的人工智能系统。当时甚至还催生出了新的行业来支持这类研究服务, 包括提供硬件产品服务的 Symbolics 和 Lisp Machines 以及提供软件产品服务的 IntelliCorp 等。

20 世纪 80 年代中后期, 由于专家系统取得成功, 公众对人工智能的信心重新回暖, 人工智能也由此经历了发展历程中的第二个春天。由于专业的知识体系和逻辑推理较容易被抽象成符号、公式、算法, 所以专家系统成为在某些专业的垂直深度上实现人工智能的有效途径。今天我们仍然可在

---

① 计算机科学家, 专长于人工智能, 经常被人称为专家系统或者知识工程之父, 他因在这方面的突出贡献获得 1994 年图灵奖。他的指导老师正是 AI 推理时期的重要人物西蒙。

诸多应用中看到专家系统的身影，它通过结合更前沿的算法或硬件配置来提高整体的计算效率，应用领域也逐渐拓展到股票市场、银行、军事以及建筑等诸多领域。

美国卡内基梅隆大学的城市与环境工程学院于 1986 年提出了一个可满足施工规划的专家系统架构——CONSTRUCTION PLANEX[12]。施工规划通常涉及施工技术的选择、工作任务的定义、所需资源和持续时间的估计、成本估算和项目进度表的准备等。基于行业知识与规划逻辑的专家系统可以帮助专业人士高效地完成这些任务。该系统综合了活动网络、诊断资源需求和预测持续时间和成本，当时预期其可以作为一个有用的常规规划中的智能助手，用在分析和评估规划策略的实验室中。同时它也可以成为涉及设计或项目控制的更广泛的施工辅助系统的组成部分。

除了应用于较为后期的施工规划阶段，专家系统在建筑初步设计阶段同样有一定的探索成果。悉尼大学建筑科学系计算机应用研究小组的罗森曼（M. A. Rosenman）于 1985 年搭建起了专家系统框架（Expert System Shell），一种不包含知识库仅具有推理机的专家系统——BUILD，可用于不同用途的知识库的推理[13]。同为计算机应用研究小组内成员的哈钦森（Peter Hutchingson）构建了一个关于挡土墙的知识库，配合BUILD 开发了名为 RETWALL 的专家系统进行挡土墙的设计生成[14]。

另一位成员奥克斯曼（Rivka Oxman）则在 BUILD 的基础上，开发了名为 PREDIKT 的专家系统，专用于厨房设计的生成与评估[15]。同一时期，美国哈佛设计研究生院的威廉·米切尔（William J. Mitchell）等人开发出了专家系统框架"Topdown"，并在使用"Parallel of the orders"知识库的基础上，进行了二维古典柱式的生成[16]。

到了 20 世纪 80 年代末期，专家系统已经从大学内部的研究阶段进入建筑业的实用阶段。例如：英国的推测者系统公司①（Imaginor Sytems）开发了主要由两个产品"埃尔希—商业"（ELSIE—Commercial）和"埃尔

① 由英国皇家特许测量师学会（RICS）下属的一家有限公司和萨尔福大学商业服务有限公司（SUBSL）于 1989 年成立的合伙公司。

希—工业"（ELSIE—Industrial）为基础的整合的专家系统，面向建筑实践、设计与建造承包商、房地产开发商和法人公司出售，主要用于在建筑项目的概念阶段快速、准确地进行可行性评估并生成详细的可行性报告。它的运行机制是在计算机显示器上显示一系列需要用户回答的问题，基于回答"埃尔希"系统会持续使用知识库来演绎出下一个问题，与此同时会创建出建筑物的数字模型及关键属性 [17]。

其他与建筑相关的领域也尝试应用了基于规则的专家系统，例如：来自伊利诺伊大学香槟分校的研究学者在 1980 年代末提到了专家系统在城市规划中担任选址任务的可行性 [18]。他们研发一个基于规则的场地分析系统原型，称为 ESSAS（Expert System for Site Analysis and Selection），尝试对一个尺度颇大的军事基地进行场地分析（图 4.1.4）。

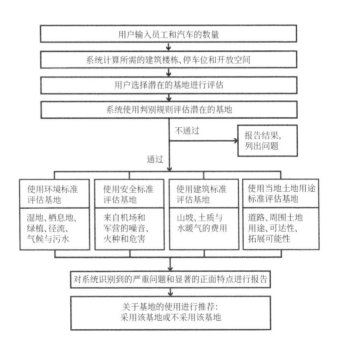

图 4.1.4 ESSAS软件的结构与功能示意图

　　用户可以输入该基地的人员和汽车数量,该系统可以计算所需的建筑、停车场和公共空间面积,并根据用户所选择的场地判断是否通过关键规则。如果分析结果通过则继续对环境、安全、建设和当地土地使用标准进行评估,最后会判断该场地是否可以被使用。这些计算都是根据系统中人为预设好的规则进行的。

4.1.3　基于案例推理系统及其在建筑领域的应用探索

　　早期的专家系统,即前面提到的案例,主要是基于规则推理[①](Rule-based Reasoning)。在基于规则的系统中,知识可以由 IF - THEN 等逻辑语法表示[②],系统中的计算过程则通过人类的经验法则构建。虽然基于规则推理的专家系统逐渐被各个领域采用,但也同时面对着诸如开发时间长、难度大、难以管理大量信息以及维护困难等问题。

　　其中根本问题就在于知识难以完全被规则所表达,例如:在建筑或需要考虑更多维度的城市规划领域,知识点之间的各个关系难以被明确地预先定义和严格地通过规则(或模型)形式来表达,另外,知识也存在非正式的形式,如个人直觉、判断和经验等,显然不适合被记录下来作为规则[19]。而这些非正式的知识往往非常特殊,通常只有在具体案例中才会出现,很难抽象为一般规则,这也是传统的基于规则的专家系统所尽量避免触及的范畴。

　　为了解决这些问题,学者和研究人员试图去开发更好的知识启发技术与工具,在这其中基于案例推理(Case-based Reasoning)的专家系统作为一种替代性的推理范式和解决问题的方法,越来越多地受到了关注,因为它可以高效直接地处理前述问题[20]。基于案例的推理过程主要可以分

----

① 也包括基于模型的推理(Model-based Reasoning)系统,但本书不会叙述这部分内容。可以简单理解为:基于模型的推理比基于规则所涉及的知识更为复杂,另模型中知识的表达具有因果属性。

② 在第二章提到的形式语法也属于规则的概念,即通过规则表达设计的部分知识,例如几何的生成,但是不能说形式语法是基于规则的专家系统。

为 4 个环节 (4 REs) (图 4.1.5) [21]:

   i. 检索 (Retrieve): 根据问题检索出最相似的案例;

   ii. 复用 (Reuse): 可重新使用案例来解决问题;

   iii. 修改 (Revise): 如有必要可对系统所建议的解决方案进行修改;

   iv. 存档 (Retain): 将新解决的问题作为新案例进行存档。

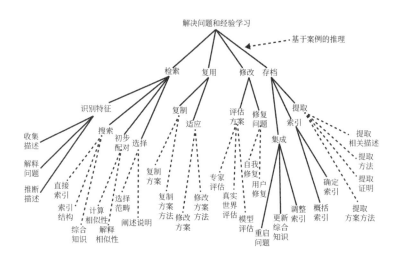

图 4.1.5 基于案例推理的任务拆解图

    基于案例的推理对系统或知识工程师和用户双方都有好处。由于基于案例推理的专家系统主要以具体案例的形式来存储知识,而不是抽象且具有高泛化能力的规则或模型,所以它可以解决工程师在知识引出 (knowledge elicitation) 方面的难题。例如,工程师不需要花时间去咨询和理解背后的推理逻辑,因为案例之间相互独立而不需担心彼此相互影响,同时案例的独立则允许多种可能的解决方案存在。当案例之间存在冲突时,工程师可以在案例层面上检查冲突原因。而同一问题如果发生在基于规则的系统 (一般性的知识系统),则需要对该知识系统进行较大幅度的修改。

对于用户来说, 基于案例的推理过程对用户来说更具有透明性, 用户可通过检索 (retrieve) 来浏览以往案例的推理过程, 即可重用 (reuse) 又可根据特殊情况进行修改 (revise), 避免了黑箱操作。当某个新的问题在现实世界中经过验证确认了解决方案的可行性,用户则可以通过存档(retain)将此新的案例保存在案例库,增加该系统的"知识量",而无需工程师的介入。

因此, 当人们需要解决一个新问题时, 基于案例的专家系统可通过回想与此问题类似的先例, 将相关知识与信息运用到解决新问题当中去 [22]。这种模式非常适合法学、医学等依赖先例的领域, 故而它们相继开发了以案例为基础的专家系统软件。例如, 由马萨诸塞大学阿默斯特分校于 1987年开发的 HYPO, 可用于分析税法等领域的法律问题 [23], 以及随后 1988年由德克萨斯大学开发的 PROTOS, 用于临床听力学 (听力障碍) 领域, 尝试匹配真实病例以对新案例分类并得出诊断结果 [24]。

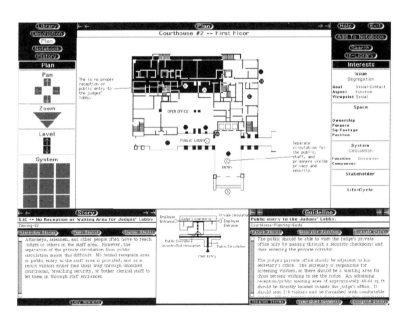

图 4.1.6 Archie软件界面

　　基于案例推理的专家系统随后也进入了建筑领域。例如: Archie 是由乔治亚理工大学在 1990 年代开发的基于案例辅助建筑设计概念阶段的工具, 主要用于对建筑先例的检索和展示。Archie 中的先例涵盖法院和图书馆等重要的公共建筑, 包含建筑平面图、案例评价以及项目运作等相关资料, 以避免建筑师重复前人的错误并激发创新 [25] (图 4.1.6)。

　　由美国的 PowerCerv 公司和洛桑联邦理工人工智能实验室共同开发的 CADRE (Case Adaptation by Dimensionality Reasoning) 系统则专注于对既有的建筑案例进行适应性调整, 以获得适用于新场地的设计。CADRE 不仅在几何形态的调整方面具有一定的成果, 还能同时考虑结构、空间和流线进行整体性设计 [26]。代尔夫特大学的设计知识系统研究中心于 2000 年开发了 CaseBook, 这是一种基于案例推理的住宅设计的原型软件, 用于住宅平面图和先例中相似的功能空间关系的检索 [27] (图 4.1.7)。

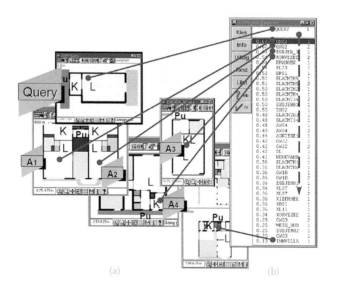

图 4.1.7 CASEBOOK软件界面

(a) 绘制出的查询目标; (b) 检索出CASEBOOK系统中存在的住宅平面

在城市规划领域中,香港大学的叶嘉安等人也在 2001 年尝试搭建一个服务于香港城市规划部门的基于案例推理的专家系统,针对的是土地发展的控制方面 [19]。该系统包含大约 100 个历年规划案例,案例的信息包含了项目周期、项目地理信息、当前和欲申请用地性质、租赁情况、基地面积和周边情况、申请通过分数等。该系统根据用户输入的新需求,通过邻近算法检索案例库中相似的案例,只有相似度值大于或等于用户所设定的阈值的案例才会被检索出来并进行排序。随后该案例将通过一种基于 IF - THEN 规则的算法与用户所输入的需求进行"自动化"的适应,即该案例中的某些参数可以被自主调整。

当然,使用基于案例的推理也在某些方面存在局限。例如,缺乏足够的案例来满足未来潜在的问题,而库中的案例难以满足现实世界变化的速度,导致案例的实际应用价值也很快消逝。作为弥补,当系统发现没有相似的案例,或是专业领域的条文被更新时,该系统会发出提示以让用户作出判断或更新案例库。

不管是基于规则还是基于案例的专家系统都有各自的可取之处,可以互补。基于规则的推理在处理常规流程或重复性较高的任务时可能更有效,而基于案例的推理可能能够更好地启发用户的想象力。因此对照如今提供类似服务的软件来看,当缺乏相应的数据或案例时,我们或许可以适当引入基于规则推理的计算模式,当然该规则是否需要具有泛化能力还需更多的讨论。

回到建筑学科来看,长期以来建筑领域的知识传承主要依赖文字、图纸和模型等传统的信息形式。建筑设计的知识不能仅靠最终成品来作为知识传承,其全过程——从概念发想到建筑物建造落成之间的完整记录(就像医生对病症的判断流程)才能反映建筑师的经验。前人在探索知识表示模型和专家系统的经验启示我们,建筑设计和城市设计或许也需要一套类似于金融行业的经济模型、医疗机构的诊断系统、生物学领域的基因库、法律机构的案例档案馆等的知识体系,以利于专业知识的传承。

专家系统的概念对如今的计算机软件来说依然有着巨大的影响力,在某种程度上它已经集成到几乎每个主要的软件应用程序中了，其痕迹比比皆是。它虽属于人工智能的一种类型，但其展示的智能在今天看来较为简单，主要针对个别问题找到对应或相似的答案。但是随着问题的复杂性提高，仅依靠符号规则或案例储存的专家系统就显得较为乏力，难以对特别复杂的问题提出有效解答 ①。

如同第一次人工智能热潮时，人们一开始对专家系统有着高度的预期，但当系统的实际表现与人们的期待不符时，企业用户和投资者又开始对人工智能失望，这在一定程度上导致了 20 世纪 80 年代末第二次人工智能寒冬 ②。因此一种新的、可以让计算机处理不确定性的模式变成了迫切的需求，同时研究人员待该方法可通过数学解释并表达，从量化的计算过程中得到一种接近于最优的解答。于是一个在诸多理学和工学中被广泛应用的数学理论——概率论隆重登场，在机器学习中逐步占据了重要的地位 [28]。

4.2 贝叶斯学派: 充满概率的世界

在建筑设计中，建筑师常常会因教导而获得一些常识或技能，例如点式住宅的户型为了获得较多的采光和通风，可以考虑设置天井或凹槽以增加外墙面，而经验丰富的建筑师甚至能够一眼看出楼栋间的间距是否足够。这些经验或常识通常是建筑师们在日积月累的专业训练中而归纳或习得的。

---

① 　除了 IF - THEN 规则，复杂的数学逻辑也包括 19 世纪中叶数学家乔治·布尔所发明的布尔逻辑——AND, NOT 和 OR。布尔逻辑将信息通过二进制数字的表达进行归纳，即 0 和 1; FALSE 或 TRUE。如此一来，计算机倾向于把所有的信息都看成非黑即白、非对即错。然而在现实世界中并不是所有事情都遵循严格的二元逻辑。因此在 20 世纪 60 年代，加州大学伯克利分校的数学家洛菲·扎德(Lotfi Zadeh)博士提出了模糊逻辑(Fuzzy Logic) 的概念，以应对前面所提到的计算局限。模糊逻辑也属于早期人工智能的一种，曾经风靡一时，以解决推理中的不确定性。模糊逻辑使用了 IF - THEN 规则和布尔逻辑，将知识或理论的表达从清晰精确的形式转变为连续且模糊的形式。例如在天气预报程序中，空气温度以百分比的形式进行表示，而不是非热即冷。本书不会细致地阐述模糊逻辑，但需要注意的是，模糊逻辑并不等同于下一章将提到的概率。简来说，概率是研究明确事件所发生的频率，而模糊逻辑是研究不确定的事件所发生的程度。

② 　第二次人工智能寒冬的结束至今依然难以界定，一部分人认为直到 2015 年左右才迎来第三次人工智能的复兴。

尽管根据经验我们可以推断某类事件的状态, 但这种推断和预测并不是百分百准确的, 就像即使根据经验, 两栋建筑之间的间距看起来很可能小于规范要求, 但也不能在未经计算前如此断言。尽管如此, 大部分优秀的经验对处理特定的问题仍然有很高的准确率, 因此作为金科玉律被后人沿用, 这其中的奥秘便是概率。

尽管自古以来人们就有意无意地利用概率或者统计思想对世间的现象进行分析, 以总结出应对不同类别的事件的策略, 但第一个用准确的术语描述如何考虑概率的人是 18 世纪的英国数学家托马斯·贝叶斯 (Thomas Bayes)。他的理论后来经过概率论创始人之一皮埃尔-西蒙·拉普拉斯 (Pierre-Simon marquis de Laplace) 等人的发展整理成了家喻户晓的贝叶斯定理。

基于贝叶斯定理, 机器学习里的贝叶斯学派认为"学习"只是另一种形式的概率推理, 如果可以让机器基于观察到的数据做出某种预测, 就像人类可以从经验中获得某种技能, 那么机器就拥有了"学习"能力。贝叶斯学派的学习算法和框架很多, 从早期的朴素贝叶斯分类器、马尔可夫链等, 发展到现在广泛应用的贝叶斯网络、马尔可夫网络等。本节将在完成对早期贝叶斯学派算法的简介后, 对贝叶斯网络 (Bayesian Network) 的机制及其在建筑城市领域的应用进行主要介绍。

4.2.1 贝叶斯学派概述

在符号学派的介绍中我们描述了基于符号和搜索实现人工智能的弱点——维数灾难 (组合爆炸)。但事实上除了维数灾难, 符号型学习算法还有一个难以突破的瓶颈: 必须清晰定义所有前提条件以及推理规则, 所以它们无法处理 (当然后续有所改进) 不确定性问题。而在日常生活中, 我们要解决的大多数问题恰恰是包含大量不确定性的。为了解决这类问题, 贝叶斯学派认为擅长处理概率问题的贝叶斯定理 [1]（Bayes' Theorem）是实现人工智能的有效途径。

　　运用贝叶斯定理设计学习算法通常需要先对相关变量（例如要判断一个患者是否感冒，相关的变量有体温、咳嗽程度、头晕等）进行定义，然后将统计数据作为论据。随着参考数据的增多，有些因素在概率计算的过程中会变得越来越有可能影响结果，而有些则越来越弱化。因此在用数据训练模型的过程中，当相关关键因素渐渐突出时，该模型可被视为最能拟合所有数据的模型。

　　贝叶斯学派早期的一个经典算法是朴素贝叶斯分类器（Naive Bayes Classifier）。其核心思想是由统计数据得到某结果出现的先验概率，以及在该结果出现时各条件 [2] 的后验概率，这样根据贝叶斯定理就可以得到在一系列条件下该结果出现的概率 [3]。由于条件概率的计算与条件之间的相互关系密切相关（所有条件的联合分布概率 [4]），为了简化计算，朴素贝叶斯分类器假设各条件之间是相互独立的，即每个条件都单独地对某个结果产生影响。而且，对于不同的分类结果来说，每个条件出现的概率也是一样的。在这样的假设下，根据统计数据和贝叶斯定理就可以求得在给定各条件的取值时，某结果出现的概率。通过比较每个结果出现概率的大小，就可以判断哪种结果或者类别出现的可能性最大。

　　朴素贝叶斯分类器虽然建立在严苛的条件独立假设之上，但在很多分

[1]　概率论中的一个定理，表明了如何利用新证据修改已有的看法。贝叶斯定理的公式为 $P(A|B)=P(A)P(B|A)/P(B)$。直译来说，即在 B 的前提下出现 A 的概率，等于 A 和 B 同时出现的概率除以 B 的概率。该定理考虑了后验概率 $P(A|B)$ 与先验概率 $P(A)$ 的关系，例如当可以参考的数据越来越多，后验概率该如何演变。由公式可以通过发现新的证据（或者条件概率 $P(B|A)$）以修正我们对先验概率的判断。

[2]　这里的条件即与结果相关的变量或属性，通常有多个，如出现感冒这个结果相关的变量有体温、咳嗽、头晕等。

[3]　出现事件 A 的先验概率记为 $P(A)$，而在发生事件 A 时出现某个条件 x_j 的概率称为后验概率，记为 $P(x_j|A)$，根据贝叶斯定理可以得到该条件下事件 A 出现的概率 $P(A|x_j)=P(A)P(x_j|A)/P(x_j)$。

[4]　在概率论中，对于两个随机变量 X 和 Y，其联合分布概率指 X 和 Y 同时作用下的概率，X 和 Y 的关系不同，联合分布概率的表达式也不同。最简单的情况是，X 和 Y 是相互独立的随机变量，那么它们的联合分布概率就可以表示为两个概率的乘积，即 $P(X) \times P(Y)$。

类任务中, 它的效果却出人意料的好, 所以即使在今天它仍是十分流行的大数据挖掘算法之一, 主要用于解决分类问题, 如判断客户是否流失、某个金融产品是否值得投资、信用等级评定和垃圾邮件过滤等。然而各个相关变量相互独立的假设虽然有效简化了计算, 却无法很好地模拟现实世界中的大多数情况 (例如, 在所有感冒相关的症状中, 咳嗽通常伴随喉咙疼痛出现, 那么这两个变量就很可能不是相互独立的), 所以需要对变量的独立性放松限制。半朴素贝叶斯分类器 ① (Semi-Naïve Bayes Classifier) 因此被提出。

除了分类器, 在机器学习算法的探索上, 早期贝叶斯学派的另一个重要模型是隐马尔可夫模型 (Hidden Markov Model, HMM)。它也是一个概率统计模型, 用来描述从可观测的参数中确定不可观测 (隐含) 的参数的过程。但要理解隐马尔可夫模型, 还得回溯到俄国数学家安德烈·马尔可夫 (Andrey Markov) 在 1906 年的论文中提出的马尔可夫链[29] (Markov Chain)。当时人们对概率论的研究对象已经从随机变量发展到了随机过程 (Stochastic Process)。但由于随机过程要比随机变量复杂得多, 为了简化问题便于研究, 马尔可夫就提出了一种简化的假设: 系统下一时刻的状态仅仅由当前状态决定, 不依赖于以往的任何状态。

这个假设后来被命名为马尔可夫假设, 而符合这个假设的随机过程被称为马尔可夫过程 (Markov Process), 也被称为马尔可夫链。20 世纪 60 年代后半叶, 美国数学家伦纳德·E. 鲍姆 (Leonard E. Baum) 等学者基于马尔可夫的核心思想在学术论文中提出了隐马尔可夫模型。70 年代, 隐马尔可夫模型开始被应用于语音识别领域。如今, 马尔可夫链是机器翻译、自然语言处理、生物信息学领域中不可或缺的技术。

---

① 半朴素贝叶斯分类器增加考虑了有强依赖性的变量之间的关系, 如采取"独依赖估计"(One-Dependent Estimator, ODE) 策略, 假设每个变量最多仅仅依赖于一个其他变量, 那么我们在考虑单个变量时就需要增加考虑它所依赖的变量 (称为超父 super-parent) 的情况, 再引进树增强型朴素贝叶斯算法 (Tree Augment naïve Bayes, TAN), 通过树形结构去表现变量间的依赖关系。

隐马尔可夫模型是一种著名的有向无环的概率图模型[1]（probabilistic graphical model），使用图来表达变量之间的相互关系。下面是隐马尔可夫模型的一个经典例子（图 4.2.1）：一个身处地区 A 的居民每天根据天气的情况（如下雨或天晴）来决定当天的活动（公园散步、购物、清理房间等）。而他在其他地区的朋友每天在朋友圈上看到他发的状态："啊，我前天在公园散步""昨天购物了很开心""今天打算清理房间"。那么我们可以根据他朋友圈的状态推断北京某一时间段内的天气。在这个例子里，显性的参数是活动，隐含的参数是天气，而根据朋友圈状态观测到的活动的序列组成了可见状态链，而需要求解的是隐含状态链，即北京的天气序列就是一条典型的"马尔可夫链"。

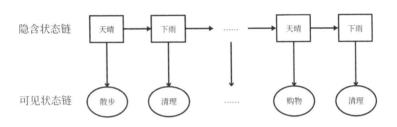

图 4.2.1 一个隐马尔可夫模型的典型示例

4.2.2 贝叶斯网络

朴素贝叶斯分类器假设所有相关属性相互独立，以此来简化所有属性的联合概率的求解。而半朴素贝叶斯分类器除了考虑对结果产生影响的属性外，还考虑其他属性的情况，并且引进树形结构去表示属性间的依赖关系。但这样还远不足以覆盖现实世界里的分类或者预测任务，因为属性不仅通常不是完全相互独立的，也不会只依赖于一个父属性。相反，属性之间的依

---

[1] 概率图模型，是概率模型中的一种。概率模型将"学习"过程认为计算变量概率分布的框架。

赖关系是十分复杂的。而对马尔可夫链来说，它基于一个简化的假设：观察序列中的每个元素都是相互条件独立的，这同样不能反映现实生活中各种交叉的、错综复杂的关系。为了应对这些难题，朱迪亚·珀尔[1]（Judea Pearl）在20世纪80年代中期发明了贝叶斯网络，又称信念网络[2][30]（Brief Network）。他通过用有向无环图[3]表示变量间的依赖关系，并大大简化了概率推理（probabilistic reasoning）的计算过程。

贝叶斯网络把概率理论和图理论结合起来，简洁地表示了变量间错综复杂的依赖关系，和前述隐马尔可夫模型一样，它是一种被广泛应用的概率图模型[4]。图中的每个节点代表一个变量（或者一种属性），连接节点的边代表变量间的依赖关系。边是有方向的，从节点A指向节点B的边表示"A是B的前辈或者父节点（parent），B是子代（descendant）"。

在不少情况下，"父"与"子"之间的关系是因果关系，"父"是因，"子"为果，但因果关系只是贝叶斯网络可以描述的众多关系中的一种，现在很多贝叶斯网络之间节点的连线只是表示其相关性，但具体关系可以非常灵活。贝叶斯网络的重要特点是每个节点有一个与之对应的条件概率表格，记录了该节点在各相关变量的影响之下的条件概率（图4.2.2）。这样，变量之间的关系以一种紧凑的图的形式进行表示，并且大大减少了联合分布概率的计算[5]。

---

[1] 美国以色列裔计算机科学家和哲学家，因其在人工智能概率方法的杰出贡献和贝叶斯网络的研发而知名。2011年，他因通过概率和因果推理的算法研发而获得图灵奖。

[2] 被称为信念网络不无道理，因为贝叶斯学派的核心思想就是用观察到的数据去更新之前的信念。

[3] 有方向且不包含闭环的图。

[4] 隐马尔可夫模型和贝叶斯网络都是一种有向无环的概率图模型。但根据"边"的性质不同，概率图模型中还有另一大类使用无向图来表达变量之间相互关系的模型，例如马尔可夫网络（Markov Network）。马尔可夫网络是一种以节点代表变量、以边表示依赖关系的无向图模型，且图中可能包含闭环。因为是无向图，所以它不能表示贝叶斯网络能表示的一些关系，但另一方面由于可以包含闭环，它可以表示贝叶斯网络无法表示的一些依赖关系，例如循环依赖。马尔科夫网络如今也得到了广泛的研究和应用。

[5] 假设有n个变量，每个变量有k种可能取值，则需要计算个概率，计算量呈指数级的增长。而在贝叶斯网络中，需要计算的概率数量为网络中各节点的条件概率数量之和，呈线性增长。

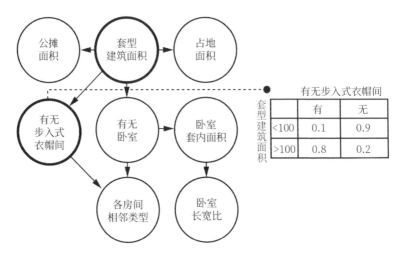

图 4.2.2 判断房间之间关系的贝叶斯网络示例

贝叶斯网络的提出给概率推理提供了一种非常有效的方式，使得它在查询、决策方面的应用很广，而它的"学习"任务则体现在根据训练数据集找到最"恰当"的贝叶斯网络[31]。因为在我们需要处理的大多数任务中，变量或者属性间的依赖关系往往是未知的，即网络的结构是未知的。另一方面，观测到的数据很多时候是不完整的，需要用特别的方法去逼近最可能准确的条件概率。所以在实际应用中，通常先由训练数据集"学习"出贝叶斯网络的结构及相关的概率分布，然后再用于推理和查询等。

4.2.3 贝叶斯网络在建筑领域的应用探索

由于贝叶斯网络的本质是通过基于概率推理来解决问题，所以比较善于处理建筑和城市领域中已有一定量级沉淀数据的问题，例如用于建筑的结构和环境性能方面①。

---

① 其实贝叶斯网络在建筑性能与工程管理方面的研究与应用已有不少成果，但是针对建筑设计早期阶段的研究还处于探索阶段。

在支持设计的决策方面，穆莱克（M-L. Moullec）等人于 2013 年提出了一个基于贝叶斯网络的方法，处理复杂系统设计中的不确定问题，用于系统的结构的生成和评估。具体来说，贝叶斯网络在其中的作用是模拟设计者建构系统结构的知识[32—34]。2018 年海森尼德（M. Hassannezhad）等人根据贝叶斯网络预测决策的结果，提出了一种模拟决策的概念框架，辅助工程设计领域设计过程的推进[35]。

在基于性能的整合式建筑设计方面，玛哈林甘（G. Mahalingam）于 2017 年提出基于图模型在建筑设计中的潜能，认为贝叶斯网络可用于建筑空间中的环境性能（包含温度、日照及声学性能等）的预测模型[36]。格拉西（M.Grassi）和尼吉雅（B. Naticchia）分别使用基于贝叶斯网络构建的室内通风模型开发系统，帮助建筑师在早期阶段设计出具有良好室内空气质量的设计方案[37]。乌尔索（M. D'Urso）等人也在 2017 年提出了一种控制建筑钢结构位移的贝叶斯方法，基于高精度的拓扑测量来准确估计结构在生命周期中预期的结构位移[38]。

而在基于功能图解的设计生成上，贝叶斯网络与建筑设计平面功能排布中时常使用的泡泡图，在形式上具有一定的相似性，故而被用于支持平面的自动化生成。2010 年斯坦福大学马瑞尔（P. Merrell）等人用贝叶斯网络实现了针对住宅建筑平面与三维模型生成[39]。他们首先使用 120 个真实的建筑平面图数据训练贝叶斯网络生成平面功能泡泡图。这个基于概率学习的计算模型可以理解为每个房间功能对应到图形结构中的点，而点之间的关系由边所定义，数据包括面积、空间比例、功能之间的关系（是否相邻）与关系的类型（如果相邻，是否需要隔断分割、门或开放的墙面），等等。当给定一组需求后，如面积、房间数量等，该计算系统使用基于真实世界中的和学习数据训练后的贝叶斯网络进行生成房间列表、相邻的建筑和空间的大小。之后再用其他算法获得平面图，最后基于平面图和某种风格的外立面生成三维建筑模型。尽管其研究目的是针对游戏或电影场景的制作，但其所探索的方式值得建筑行业学习借鉴。

贝叶斯网络还被应用在使用三维点云的建筑几何模型的重建中。2017

年奇若娃（M. Chizhova）等人建立了一种普适化的方法用于自动搜索、检测和重建建筑物的几何模型，贝叶斯网络被用于预测并生成缺失的建筑功能模块[40]。

而在城市领域，贝叶斯网络的主要应用是结合多代理系统及地理信息系统等用于土地用途转变的预测，为土地政策和城市设计决策提供工具。2004 年，马琳达（L. Ma）等人使用贝叶斯网络表示基于多代理系统的土地用途模型中不确定性的知识表达[41]。具体来说，贝叶斯网络根据网络中指定的概率来模拟不确定性，该概率表示专家在特定土地利用方面的专业知识。随后，他们在 2007 年再度使用贝叶斯网络，对在不确定条件下的土地用途决策进行建模[42]。决策者可能的行动、知识和偏好在一组变量之间的因果关系网络中被表示，而未来土地利用发展的不确定性表示为网络中的条件概率。

4.3 类推学派：相似又不相似

关于人类的观念形成，早在公元前三世纪亚里士多德就提出三大联想律：相似律、接近律和对比律。18 世纪，苏格兰著名哲学家、史学家、启蒙运动重要人物之一大卫·休谟提出联想的形成有三个法则：相似律、时空接近律和因果律[43]。

作为联想三大法则之一，相似律在人类的联想活动中随处可见。例如，看见一张照片就会联想到原物，听到某个熟悉的声音就会想到具体某人的声音。虽然人脑科学的研究还不足以让我们知道从生物学的角度，是什么让我们有这样的联想，但我们或许可以把这种能力归结为类比推理。它不仅伴随着人类自出生开始的认识学习过程，例如婴儿根据同类物品的相似性慢慢学会区别不同的物品，这也是很多学科中灵感的源泉——弗里德里希·凯库勒[①]（Friedrich Kekulé）受到梦中一条蛇咬住了自己的"尾巴"

---

① 弗里德里希·凯库勒（1829—1896），德国著名有机化学家。

这一情景的启发想出了苯环结构。

在机器学习中,以"相似性"为核心思想的一个派别是类推学派。这个学派不像符号学派或者贝叶斯学派因共同的理论或者数学依据而凝聚在一起,而是依据他们所信奉的:"学习的关键是在不同场景中认识到相似性,然后推导出其他相似性"。例如,对于一些通过人脸识别进行工作考勤的软件应用,类推学派认为其对一张脸进行判别时,是从数据库中找出与之最接近的一张脸,然后依此下判别。

由于没有统一的方法原理,有些研究成果很难被清晰地归于类推学派之下。有学者认为,类推学派的主要建树包括最近邻算法(K-Nearest Neighbors, KNN)和支持向量机 ① (Support Vector Machine, SVM)等 [1]。本节将会在对早期的最近邻算法简介之后,详细解释支持向量机的机制及其在城市建筑领域的应用。

4.3.1 类推学派概述

类推学派早期的研究成果之一是最近邻算法,又称 K 最近邻(K-Nearest Neighbors, KNN)算法,它被认为是最简单、最快速的学习算法 ②。由菲克斯(Evelyn Fix)及霍奇斯(J.L. Hodges)于 1951 年为模式分类而提出。接着于 1967 年,科弗(Thomas M. Cover)和哈特(Peter E. Hart)论证了最近邻算法的一些性质及其分类错误率的有界性,使得它的效果得到学界的广泛认识 [44]。

最近邻算法常常被运用在分类中,输出结果是一个族群的类别。最近邻算法的工作机制非常简单,对某个样本进行预测时,基于某种度量 ③ 找出训练集中与其最靠近的 k 个训练样本,然后根据这 k 个样本中出现最多的

① 将支持向量机归于类推学派存在一定争议。

② 史上第一个能够利用不限数量的数据来掌握任意复杂概念的算法。

③ 如欧几里得距离,一个通常采用的距离定义,指在 N 维空间中两个点之间的真实距离,或者向量的自然长度。

类别来推断需要预测的样本的类别 (图 4.3.1)。

根据 k 的取值不同, 预测的结果也可能不同。当 k 的值为 1 时, 该对象的类别就直接由离它最近的邻居的类别决定。在最近邻算法里,"相似性"体现在同类的事物在特征空间里总是离得比较近。

A 类
B 类

★ 测试样本
(待归类)

图 4.3.1 最近邻算法原理示意图

4.3.2 支持向量机

俄罗斯数学家万普尼克 (Vladimir Naumovich Vapnik) 和泽范兰杰斯 (Alexey Yakovlevich Chervonenkis) 于 1963 年发明了支持向量机 (SVM) 的原始模型。SVM 在分类问题中的效果显著, 而与 SVM 形成对比的是, 在分类问题上同样表现瞩目的神经网络 {4.5}。SVM 和神经网络由于性能出众又各有软肋, 因此在机器学习领域相互"争风吃醋"了很多年。我们将在后面的介绍中会看到更多两者之间的对比。

在利用 SVM 进行分类的活动中, 如果训练样本可以在二维空间中表示, 那么训练的目标是找到一条直线把不同类别划分开来 (图 4.3.2)。在多维空间中, 分类的目标则是找到一个能进行类别划分的超平面 [①]。若符合要求的直线或超平面并不唯一, 那么我们应该如何去找到最适合的分界线或超平面呢?

———————————

① 直线可以看成二维空间中的超平面。其实一些其他用于分类的算法模型, 如神经网络也是在寻找这样一个超平面, 而且深度神经网络寻找的一般是非线性分类超平面。而早期 SVM 在寻找线性的超平面上效果突出, 后来引入 kernel 等方法之后才使得其在寻找非线性分类超平面上可以与深度网络相媲美。

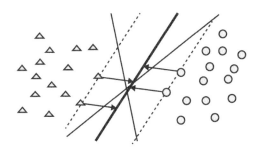

图 4.3.2 划分两类样本的多个超平面

同所有的学习算法的目标一样, 最合适的分类边界应该是泛化能力最强的。在图中, 超平面 (中间的黑色实线) 似乎更能容忍 "干扰", 因为很多时候样本分布不会这么分明, 在数据存在噪声 (即带有不准确的信息) 的情况下, 有些样本点会非常接近这条分界线, 而有些则远离这条线。可见不是所有点都会影响边界的确定, 所以 SVM 引入了支持向量 (Support Vector) 的概念, 它指那些离超平面最近的来自不同类别的点 (即处于虚线上的点), 支持向量到超平面的距离称为 "间隔" (margin)。

SVM 的基本目标就是通过计算找到具有最大 "间隔" 的划分超平面。SVM 可作为分类模型, 即它输出的结果值是离散的, 每个值代表一种类别。例如最基本的 SVM 二分类器, 它的输出值是 1 和 -1, 分别代表一个类别。因此 SVM 通常运用在分类活动中, 目的是寻找可以决定分类的边界从而判断新数据的类别。

除了分类, SVM 也可以应用在回归问题上, 即预测连续的数值, 称为支持向量回归 (Support Vector Regression, SVR)。SVR 的基本思路和 SVM 一致, 它们都具有间隔和超平面的概念, 两者都需要找到间隔最大的超平面[1], 但 SVM 的输出结果是代表不同类别的离散数值, 而 SVR 在找到最优超平面后, 还需要对最大间隔区域之外的数据进行回归来拟合数据, 最终输出的数值在一定范围内是连续的 (和其他线性回归的模型一样)。

[1] SVR 和 SVM 对于间隔的计算不尽相同, 详细计算可参考相关文献。

除了可以用线性超平面划分的线性分类问题，在 20 世纪六七十年代，非线性的分类问题也很受关注。直观来理解，非线性分类就是用不能被线性方程表达的直线或者超平面把不同类别的东西划分出来（图 4.3.3）。非线性可分是人工智能技术面临的主要难题之一。而 SVM 由于结合了最大间隔（Maximum Margin）和支持向量，使得它擅长解决中小规模训练数据集的非线性问题。后来随着 SVM 的不断完善，它一度成为 90 年代机器学习领域的"明星算法"，并且随着核方法（Kernel Method）的提出，SVM 解决非线性可分问题的能力得到进一步发展。

核方法的核心思想是把数据从低维的原始空间中映射到高维空间中，从而使得原来很难用线性超平面分离的数据在高维空间中变得可分离了。数据在二维坐标下的分布如图 4.3.3（a），如果增加一个维度，并且把数据一一映射到新的坐标空间，就发生了图 4.3.3（b）的现象，两类数据泾渭分明地分布在一个平面的两侧。我们知道点与点之间距离的计算在低维空间中容易实现，然而当实际应用中数据映射到高维空间后，距离的计算将变得复杂，这时又该如何处理呢？SVM 中的核方法的巧妙之处就在于它化解了高维甚至无穷维度空间中的计算难题。具体方式是用一个核函数去等效特征空间中内积（距离）计算。

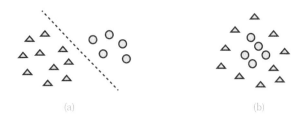

(a)　　　　　　　　　　　　(b)

图 4.3.3 线性可分和非线性可分的区别

(a) 线性可分示例；(b) 非线性可分示例

当然在现实任务中我们可以不知道核函数的具体操作形式，所幸有相关的数学定理已证明了核函数的可行性[45]。这些深奥复杂的过程被数学家和软件工程师们制作成了简单易用的工具,如台湾大学林智仁教授的 LIBSVM,我们只需要在相关平台简单设置一下核函数的选择即可[46]。

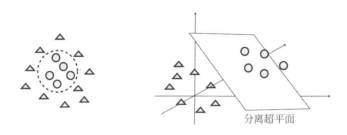

分离超平面

图 4.3.4 核方法解决原始空间中的线性不可分问题

4.3.3 支持向量机在建筑领域的应用探索

SVM 在分类活动中效果显著,如可以从图像识别特定元素或特征中进行归类。在通过 SVM 建立好图像识别模型后,可以针对新的输入数据(自变量)进行归类(到因变量),从而承担预测的工作[47]。SVR 也可以针对多个样本数据来拟合回归曲线以进行回归分析,即从多个非线性,也就是彼此之间没有直接关系的数据中得出回归函数,来进行优化和预测等工作。因此,SVR 也可以处理图像数据,例如优化图像数据中的某些参数,分析图像数据中的噪声和其他非线性关系的因素后进行降噪处理[48]。

在建筑和城市领域的分类方面,SVM 已经有了一定的应用,例如从适量的卫星图判别人造和自然图像纹理或识别城市或人居区域等[48, 49]。在回归方面,SVM 或 SVR 在建筑设计方面的应用较为有限,更多被使用在建筑工程经济方面的估算和建筑性能预测上。现有建筑内部耗能数据包括了中央空调、垂直交通系统(电梯和扶梯)、通风系统和公共空间的人造采光,由于这些数据本身与外界因素如天气 ① 和整体建筑能耗呈现非线性关系,因此擅长处理非线性问题的 SVR 可以应用到将这些非线性关系的能源数据进行回归,该回归函数可以用来在给定某具体的耗能数据后,预测一个(多个)整体建筑的能源消耗,包括电费和空气调节系统的负荷 [50-55] 等。

我们可以发现, SVM 和 SVR 这两个算法抛开了统计的假设, 直接构造最大化间隔 (margin) 的凸目标函数, 然后用严谨的优化方法来求目标函数的最优解。这类基于数学演算的方法在建筑领域的应用主要集中在偏向于建筑技术相关的、能够被定量处理的分析及优化阶段, 或者是针对建筑设计前期的用地周边情况的进行模式提取, 为早期决策提供依据。

4.4 进化学派: 在计算机中加速进化

向自然界学习,向来是人类认识世界、改造世界的方法之一。在 {4.1} 中,我们已经看到, 人工智能早期研究者的探索是从模拟人类——这种大自然造物的认知过程开始发展起来的。

由查尔斯·罗伯特·达尔文 (Charles Robert Darwin) 在 19 世纪系统发展起来的"物竞天择, 适者生存"的进化论思想, 作为人类理解自然界的规律, 已经成为现代社会的常识。进化论诠释了生物的演化机制: 生物从原始简单的生物进化成为有智慧的物种。在进化论的体系里, 地球上的生物经历了数十亿年的演进才形成了今天丰富多样的状态。生物的这种变化, 更确切地说, 这种在自然界中能向着更好的、适应性更强的方向的自主变化, 是否可以迁移到人工界呢? 人类的造物, 是否也能模拟这种变化, 自主地进化到一个最优的状态?

具体到计算机科学中, 如果说自然选择的结果可以产生最适应环境的物种, 那么若把各式各样的算法看作需要进化的物种, 在计算机里模拟进

---

① 天气因素包括了户外相对湿度,干球温度(dry-bulb temperature)、总日辐射(global solar radiation) 等。

化的过程,是不是也可以产生性能最优的算法? 这不失为一个有价值的研究方向,而机器学习进化学派的早期灵感正是来源于此。

4.4.1　进化学派概述

在计算机中模拟进化过程很有优势。首先,进化过程所需的时间可以被缩到足够短; 其次,算法的性能(能否在一定的时间内用一定的计算资源完成某个任务)非常容易被衡量。但自然生物的进化过程极其复杂,要在计算机中进行模拟则需要抽象成算法过程。英国统计学家、演化生物学家及遗传学家罗纳德 · 费雪(Ronald Fisher)在 1930 年发表的巨著《自然选择的遗传理论》(*The Genetical Theory of Natural Selection*)中提出了关于进化论的第一套数学理论。有了定量的数学理论支撑,在 1950 年代人工智能被正式提出之后,美国科学家约翰 · 霍兰德(John Henry Holland)[1] 基于自然选择的概念设计了一种算法。霍兰德及其学生以及他的学生的学生组成了机器学习里进化学派的中坚力量,他们基于达尔文进化论和费雪的进化数学原理提出和发展了遗传算法(Genetic Algorithm),试图通过在计算中模拟生物的遗传机制来得到适应性最好的模型[2]。

霍兰德在 1975 年发表的著作《自然和人工系统中的适应性》(*Adaptation in Natural and Artificial Systems*)是早期遗传算法的经典文献[56],后由诸多学者将其改进和优化成不同的算法变体。其中最为有名的是霍兰德的学生科扎(John Koza)发展出的遗传编程(Genetic programming),即让成熟的计算机程序通过自主进化来实现编程[57]。

除了遗传算法,也有其他基于模拟达尔文的生物进化理论的算法,如

---

① 约翰 · 霍兰德与 1940 年代开始发展的细胞自动机理论也有一定的渊源。细胞自动机理论由天才数学家、计算机科学家约翰 · 冯 · 诺伊曼提出,不久由于他的英年早逝等原因研究一度中断,但它启发了参与研发的计算机教授亚瑟 · 瓦特 · 伯克思(Arthur Walter Burks)。而霍兰德正是伯克思的学生,他从自然进化的角度思考实现人工智能的途径在一定程度也受到其恩师及冯 · 诺伊曼的影响。

② 因此霍兰德也被称为遗传算法之父。

进化规划（Evolutionary Programming）[58]和进化策略（Evolutionary Strategies）[59]等，统称为进化算法①（Evolutionary Algorithms）。进化算法的特点主要是通过模拟进化过程来理解自然界中的进化机制，在理解的基础上生成解决方案群并优化方案。

以遗传算法为代表的进化算法是启发式的，启发式算法在处理很难精确进行数学建模且可能解空间非常大的优化问题时往往比较容易找到潜在的可行解。由于进化算法结构简单，且在工程优化、工业设计等领域的实际应用中表现出卓越性能，故而也有可观的应用及商业价值。例如在建筑学领域，进化算法就被有效应用于建筑设计的"找型"中。但是进化算法由于启发这一特性，更多地是基于经验而不是严格的数理基础，使得它在机器学习领域相对不那么受重视。不过有些研究者坚持尝试使用进化算法求解机器学习中的复杂优化问题，并取得了一定成功的应用成果，逐步形成了演化学习（Evolutionary Learning）这一研究方向[61]。

4.4.2　遗传算法

遗传算法以达尔文的生物进化理论为基础，借鉴了生物遗传学中如遗传、适者生存、优胜劣汰、自然选择、交叉、突变等概念。在霍兰德的适应性模型中，较为显著的特点是给定某个组织以被遗传算子（genetic operator）进行重复性的修正[56]。其中组织类似于生物的染色体或基因串，即某个问题潜在的解决方案个体（往下称为基因个体，或个体），它们总称为候选解（candidate solution），它们的集合构成了解空间（solution space）。而遗传算子是对这些个体的修正机制（就像数学算子"加""减""乘""除"等是对两个数的作用），最基本的遗传算法包括选择（selection）、交叉（crossover）和变异（mutation）三种算子[61]。遗传算法的一般过程如下面的流程图所示（图4.4.1）。

---

① 也有一些文献中翻译为"演化算法"。

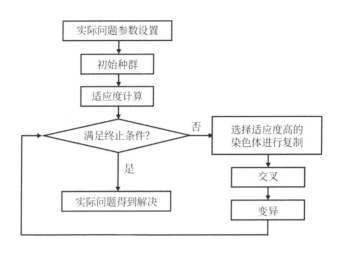

图 4.4.1 遗传算法的一般流程图

4

整个过程涉及巧妙的计算,以下将解释遗传算法中的数个重要环节。

在初始 (initialization) 阶段,首先一定数量的个体 (基因) 被随机生成,这些个体的形式根据模型的性质来定,可以是字符串[1] (例如判断垃圾邮件的关键词),也可以是数字 (表达参数之间的关系)。这些个体称为初始种群 (initial population),是搜索空间 (search space) 中初始的潜在解决方案。不过这仅仅是一个开始,初始化中的个体还并不一定拥有强大的适应力。

遗传算法中使用的目标函数[2] 是适应度函数[3] (fitness function),

---

[1] 针对字符串的分类模型也被称为分类器系统 (classifier)。例如迷宫问题里的分别向前、后、左、右四个方向的四步组成的 00011011 便是字符串。

[2] 目标函数是最优化问题的三要素之一,求解它的最大值 / 最小值,即可获得最优解。

[3] 虽然在自然界中并没有适应度函数的概念,也就是说在现实世界的进化过程是随机的,并没有通过特定目标来作为指导或判断,因此我们通常只能通过是否最终能完全适应某个具体的现实环境 (动态且不能预测) 的结果来给出判断。反之,也因为虚拟环境 (或计算机中需要处理的问题) 是我们可以预知且量化的,因此在计算机的模拟中我们可以预先给到适应度函数。大胆设想一下,如果真实世界的环境或变化都是预知的,而生物的进化也都是预先知道存在最优解的,那么我们也就没有机会欣赏到如此多元且丰富的物种了。

用于计算种群中的每一个个体的适应度数值, 即该个体和目标的契合度, 这个过程称为适应度评估 (fitness evaluation)。例如在迷宫问题中, 从入口到达出口的步数便可以作为适应度计算函数, 越少步数的解决方案越优, 适应度就越大。

将适应度评估结果进行排序后, 可以知道哪些潜在的个体可以被选择, 以进行到下一个环节, 这个对潜在个体进行选择的过程就是父代选择 (selection of parent's solution)。注意这里不一定是选择排序列表中最优的那一个个体, 因为直接选择适应度最高的个体将导致算法快速收敛到局部最优解而非全局最优解 (忽略了其他潜在的可能性, 太快收敛)。因此选择通常依据比例或概率原则 [62], 即适应度分数越高群体, 被选择的概率也越高。通过选择过程的"优胜劣汰"后会组成一个整体表现较优的群体作为父代。

另外, 选择过程允许存在精英选择 (或最优性选择), 即把最好的个体视为精英, 它们的基因直接在不受比例或概率影响的情况下保留到下一代 (子代)。这样有利于算法加速找到最优解。

上一步骤形成的父代在进行下一步的评估计算前, 需要再产生新的一代种群, 也就是子代生成 (generation of child solution)。这个生成过程需要进行交叉 (crossover / recombination) 和变异 (mutation) ① 来完成, 即前面提到的遗传算子机制之二 (除了交叉和变异, 也可以使用其他机制如重组、倒置、或迁移等)[63]。

简单来说, 交叉过程就像自然界中生物的"交配", 两个个体通过交换基因产生新的基因组合。霍兰德提出基因编码 (genetic code) 之后, 交叉过程可以通过字符串之间的"交配"重组实现 [56] (图 4.4.2)。

---

① 除了交叉和变异, 也可以使用其他机制, 如重组、倒置、迁移等。

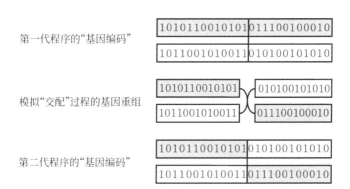

第一代程序的"基因编码"

模拟"交配"过程的基因重组

第二代程序的"基因编码"

图 4.4.2 模拟"交配"的基因编码重组过程

由交叉过程产生的新一代基因编码成为解空间里新的解，并进入下一轮的适应度评估中。交叉过程正如英国演化生物学家克林顿·理查德·道金斯（Clinton Richard Dawkins）在《自私的基因》（*The Selfish Gene*）中论述的那样：不论是黑猩猩、人类，还是蜥蜴、真菌，他们都是经过长达约三十亿年之久的所谓自然选择的过程进化而来。在每一个物种下，某些个体会比其他个体留下更多的生存后代[64]。因此，这些得以繁衍的可遗传特性（基因），在其下一代中的数量就变得更加可观。大自然通过这种方式选择幸存者，而从算法层面来看，交叉或许可以使搜索范围逐步聚焦在优质的种群上。

除了交叉，遗传算法也模拟了自然界中的基因突变过程，即随机改变某些基因编码字符串上某些位置的数值，以产生新的基因组合，这样一来保证了多样性。经过交叉和变异后的子代种群需要再经过选择环节的适应度评估筛选，优秀的种群会被选择出来继续产生新的后代，如此循环（评价个体适应度→交叉→突变→产生下一代），直到满足终止条件，达成进化结束（termination）。

一般终止条件有以下几种类型：

i.　达到预设的进化次数

ii.　耗尽计算所预设的资源（如时间、占用的内存等）

iii.　达到预设的最低需求

iv.　达到最高的适应度结果，继续进化也不会产生适应度更高的个体

v.　人为干预

算法可以设置成满足以上某一单独条件即终止迭代，也可以设置成至少达到两种或更多条件后才停止。

在遗传算法中，人为的干预除了体现在手动停止进化过程上，也体现在设置交叉概率、变异概率、初始种群个体数目、基因个体长度、适应度函数等参数上。通常需要对这些参数进行微调，才能找到合理的设置。例如：交叉概率过高可能导致遗传算法的过早收敛；变异概率过高可能容易排除掉最好的解决方案；初始种群数量过多会占用大量计算资源；基因个体长度过长有可能导致资源不足；等等。

遗传算法在发展过程中已被应用于许多机器学习任务中，包括分类和预测任务，例如天气或蛋白质结构的预测。此外，遗传算法还被用于发展特定机器学习系统的各个方面，例如调节神经网络的权重、学习类别系统或符号生产系统的规则及机器人的传感器等。在建筑和城市领域，遗传算法更是被青睐有加，尤其是在建筑形式生成、城市生长模拟等方面。

4.4.3　遗传算法在建筑领域的应用探索

由于擅长处理难以精确进行数学建模的全局最优化的问题，伴随计算机性能不断提高，遗传算法不仅可以应用到处理单目标问题，也可以同时考虑多个优化目标，即多目标优化（Multi-objective Optimization）问题，称为进化 / 遗传多目标优化（Evolutionary / Genetic Multi-objective Optimization, EMO / GMO）[65]。例如在一个建筑的设计优化过程中同时考虑定量问题如结构的稳定性、结构的自重、室内采光率、预计能耗、预

算等, 甚至是定性问题如开放性、舒适度、审美等。因此遗传算法一直以来倍受建筑设计等充满多目标优化问题的学科的重视, 并由此发展出多种应用, 如需要配合多方的任务安排表、机器人优化设计、预算调节, 甚至是建筑设计生成。

在建筑设计中尝试应用遗传算法的先驱当属约翰·弗雷泽 (John Frazer) 和茱莉亚·弗雷泽 (Julia Frazer), 他们自 1980 年开始研究遗传算法和建筑生成的关系, 在伦敦的建筑联盟学院 (Architectural Association, AA) 带领了一个基于该主题的设计工作室, 并于 1995 年发表著作《演进的建筑》(*An Evolutionary Architecture*), 试图使用基因遗传的原理让建筑的某些特征进行交互, 通过不断地迭代得到满意的生成结果 [66]。随着遗传算法在工业设计领域的成功实践 [59, 67—69], 弗雷泽等人通过遗传算法优化了一个船体的外壳弧线, 以最大化提升船体的表现。

在优化过程中, 基因个体是船体的弧线参数数值, 解空间中的每个基因个体进行了各种适应度的测试, 如船体位移、纵倾、水线面、浸水面等反映船体性能的方面。接着在一个与建筑有关的课题中, 遗传算法被应用于塔司干 ① (Tuscan) 柱式的生成, 针对柱式比例信息的进化。具体来说, 用基因个体表示比例, 伴随比例进化, 生成不同形态的柱子。在这两个项目中, 弗雷泽都在父代选择的阶段, 提供了除"自然选择"之外"人工选择"的可能性。即用肉眼判断哪些船体更符合人体工学, 或者哪些柱子更符合典型的塔司干柱的特征。使用人工选择是为了可以在一定程度上控制进化的方向, 也能加快整个进化的速度。

如今进化模型中人为的参与依然存在, 尤其是让人参与优化环节对定性问题如审美层面的投票或评分任务中 [70—72]。例如, 基于多个定量目标

---

① 塔司干柱是一种古罗马柱子, 它的具体形式是按照塔司干柱式 (order) 来确定的。柱式是指一整套的西方古典建筑立面的生成原则。简单来讲, 就是将柱子直径作为基本单位, 然后进一步计算出构成柱子的各个部分 (柱基、柱身及柱头) 的尺寸, 并进一步算出构成整个建筑的各个部分的尺寸。除了塔司干柱式外, 还有古希腊和古罗马时期, 主要还有多立克柱式 (Doric order)、爱奥尼柱式 (Inoic order)、科林斯柱式 (Corinthian order) 和复合柱式 (Composite order) 四种柱式。

的优化模型在某个迭代下所生成的解方案群中, 由于这时几乎每个个体都可以满足优化条件(都符合适应度),因此这时审美的判断可以介入选择环节, 即设计师或用户可以在一个友好界面上从若干个个体(基于经验的理性或感性判断)中选择某个个体来往下让程序继续深化或拓展其他可能性。由于这种介入在很大程度上会左右最终结果, 因此人为参与的必要性和究竟介入设计中的哪个环节, 在此之前需要更合理地做出判断。

而在处理定量问题方面, 遗传算法在建筑设计中的应用也很广。在整个建筑设计阶段中, 前期的概念设计有着举足轻重的地位, 毕竟这个阶段的成果将会在很大程度上确定整个项目的定性(空间品质)和定量(预算)等主要问题[73-75]。东南大学的李飚将进化模型进行了简化①, 开发了"keySection"程序[76]。以采光为目标尝试优化建筑的中庭剖面, 另外在细胞自动机的基础上围绕着一个核心筒的空间体块(考虑一个或多个)以至少一个体块朝向所指定的方向为目标进行布局优化。随后, 他基于遗传算法开发了建筑形态生成软件"notchSpace"。从中国传统鲁班锁精妙的咬合结构中得到灵感, 他将其中间相交错部分类比为建筑中的空间划分, 并将其144种可能性作为遗传算法中遗传基因的编码, 将八个空间方位②作为遗传的进化目标。建筑师可从中选择一到两个作为遗传进化方位。在进化过程中建筑功能空间会形成丰富的、包含跃层的空间, 并使得功能空间至少有一个单元朝着预定的进化方位。

里斯本理工大学的路易莎·卡达斯(Luisa G. Caldas)等人通过遗传算法, 以各种能耗的最小化和约束体块生成为目标得到最优方案[77,78]。除了形体上的优化, 建筑平面和立面也可以通过遗传算法根据单个或多重目标进行优化, 如前者针对建筑师的理性和感性需求③[71]等, 而后者在组合

---

① 简单进化模型是指去掉遗传算法中选择、交叉、变异过程, 仅通过随机搜索, 建立需要的目标函数。

② 指南向、东向、西向、北向、西南向、东南向、东北向及西北向八个方位。

③ 这里的理性需求不仅仅是定量目标, 也可以是定性目标, 如平面的各类形式, 包括了功能空间、空间组织方式等具有离散性质的特征目标。感性需求则是遗传算子参数的人为设定, 例如概率设置和人为地选择子代。

荷载、预算和能耗上对立面划分、构件尺寸等进行优化 [79, 80]。

　　建筑设计的优化除了应用在设计前期的形体阶段, 也可以应用在后期的设计深化阶段, 尤其是在结构方面 ①。维也纳应用艺术大学的菲灵格 (Robert Vierlinger) 等人通过遗传算法为一个悬浮的建筑体块在不干扰另一个建筑体块下找到最优的支撑结构设计 [81]。密歇根大学的比洛(Peter Von Buelow) 等人基于遗传算法研发一套结构优化程序, 可依据自然采光、结构稳定或温度等因素来优化建筑的具体构建或整体结构 [70, 82]。

　　而在城市方面, 维也纳科技大学的埃雷斯库塔基 (T. Elezkurtaj) 等人对遗传算法在城市空间布局上进行探讨, 该计算原理同时也可适用于建筑的空间布局优化 [83]。在给定一个边界后, 尝试让计算机通过迭代, 在满足三个目标: 不重叠、不溢出、无空隙的前提下, 找到最佳的组合方案。面对城市级别如此庞大的计算单元, 遗传算法也可以结合其他更适合的架构如细胞自动机来优化城市空间结构 [84]。

　　对于遗传算法的优化应用, 除了自行编写程序外, 目前市面上有两种商业化的遗传算法计算机辅助设计软件为建筑师提供了友好的使用界面, 而不需要建筑师拥有额外的编程能力。一个是需要搭载在 Rhino + Grasshopper 上运行的功能模块 Galapagos ② 和 Octopus[85]。这两者在将设计中所需要考虑的参数连接在一起并定义数值区间后, 实现优化过程 ③, 找到可接受的最优解 [86]。另一个则是需要运行在 Revit + Dynamo 上的 Optimo, 它可以说是第一个在建筑信息模型软件上基于遗传算法所编写的多重目标优化应用 [87, 88]。

---

①　需要注意到在建筑结构优化领域, 由澳大利亚皇家墨尔本理工大学 (RMIT) 的谢亿民院士提出的渐进结构优化法 (Evolutionary Structural Optimisation, ESO) 及双向渐进结构优化算法 (bi-directional ESO, BESO) 是被广泛应用的拓扑优化方法, 但它采用的是可以收敛的精确优化方法, 而不是启发式的遗传算法。

②　名字原意为加拉帕戈斯群岛, 因岛屿的独特地理性质导致生物在此进行封闭性的演化。该具有演化算法功能的程序也依此命名。

③　Galapagos 能够处理单目标优化, Octopus 能够处理多目标优化, 但 Octopus 的原作者提到目前仅能解决适量复杂度的问题。

4.5 联结学派：大脑的逆向演绎

符号学派模拟心理的认知过程，进化论学派模拟物种进化与自然选择的过程，而联结学派则试图通过模拟人类的大脑实现人工智能，这可以看作是对人类大脑进行逆向演绎 ① 的尝试。之所以选择大脑作为实现人工智能的灵感来源，是因为大脑是迄今为止唯一明确的智能载体。要想实现人工智能，在某种程度上模仿大脑似乎是一个可行的思路。

联结学派之所以用"联结"一词作为关键词，是因为他们崇尚智力的来源：高度互联的神经元。人们对大脑的理解得益于神经科学的研究，最早可以追溯到 19 世纪末的心理学，或是对人类大脑思维模式的生物学研究。20 世纪 30 年代，美国心理学行为主义的代表人物爱德华·李·桑代克（Edward Lee Thorndike）提出他的联结主义理论：刺激（stimulus）—反应（response）公式 [89]。根据桑代克的理论，学习是刺激与反应的联结结果，当有机体被刺激—反应这样的练习反复训练，联结会变得越来越强；反之，当训练中断，联结会慢慢变弱。当训练中受到肯定的反应达到一定的数量，反应就会变成习惯性反应。

反复的刺激—反应练习形成了特定的神经网络结构。有些神经元之间存在连接，有些则没有；有的连接很强，有些则很弱。这是人工智能中联结学派的核心思想。大半个世纪以来，联结学派的追随者们坚持探索，从模拟单个神经元的感知器（perceptron）开始，发展到可以训练多层神经网络以完成特定的任务。

4.5.1 联结学派概述

设计庞大的工程或者复杂的系统通常是从简单的基本元件开始，算法的设计也一样。联结学派最早想到的实现智能的方式是设计出单个人工神

---

① 在工程领域，逆向演绎指对某目标产品进行逆向分析及研究，从而演绎并得出该产品的处理流程、组织结构、功能性能等设计要素，以制作出功能相近，但又不完全一样的产品。

经元 ① (artificial neuron)。这个想法在 1943 年得以实现。当时美国神经学家沃伦·麦卡洛克（Warren McCulloch）和数学家瓦尔特·皮茨（Walter Pitts）在论文中首次提出了人工神经网络（Artificial Neural Network, ANN）的概念，以及人工神经元的数学模型（被称为McCulloch-Pitts 神经元模型或 M-P 神经元模型）[90]（图 4.5.1）。

在单个人工神经元模型中，神经元接收通过带权重的连接（connection）传递的 n 个输入信号，这 n 个输入与权重相乘之和将与阀值进行比较，通过激活函数 ② (activation function) 之后，最终获得神经元的输出。

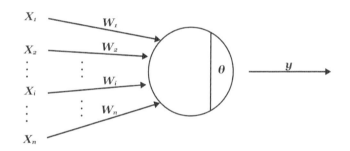

图 4.5.1 McCulloch-Pitts神经元数学模型
X表示输入信号，它们各别对应的权重是W；θ代表阀值；y是神经元输出

到了 20 世纪 50 年代，美国心理学家弗兰克·罗森布拉特（Frank Rosenblatt）在单个人工神经元的基础上进一步发展，提出了用于模拟人类感知能力的机器——"感知器" ③ (perceptron)（图 4.5.2）[91]。感知器

---

① 人工神经元是被设想为生物神经院模型的数学函数。

② 激活函数用于表达最终的神经元的状态是兴奋还是抑制，所以通常输出值是 1 或 0（1表示兴奋，0 表示抑制）。能达到这个目的的函数有许多类型，如恒等函数、单位阶跃函数、常见的逻辑函数（Sigmoid 函数）等。

③ 也有文献译为感知机。

只有一层神经元 [①] 可以对信号进行函数处理,该层神经元被称为功能神经元（functional neuron）, 即图中输出层的神经元 [31]。值得注意的是, 虽然感知器和 M-P 神经元模型的结构看起来差别不大, 但 M-P 神经元模型中的权重和阈值是人为手动设置的, 而感知器可以通过给定训练数据集"学习"权重和阀值, 这两者的学习通常统一称为"权重学习"。

早期用于权重学习的学习算法也比较简单, 最简单的是每次权重的改变量由感知机的输出值和期望输出值之差与其他相关参数的乘积决定, 这样当输出值和期望输出值之差为 0 时, 权重不再发生改变。这样的学习规则虽然简单却使得感知器成为第一个能根据输入样本来学习权重的神经网络模型, 奠定了之后发展多层神经网络的基础。

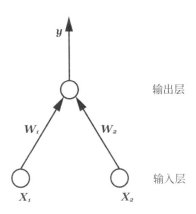

图 4.5.2 有两个输入神经元的感知器网络结构示意图

然而在感知器被提出之后, 人工神经网络的发展却遭遇碰壁。首先是因为感知器只有一层功能神经元, 学习能力十分有限, 所以只能处理简单的

---

① 但也有相关书籍把接收输入而不作处理的神经元也算作一层, 从而把感知器定义为两层的人工神经网络。

线性分类 ① 问题 (如用一条直线把两类数据区分开来或者进行简单的模式识别)。要解决非线性可分问题，需要使用超过一层功能神经元。这种使用了两层及以上的功能神经元的感知器，被称为多层感知器 ② (Multi-layer Perceptron, MLP)。但是要训练多层感知器，主要的挑战是发明更加强大的学习算法去调节网络中弧的权重。而阻止该学习算法向复杂的神经网络扩展的主要技术障碍是：为了进行有效的计算，一个网络通常需要包含不直接受输入影响的非线性元素 (即已经过神经元处理的输入)，而当这样网络出错时，还未有一个可行的机制在这众多复杂连接中去发现问题出在哪一环。这是直接导致感知器的发展被中断的主因之一。

更严重的是，如果缺乏合适的训练机制，多层神经网络也面临着维数灾难。假设在调整多层神经网络的权重时我们采取随机猜测 (random guess) 的方式，即每次随机选择一个权重组合进行更新。那么，对于一个有着三个全连接层结构的神经网络 (第一层有 500 个神经元，第二层有 15 个，第三层有 10 个) 来说，连接的数量，即权重的个数，共有 7 650 个 ③。再设定每个连接的权重有 10 个可选数值，那么权重的组合数量就是 10^{7650} 之多，这还没有考虑每个神经元还有阀值的情况，大幅提升对计算资源的要求。

除了前述两个原因，著名人工智能科学家马文·闵斯基 ④ 及其同事西摩尔·派普特 ⑤ (Seymour A. Papert) 于 1969 年出版的《感知器》 (*Perceptrons*) 一书详细论述了感知器的各种局限性，并表达了他们对人

---

① 若两类模式是线性可分的 (linearly separable)，那么就存在一个超平面 (直线是特殊的超平面) 能将它们分开。如果不结合数据升维等数据方法，早期的感知器被认为只能处理这类线性可分问题。

② 在多层感知器中，除了输出层之外的功能神经元被称作隐藏层。只要包含隐藏层，就能被称为"多层"。

③ $500 \times 15 + 15 \times 10 = 7\,650$

④ 事实上，闵斯基与感知器的发明者罗森布拉特是亲密的朋友，他们在感知器上的意见分歧是当时人工智能研究领域的重要焦点之一。

⑤ 美国加州理工学院的数学家，人工智能发展的先驱之一，他对智力的观点主要受让·皮亚杰的影响。让·皮亚杰是近代最著名的发展心理学家之一，同时也是哲学家，他的认识发展理论成为了这个学科的典范。

工神经网络的悲观预测。该事件被认为改变了当时人工智能的主要研究方向，使得研究焦点集中在符号系统（symbolic system）上。后来由于符号系统自身的局限性也逐渐暴露，导致人工智能的研究整体陷入困境，这也间接影响了人工神经网络的发展 [92]。

4.5.2 多层神经网络

20 世纪 80 年代初，学者们开始以训练多层神经网络 ① 的反向传播（Backpropagation, BP）算法等为复兴的原动力，掀起了继感知器之后又一轮关于人工神经网络的研究热潮。本节将以前馈神经网络（Feedforward Neural Network, FNN）为基础，结合反向传播及梯度下降（gradient descent）介绍神经网络的基本工作原理，因为它们是通往深度学习的概念基石。其后，我们将会在第 5 章中详细论述深度学习的内容、机制和应用。

当多个神经元彼此连接形成一个网络（正如大脑的结构）时，我们称之为神经网络。因此，人工神经网络就是试图模仿可以相互间发送信号的神经元的组件集合。研究人员通过程序，用这些神经元以及在他们中间传输的信号，来模拟大脑中神经元的工作机制。当然，生物和人工神经网络两者之间还是具有不同之处。仅仅只是简单地把这些"类神经元"彼此相连并允许它们相互间共享信号并不能直接产生"智慧"。

神经元之间相连的形式对它们在智能上的表现极为重要。一个神经元强烈地影响着另外一个神经元，它们之间的关系取决于"权重"（weight）。权重决定了神经元之间受彼此影响的程度，从而产生神经网络里神经激活的特定模式，来响应到达神经网络的输入。因此要想得到一个智能的网络，相应的挑战就变成了如何决定网络中弧 ② 的权重的问题。

---

① 多层感知器是多层神经网络中的一类。

② 人工神经网络是有向的图模型，包括节点和用于连接节点的边或弧。其中节点模拟神经元，弧模拟连接神经元的神经。

通过手工计算这些权重极为困难（考虑到现代的人工神经网络一般都有上百万个连接，手工的方法非常不现实），故让计算机为某个计算问题找到理想的连接权重就被视为一个学习问题。换句话说，研究人工神经网络的学者的主要任务是探索人工神经网络如何自己去为特定的任务学习出最佳权重的方法。

这个"学习"的过程可以用最简单的，也是奠定其他神经网络基础的前馈神经网络为例进行说明，它是最为简单的人工神经网络 [93]。最基础的人工神经网络包含三个层级，分别是输入层（input layer）、隐藏层（hidden layer）和输出层（output layer）（图 4.5.3）。

这是一个定向无环图，意味着网络中不包含回路或者闭环。图中的每个节点（即神经元）是最基本的信息处理单元，它分两步工作：首先计算所有与该节点相关的输入的加权和，然后应用激活函数[1]来规范这个加权和。而与每个输入相关联的权重则是神经网络需要在训练过程中学习到的参数。通常训练数据从输入层开始进入神经网络并传递，经过隐藏层的节点到达输出层后会得到一个计算结果，这个结果会与实际结果相比较。

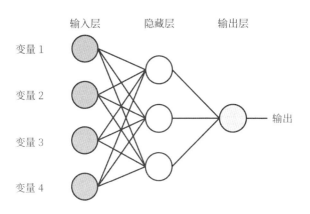

图 4.5.3 一个典型的多层神经网络

---

① 激活函数可以是线性的也可以是非线性的。

这样经过大量的样本数据的训练，可以得到一系列训练结果与实际结果的差值，而训练神经网络的目标则是找到合适的权重最小化预测结果与真实结果之间的差异，这个差异可以用数学方法去量化，例如误差的平方（squared error）或者方差 ①（variance）。要实现这个目标有不同的方式，例如梯度下降 ②（Gradient Descent）或者随机梯度下降（Stochastic Gradient Descent, SGD）。后者是实际应用中常用的方法，它通过迭代地输入训练数据，每个迭代按一定的幅度调整弧的权重（权重调整的大小称为学习速率 learning rate），直至训练结果与实际结果的方差足够小，由此得到每个弧对应的理想权重，也就形成了一个可以完成特定任务（如分类）的神经网络模型。

这种单向传播的训练方式对于只有一两个隐藏层的神经网络是有效的，而训练更多层的神经网络需要新方法的提出。这个高效可行并沿用至今的方法便是由"深度学习之父"——杰弗里·辛顿（Geoffrey Hinton）于1986 年所复兴和推广的训练方法——"反向传播" ③（Backpropagation, BP）算法。

反向传播算法的发展目标是找到一种可以有效训练神经网络的方法，让网络可以自主为一组输入数据找到最好地映射到输出的函数 [94]，即尽可能纠正学习模型在训练时所产生的误差。反向传播的原理是，将预期结果提供给最后的接收者，让其对比预期结果和最后产生的结果，再把误差依次往回传给前面的接收者，让每个接收者分析误差中有多少是自己造成的，

---

① 方差是应用数学里的专有名词，在概率论和统计学中，一个随机变量的方差描述的是它的离散程度，也就是该变量偏离其期望值的距离。计算方式是所有样本值与期望值误差的平方相加再除以样本数量，以此反映数据的分布、离散程度。

② 标量场中某一点的梯度指向在这点标量场增长最快的方向（每个方向的长度固定），它的绝对值是长度为 1 的方向中函数最大的增加率。

③ 也叫误差逆传播算法（error backpropagation），反向传播的思想在 1970 年已被提出，但由于当时感知器的发展被中断，所以没有引起重视。直到 1986 年辛顿和心理学家大卫·鲁梅尔哈特（David Rumelhart）才首次把它运用到神经网络中学习特征的表示。反向传播算法可以通过比较训练结果与预期结果的差别不断调整相关参数以使误差最小化，从而得到理想的模型。这种方式较之前的前馈神经网络（feedforward neural network，训练结果不会在网络里反馈）更适合实现机器的自主学习能力。

并依此进行调整。如此一来，就可以提高训练模型的准确度。

　　但训练多层神经网络不能仅依靠反向传播。在把误差从队伍末尾往回传播的过程中，每个接收者需要分析自己对整体误差的影响程度，并以减小整体误差为目标调整自己的参数（在神经网络里即调整权重和阈值）。这在人工神经网络里不是一个容易完成的任务，所以反向传播需要结合一些可以分析对整体误差的影响程度及如何减小误差的最优化方法进行运作，例如前面提到的梯度下降或者随机梯度下降便是有效减小误差的方法。

　　反向传播结合基于梯度的最优化方法的训练方式使得多层神经网络的参数调节可以效地进行，并被沿用至今。通俗来说，神经网络的训练[①]可以看作一个参数（权重和阈值）寻优的过程，即在参数组成的多维空间中（类似连绵起伏的山岭）寻找一组最优的参数使得整体误差最小（类似最优的下山路径）。因此，我们可以看到，数据经过神经网络里大量连接、协同工作的节点的处理，产生了有意义的结果。而为了处理不同的任务以及提高数据处理的效率，神经网络也发展出多种类型（图 4.5.4）。

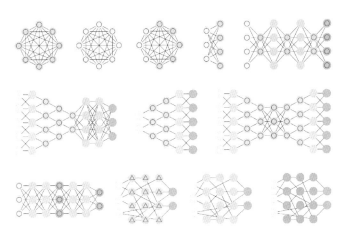

图 4.5.4 其他人工神经网络类型

[①] 现实任务中使用神经网络时，大多使用反向传播算法进行训练。而反向传播算法可用于多种类型的网络（如下一章中将会详细介绍的卷积神经网络等）的训练，所以通常说"BP网络"时，是指用反向传播算法训练的网络。

早期神经网络在连续值域的回归问题和离散数据的分类问题上均取得了可观的效果，随着机算机算力的提升，它可用于分析大量数据，并发展出如今广为人知的深度学习（Deep Learning）。我们将在下一章中介绍深度学习的基本思想、几种常用的深度神经网络、深度学习的发展趋势及其对建筑城市领域的启发。

4.5.3 人工神经网络在建筑领域的应用探索

早期简单的神经网络可应用于有监督学习中的回归和分类，即揭示数据中难以被直接认知的潜在模式，来预测可能的数值或类别。如果以商业领域为例，这类型的业务可以大致理解为，从过去的销售数据、消费者信心和天气数据等来预测某商品在下一季度的销售情况。而在城市或建筑领域中，该具有预测性质的算法能在帮助很多方面发挥作用，如预测城市用地分类和房地产价格等。

虽然此章还未提及早期神经网络可应用到图像的分类上，但早在 20 世纪末就有人开始尝试此方面的探索。宝拉（Justin D. Paola）等人于 1995 年尝试基于反向传播的神经网络建立城市用地分类（Land Use Classification）模型 [94]。该模型需要以遥感图像作为训练数据，接着将其他图像数据作为输入来预测该图像所代表的用地属性类别，如草原、沙漠、植被等自然属性区域或是人造区域，如高密度城市和住宅区等。虽然当时神经网络模型的训练速度较慢，但是在神经网络与另一种称为最大似然分类器 ① （Maximum-Likelihood Classifier）的分类模型进行测试比较后，发现前者对具有多样性的带标签数据更具有鲁棒性，即具有较高的精度或有效性。这在往后对土地更细层级的分类任务将有很大帮助。

塔姆克（Martin Tamke）等人在 2017 年的一个艺术装置项目中应用了神经网络。该装置由多个网状结构单元所构成，因此需要从中寻找最优

---

① 即贝叶斯分类法，根据贝叶斯原理应用于对遥感图像数据进行分类。

的结构单元形式 [95]。首先生成诸多网状结构单元，通过遗传算法基于物理特性的分析找到若干个最优解的形式数据，而这些带标签的"优质"数据用于训练反向传播的神经网络建立一个可判别网状结构优劣的分类模型。基于神经网络的分类，可以帮助设计师从具有大量可能解的解空间中，快速排除和目标方案不符的设计可能。

而在回归方面，卡洛吉洛 (Soteris A. Kalogirou) 于 2000 年同样基于反向传播的神经网络来预测被动式太阳能建筑的能耗①，即一种未采用任何电子机械，纯靠自然的方式蓄温或降温的建筑类型 [96]。在记录了研究房屋对象的温度变化后，大量的模拟数据被用来训练人工神经网络，最后结果显示人工神经网络模型能够以可接受的精度来预测建筑物的能耗。这些预测可以为往后设计师对是否采用某种绿色建筑设计的方法提供检验，或是以此模型来选择合适的控温设备。这样一来，此数学模型或许可以帮助降低实验成本，也就是说类似的模拟实验不需要使用大量的昂贵系统。

另一方面，连森本柴 (V. Limsombunchai) 于 2004 年根据新西兰基督城的房价数据，基于神经网络算法试图找出房价究竟与哪些特征有强烈的关系，如建筑面积、房龄、建筑类型、各功能空间的数量、建筑周边设施和地理位置等，并以此为日后的房价估算提供计算模型 [97]。他还从中发现了有趣的模式，例如对于当时没有花园（也就没有额外的室外空间）的住宅来说，该房价与房龄、车库和卧室的数量特别相关。

作为提供联合办公空间的 WeWork 也试图用层数较少的人工神经网络来找出其公司会议室和占用倾向因素之间的关系 [98]（图 4.5.5）。通过收集公司员工的反馈数据，如办公室规模、会议室数量、会议室设备等，并进行训练后得出一个可预测未来使用率的模型。根据实际使用情况和员工预测的结果进行对比，发现该模型的准确率比人为计算高出百分之四十，从而帮助有效地规划空间的使用。

---

① 相反，采用自动式的太阳能设备的建筑可称为主动式太阳能建筑 (active solar building)。

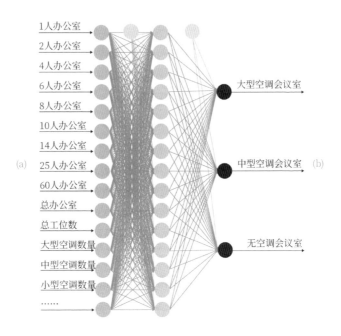

图 4.5.5 Wework会议室研究的人工神经网络示意图

(a) 左侧输入有关办公空间数据；(b) 右侧输出预测会议室的使用

　　通过对机器学习五大学派及其主要算法的介绍，相信读者对机器学习已有一个整体印象和初步了解。具体来讲，当我们针对某个复杂现象或是问题拥有相应的描述数据时，可以通过机器学习从这些数据中构建出一个可以描述数据背后"故事"的模型，以帮助我们更好、更高效地解决问题。在建筑和城市领域中，目前的应用大多集中在使用机器学习技术来分析、评估和预测设计中的高复杂度问题。希望本章的内容能够进一步启发读者自行思考研究机器学习在建筑城市领域应用的可能和潜力。下一章中，我们将会介绍当下机器学习领域最热门的方向——深度学习（Deep Learning）。

参考文献

[1] Domingos P. The Master Algorithm: How the Quest for the Ultimate Learning Machine Will Remake Our World[M]. New York: Basic Books, 2015.

[2] Flasiński M. Introduction to Artificial Intelligence[M]. Switzerland: Springer International Publishing, 2016: 158-170.

[3] Newell A, Simon H A. Computer Science as Empirical Inquiry: Symbols and Search[J]. Communications of the Acm, 1976, 19(3): 113-126.

[4] Newell A, Shaw J C, Simon H A. Empirical Explorations of the Logic Theory Machine: A Case Study in Heuristic[C] // Proceedings of the 1957 Western Joint Computer Science. Los Angeles, California: ACM, 1957.

[5] Simon H A, Newell A. Human Problem Solving[M]. Englewood Cliffs, N.J.: Prentice-Hall, 1972.

[6] Laird J E, Newell A, Rosenbloom P S. SOAR: An Architecture for General Intelligence[J]. Artificial Intelligence, 1987, 33(1): 1-64.

[7] Brandon P S. The Development of an Expert System for the Strategic Planning of Construction Projects[J]. Construction Management and Economics, 1990, 8(3): 285-300.

[8] Seeley I H. Building Economics: Appraisal and Control of Building Design Cost and Efficiency[M]. London: Palgrave, 2006: 28-29.

[9] Berk A A. LISP: The Language of Artificial Intelligence[M]. New York: Van Nostrand Reinhold Company, 1985: 1-25.

[10] Buchanan B G, Shortliffe E H. Rule-Based Expert Systems: The MYCIN Experiments of the Stanford Heuristic Programming Project[M]. Reading, Mass.: Addison-Wesley, 1984: 748.

[11] Wikipedia. Xcon[EB/OL]. (2019-07-30) [2019-9-12]. https://en.wikipedia.org/wiki/Xcon.

[12] Hendrickson C, Zozaya-Gorostiza C, Rehak D, et al. An Expert System for Construction Planning[R]. Department of Civil and Environmental Engineering, Carnegie Institute of Technology, 1987.

[13] Gero J S. An Overview of Knowledge Engineering and its Relevance to CAAD[C] // Pipes A. International Conference on Computer-Aided Architectural Design.

Cambridge: University Press, 1986.

[14] Hutchinson P J, Rosenman M A, Gero J S. RETWALL: An Expert System for the Selection and Preliminary Design of Earth Retaining Structures[J]. Knowledge-Based Systems, 1987, 1(1): 11-23.

[15] Oxman R, Gero J S. Using an Expert System for Design Diagnosis and Design Synthesis[J]. Expert Systems, 1987, 4(1): 4-14.

[16] Mitchell W J, Liggett R S, Tan M. The TOPDOWN System and its Use in Teaching: An Exploration of Structured, Knowledge-Based Design[C] // Computing in Design Education. Ann Arbor, Michigan: 1988.

[17] Seeley I H. Quantity Surveying Practice[M]. 2nd ed. London: Macmillan Press, 1997: 553.

[18] Han S, Kim T J. An Application of Expert Systems in Urban Planning: Site Selection and Analysis[J]. Computers, Environment and Urban Systems, 1989, 13(4): 243-254.

[19] Yeh A G O, Shi X. Case-Based Reasoning (CBR) in Development Control[J]. International Journal of Applied Earth Observation and Geoinformation, 2001, 3(3): 238-251.

[20] Watson I, Marir F. Case-Based Reasoning: A Review[J]. The Knowledge Engineering Review, 1994, 9(4): 327-354.

[21] Aamodt A, Plaza E. Case-Based Reasoning: Foundational Issues, Methodological Variations, and System Approaches[J]. Ai Communications, 1994, 7(1): 39-59.

[22] Kolodner J L. Case-Based Reasoning[M]. San Mateo: Morgan Kaufmann Publishers, 1993.

[23] Rissland E L, Ashley K D. Credit Assignment and the Problem of Competing Factors in Case-Based Reasoning[C] // Kaufmann M. Proceedings of the DARPA Workshop on Case-Based Reasoning. San Mateo, California: 1988.

[24] Bareiss E R, Porter B W, Wier C C. Protos: An Exemplar-Based Learning Apprentice[J]. International Journal of Man-Machine Studies, 1988, 29(5): 549-561.

[25] Domeshek E, Kolodner J. Using the Points of Large Cases[J]. Artificial Intelligence for Engineering Design, Analysis and Manufacturing, 1993, 7(2): 87-96.

[26] Hua K, Fairings B, Smith I. CADRE: Case-Based Geometric Design[J]. Artificial

Intelligence in Engineering, 1996, 10(2): 171-183.

[27] Inanc S. CASEBOOK: An Information Retrieval System for Housing Floor Plans[C]// Proceedings of the Fifth Conference on Computer-Aided Architectural Design Research in Asia. Singapore: National University of Singapore, 2000.

[28] Bengio Y, Courville A, Goodfellow I. Chapter 3: Probability and Information Theory[M] // Deep learning. Cambridge, MA: MIT Press, 2016:51-77.

[29] Gagniuc P A. Markov Chains: From Theory to Implementation and Experimentation[M]. Hoboken, NJ: John Wiley & Sons, 2017.

[30] Pearl J. Bayesian Networks: A Model of Self-Activated Memory for Evidential Reasoning[R]. Los Angeles: Computer Science Department, University of California, 1985.

[31] 周志华. 机器学习[M]. 北京: 清华大学出版社, 2016: 156-162.

[32] Moullec M, Bouissou M, Jankovic M, et al. Toward System Architecture Generation and Performances Assessment Under Uncertainty Using Bayesian Networks[J]. Journal of Mechanical Design, 2013, 135(4).

[33] Moullec M, Jankovic M, Bouissou M, et al. Proposition of Combined Approach for Architecture Generation Integrating Component Placement Optimization[C] // Proceedings of the ASME 2013 International Design Engineering Technical Conferences and Computers and Information in Engineering Conference. Portland, Oregon: 2013.

[34] Moullec M. Towards Decision Support for Complex System Architecture Design with Innovation Integration in Early Design Stages[D]. Châtenay-Malabry: École Centrale Paris, Laboratory of Industrial Engineering, 2014.

[35] Hassannezhad M, Clarkson P J. A Normative Approach for Identifying Decision Propagation Paths in Complex Systems[C] // Proceedings of the DESIGN 2018 15th International Design Conference. Dubrovnik, Croatia: The Design Society, 2018.

[36] Mahalingam G. Representing Architectural Design Using a Connections-Based Paradigm[C] // Proceedings of the 2003 Annual Conference of the Association for Computer Aided Design in Architecture. Indianapolis, Indiana: Ball State University, 2003.

[37] Steinemann A, Wargocki P, Rismanchi B. Ten Questions Concerning Green Buildings and Indoor Air Quality[J]. Building and Environment, 2017, 112: 351-358.

[38] D Urso M G, Gargiulo A, Sessa S. A Bayesian Approach for Controlling Structural Displacements[J]. Procedia Structural Integrity, 2017, 6: 69-76.

[39] Merrell P, Schkufza E, Koltun V. Computer-Generated Residential Building Layouts[J]. ACM Transactions on Graphics, 2010, 29(6): 181.

[40] Chizhova M, Korovin D, Gurianov A, et al. Probabilistic Reconstruction of Orthodox Churches from Precision Point Clouds Using Bayesian Networks and Cellular Automata[J]. International Archives of the Photogrammetry, Remote Sensing and Spatial Information Sciences, 2017, XLII-2/W3: 187-194.

[41] Ma L, Arentze T, Borgers A, et al. Using Bayesian Decision Networks for Knowledge Representation under Conditions of Uncertainty in Multi-Agent Land Use Simulation Models[C] // Van Leeuwen J P, Timmermans H J P. Recent Advances in Design and Decision Support Systems in Architecture and Urban Planning. Dordrecht: Springer Netherlands, 2005.

[42] Ma L, Arentze T, Borgers A, et al. Modelling Land-Use Decisions Under Conditions of Uncertainty[J]. Computers, Environment and Urban Systems, 2007, 31(4): 461-476.

[43] Hume D. Chapter 3: Of the Association of Ideas[M] // An Inquiry concerning Human Understanding. New York: Oxford University Press, 2008:16-17.

[44] Cover T M, Hart P E. Nearest Neighbor Pattern Classification[J]. Ieee Transactions On Information Theory, 1967, 13(1): 21-27.

[45] Nello C, Bernhard S. Support Vector Machines and Kernel Methods: The New Generation of Learning Machines[J]. Ai Magazine, 2002, 23(3): 31-41.

[46] Chang C, Lin C. LIBSVM: A Library for Support Vector Machines[J]. ACM Transactions on Intelligent Systems and

Technology, 2011, 2(3): 1-27.

[47] Schölkopf B, Burges C, Vapnik V. Extracting Support Data for a Given Task[C] // Press A. Proceedings of the First International Conference on Knowledge Discovery and Data Mining. Montréal, Québec: 1995.

[48] 张蕴灵. 基于单幅高分辨率星载Sar影像的交通灾害信息提取方法研究[D]. 北京: 中国科学院大学, 遥感与数字地球研究所, 2017.

[49] Cao X, Chen J, Imura H, et al. A SVM-based Method to Extract Urban Areas From DMSP-OLS and SPOT VGT Data[J]. Remote Sensing of Environment, 2009, 113(10): 2205-2209.

[50] Dong B, Cao C, Lee S E. Applying Support Vector Machines to Predict Building Energy Consumption in Tropical Region[J]. Energy and Buildings, 2005, 37(5): 545-553.

[51] Lai F, Magoulès F, Lherminier F. Vapnik's Learning Theory Applied to Energy Consumption Forecasts in Residential Buildings[J]. International Journal of Computer Mathematics, 2008, 85(10): 1563-1588.

[52] Qiong L, Peng R, Qinglin M. Prediction Model of Annual Energy Consumption of Residential Buildings[C] // Tian X. 2010 International Conference on Advances in Energy Engineering. Beijing: Institute of Electrical and Electronics Engineers, 2010.

[53] Liang J, Du R. Model-Based Fault Detection and Diagnosis of HVAC Systems Using Support Vector Machine Method[J]. International Journal of Refrigeration, 2007, 30(6): 1104-1114.

[54] Li Q, Meng Q, Cai J, et al. Applying Support Vector Machine to Predict Hourly Cooling Load in the Building[J]. Applied Energy, 2009, 86(10): 2249-2256.

[55] Zhao H X, Magoulès F. Parallel Support Vector Machines Applied to the Prediction of Multiple Buildings Energy Consumption[J]. Journal of Algorithms & Computational Technology, 2010, 4(2): 231-249.

[56] Holland J H. Adaptation in Natural and Artificial Systems: An Introductory Analysis with Applications to Biology, Control, and Artificial Intelligence[M]. Cambridge, MA: MIT Press, 1992.

[57] Koza J R. Genetic Programming :On the Programming of Computers by Means of Natural Selection[M]. Cambridge, MA: MIT Press, 1992: 819.

[58] Fogel L J. Intelligence through Simulated Evolution: Forty Years of Evolutionary Programming[M]. New York: John Wiley & Sons, 1999.

[59] Schwefel H. Evolution and Optimum Seeking[M]. New York: John Wiley & Sons, 1995.

[60] 俞扬, 钱超. 演化学习专题前言[J]. 软件学报, 2018, 29(09): 2545-2546.

[61] Mitchell M. An Introduction to Genetic Algorithms[M]. Cambridge, MA: MIT Press, 1996: 2.

[62] Miller B L, Goldberg D E. Genetic Algorithms, Tournament Selection, and the Effects of Noise[J]. Complex Systems, 1995, 9: 193-212.

[63] Ziarati K, Akbari R. A Multilevel Evolutionary Algorithm for Optimizing Numerical Functions[J]. International Journal of Industrial Engineering Computations, 2011, 2(2): 419-430.

[64] Dawkins R. The Selfish Gene[M]. Oxford: Oxford University Press, 2006: 4-7.

[65] Ruiz A B, Saborido R, Luque M. A Preference-Based Evolutionary Algorithm for Multiobjective Optimization: The Weighting Achievement Scalarizing Function Genetic Algorithm[J]. Journal of Global Optimization, 2015, 62(1): 101-129.

[66] Frazer J. An Evolutionary Architecture[M]. London: Architectural Association, 1995.

[67] Goldberg D E. Computer-Aided Pipeline Operation Using Genetic Algorithms and Rule Learning. PART I: Genetic Algorithms in Pipeline Optimization[J]. Engineering with Computers, 1987, 3(1): 35-45.

[68] Goldberg D E. Genetic Algorithms in Search, Optimization, and Machine Learning[M]. Reading, MA: Addison-Wesley, 1989.

[69] Michalewicz Z. Genetic Algorithms + Data Structures = Evolution Programs[M]. Berlin: Springer-Verlag, 1992.

[70] Von Buelow P. Paragen: Performative Exploration of Generative Systems[J]. Journal of the International Association for Shell and Spatial Structures, 2012, 53(4): 271-284.

[71] 魏力恺, 张颀, 张静远, 等. C-Sign:基于遗传算法的建筑布局进化[J]. 建筑学报, 2013,(S1): 28-33.

[72] Bechikh S, Kessentini M, Said L B, et al.

4

Chapter Four - Preference Incorporation in Evolutionary Multiobjective Optimization: A Survey of the State-of-the-Art[J]. Advances in Computers, 2015, 98: 141-207.

[73] Duffy A H B, Andreasen M M, Maccallum K J, et al. Design Coordination for Concurrent Engineering[J]. Journal of Engineering Design, 1993, 4(4): 251-265.

[74] Chong Y T, Chen C, Leong K F. A Heuristic-Based Approach to Conceptual Design[J]. Research in Engineering Design, 2009, 20(2): 97-116.

[75] Wang J R. Ranking Engineering Design Concepts Using a Fuzzy Outranking Preference Model[J]. Fuzzy Sets and Systems, 2001, 119(1): 161-170.

[76] 李飚. 建筑生成设计[M]. 南京: 东南大学出版社, 2012: 140-177.

[77] Caldas L, Norford L. An Evolutionary Model for Sustainable Design[J]. Management of Environmental Quality: An International Journal, 2003, 14(3): 383-397.

[78] Caldas L G, Santos L. Generation of Energy-Efficient Patio Houses with GENE_ARCH: Combining an Evolutionary Generative Design System with a Shape Grammar[C] // Achten H, Pavlicek J, Hulin J, et al. Proceedings of the 30th eCAADe Conference. Prague, Czech Republic: Czech Technical University in Prague, Faculty of Architecture, 2012.

[79] Hou D, Liu G, Zhang Q, et al. Integrated Building Envelope Design Process Combining Parametric Modelling and Multi-Objective Optimization[J]. Transactions of Tianjin University, 2017, 23(2): 138-146.

[80] Lin S, Gerber D J. Evolutionary Energy Performance Feedback for Design: Multidisciplinary Design Optimization and Performance Boundaries for Design Decision Support[J]. Energy and Buildings, 2014, 84: 426-441.

[81] Vierlinger R, Hofmann A. A Framework for Flexible Search and Optimization in Parametric Design[C] // Proceedings of the Design Modeling Symposium. Berlin: 2013.

[82] Turrin M, Von Buelow P, Kilian A, et al. Performative Skins for Passive Climatic Comfort: A Parametric Design Process[J]. Automation in Construction, 2012, 22: 36-50.

[83] Elezkurtaj T, Franck G. Evolutionary Algorithms in Urban Planning [C] // Proceedings CORP 2001. Austria: Vienna University of Technology, 2001.

[84] Xu X, Zhang J, Zhou X. Integrating GIS, Cellular Automata, and Genetic Algorithm in Urban Spatial Optimization: A Case Study of Lanzhou[C] // Geoinformatics 2006: Geospatial Information Science. Wuhan: 2006.

[85] Vierlinger R. Octopus[EB/OL]. (2018-12-05) [2018-06-07]. https://www.food4rhino.com/app/octopus.

[86] Rutten D. Evolutionary Principles Applied to Problem Solving[EB/OL]. (2010-09-25) [2018-06-07]. https://www.grasshopper3d.com/profiles/blogs/evolutionary-principles.

[87] Rahmani M, Stoupine A, Zarrinmehr S, et al. Optimo: A BIM-based Multi-Objective Optimization Tool Utilizing Visual Programming for High Performance Building Design[C] // Proceedings of the conference of education and research in computer aided architectural design in europe. Vienna, Austria: TU Wien, 2015.

[88] Rahmani M. Optimo: Optimization Algorithm for Dynamo[EB/OL]. (2014-11-18) [2018-06-07]. http://dynamobim.org/optimo/.

[89] Thorndike E L. The Fundamentals of Learning[M]. New York: AMS Press, 1971.

[90] Mcculloch W S, Pitts W. A Logical Calculus of the Ideas Immanent in Nervous Activity[J]. The bulletin of mathematical biophysics, 1943, 5(4): 115-133.

[91] Van Der Malsburg C. Frank Rosenblatt: Principles of Neurodynamics: Perceptrons and the Theory of Brain Mechanisms[C] // Proceedings of the First Trieste Meeting on Brain Theory. Berlin, Heidelberg: Springer Berlin Heidelberg, 1986.

[92] Olazaran M. A Sociological Study of the Official History of the Perceptrons Controversy[J]. Social Studies of Science, 1996, 26(3): 611-659.

[93] Schmidhuber J. Deep Learning in Neural Networks: An Overview[J]. Neural Networks, 2015, 61: 85-117.

[94] Rumelhart D E, Hinton G E, Williams R J. Learning Representations by Back-Propagating Errors[J]. Nature, 1986, 323(6088): 533-536.

[95] Tamke M, Nicholas P, Zwierzycki M. Machine Learning for Architectural Design:

Practices and Infrastructure[J].
International Journal of Architectural
Computing, 2018, 16(2): 123-143.

[96] Kalogirou S A. Applications of Artificial
Neural-Networks for Energy Systems[J].
Applied Energy, 2000, 67(1): 17-35.

[97] Limsombunchai V, Gan C, Lee M. House
Price Prediction: Hedonic Price Model Vs.
Artificial Neural Network [J]. American
Journal of Applied Sciences, 2004, 3(1):
193-201.

[98] Phelan N. Designing Offices with Machine
Learning[EB/OL]. (2016-09-11)[2018-08-11].
https://www.wework.com/blog/posts/
designing-with-machine-learning.

4

第五章 初探建筑领域中基于网络的深度学习

在大脑中，神经元之间有一种叫做突触的连接，它们可以改变。你所有的知识都储存在这些突触里。

——杰弗里·辛顿，"深度学习之父"

In the brain, you have connections between the neurons called synapses, and they can change. All your knowledge is stored in those synapses.

—Geoffrey Hinton, "Godfather of Deep Learning"

深度学习与人工神经网络的发展息息相关[1]，因此在了解深度学习之前，我们先来看人工神经网络所经历的两次浪潮。它的第一次兴盛始于 20 世纪 40 至 60 年代的控制论 {2.2.1}，并伴随感知器的实现 [2-4]{4.5.1}，其后因为被诟病无法处理非线性问题而陷入停滞；第二次浪潮出现在 20 世纪 80 至 90 年代，随着 Hopfield 网络①、玻尔兹曼机②（Boltzmann Machine）和反向传播（Back Propagation, BP）算法的发展，含有少数隐藏层的神经网络的训练具有了可行性，这时期的方法被称为"联结主义"（connectionism）[5]{4.5}。然而由于当时的技术限制和其他机器学习方

① Hopfield 网络是为了弥补感知器无法进行 XOR 运算等多种"先天"缺憾而诞生的。它由加州理工学院的物理学家约翰·霍普菲尔德（John Hopfield）在 1982 年提出，它可以像简化版的人类大脑一样储存和检索记忆。

② 1985 年，大卫·艾克利（David H. Ackley）、杰弗里·辛顿（Geoffrey E. Hinton）和特里·索诺斯基（Terry Sejnowski）发明了玻尔兹曼机（Boltzmann Machine），它是一种借助隐变量来描述复杂关系的生成模型。

法取得了不少成果，到了 90 年代中期，投资人和研究学者对神经网络的热情逐渐消减。

　　半个世纪以来，各学派的算法都得到了较充分的发展，但机器学习还是遇到了一定的发展瓶颈，其中比较显著且共同的问题是数据表示 {5.1.1}。虽然当时的人工智能可以在通过形式化的数学规则所描述的任务上领先人类，然而在人类可以轻易掌握的感知问题上，如识别图片中的物品和辨别人们所说的话方面，计算机仍面临着不少挑战。其中关键的问题是，传统的人为提取特征的方法对于图像或文字等数据来说难以奏效，因此人工智能研究人员开始对机器学习的研究由"从人为提取的特征中学习出模式"转向"让机器自行提取特征并从中学习出模式"{5.1.2}。神经网络因其可自动进行特征提取的特性，为实现机器智能提供了一种更有效的方法，它在 2006 年前后以"深度学习"之名复兴，再次成为人工智能研究领域的主流框架 {5.1.3}。

　　在了解特征工程和深度学习的基本特性后，我们将根据三个目前较为成熟的深度学习框架进行阐述：卷积神经网络（Convolutional Neural Networks, CNN）{5.2}、循环神经网络（Recurrent Neural Networks, RNN）{5.3} 和生成对抗神经网络（Generative Adversarial Networks, GAN）{5.4}，并分别介绍它们在建筑或城市领域中的应用可能。在此基础上，进一步介绍在艺术领域大放异彩的创造性对抗网络（Creative Adversarial Network, CAN）{5.5}。在本章末尾，我们将简要介绍其他的深度神经网络 {5.6}。

5.1 自动特征学习: 深度网络

人工智能发展到20世纪80年代,专家系统{4.1.2}的发展遇到阻碍[6]。这是由于专家系统依赖于知识工程,知识必须被明确地定义和编写,如此静态且缺乏弹性的方法导致难以应对知识体系的扩大和系统复杂性的增长。此外外界动态的环境变化使知识不断地成为过去式,知识库的更新难以赶上变化的速率。

此时机器学习被认为是"解决知识工程瓶颈的关键"而走上人工智能的主要舞台。这个时期除了各个学派的机器学习方法逐步取得进展,在软硬件环境方面也相继出现了互联网、无线网络、64位处理器和各种容易学习的编程语言。对人工智能的发展而言,这似乎是一个全新的机遇与挑战并存的时代。然而,如同早期人工智能在由"知识驱动"时代中遇到了知识问题一样,机器学习于20世纪90年代末也再次遭遇到了瓶颈,这一次和数据表示有关。

5.1.1 数据表示

在经过前面两章有关机器学习内容的学习后,我们已经了解到: 若要机器进行学习,首先需要给它提供数据,才能让它从这些数据中学习出一个预测模型。

而机器学习在20世纪90年代遇到的瓶颈,就是在提供给机器学习的数据上。当时,这些数据一般都经由研究人员处理为特征后,再传入给机器学习模型。例如,当我们需要使用一个基于机器学习的模型来判断某住宅的属性是改善型还是经济型时,首先需要研究人员"告诉"该模型若干个与这两类住宅相关的信息,例如是否具有专门的保姆房或者卫生间的数量等。这些可用于区别不同事物的关键信息即特征。在传统的机器学习中,"告诉"这个工作意味着: 研究人员不但要合适地找出这些关键数据,还要用机器学习模型能够处理的方式来表示 (represent) 这些数据,否则机器将无法理解传入的信息。

　　一个机器学习模型的性能非常依赖于训练它的数据, 特别是数据表示的方法。以机器学习的常用算法——支持向量机 {4.3.2} 构建的模型为例, 它需要学习已经被研究人员处理好的特征(通常用数值或离散值表示)与输出结果之间的关系, 以期待未来可以根据新的输入数据, 输出合理的预测结果。但是如果我们直接将没有进行过特征表示处理的图像数据(例如一张位图格式的某住宅外立面图像)作为新的输入信息, 传入一个已训练好(基于数值或离散值表示的训练数据集)的支持向量机模型, 此模型将会无法输出结果,因为它并不能理解图像与之前它学习的特征之间存在的关系。因此, 即便相同的数据内容, 它的表示方式也会对机器学习的算法选择产生重要影响。也就是说, 传统的机器学习算法在很大程度上依赖于数据特征的表示。

　　即使研究人员认识到数据表示的重要性, 也在积极推进这方面的研究, 但仍然遭遇瓶颈。其主要原因在于, 要合适地表示特征比我们设想得困难很多。例如, 我们想要构建一个机器学习模型来帮助检测图片中是否存在住宅楼。由于住宅楼有窗户, 那么"是否有窗户"可能就会被首先直觉地选择为一个特征。接下来如何让机器学习模型"知道"住宅楼的哪个部分是窗户呢? 也许我们人类能够简单地用语言来描述一个"通常是矩形的, 外框是金属或者木材, 内部是玻璃"的部分是窗户, 但如何让计算机来理解这样的描述呢? 研究人员尝试使用像素表示窗户这一特征。可惜的是, 尽管像素可以较为准确地描述出车轮的几何形状, 但图像在不同场景下(例如阴影遮挡、阳光反射等)可能会有几何形状不完整或者反射光线影响等问题。

　　这些干扰对人类来说很容易排除, 并不会影响我们对"窗户"这一特征的认知, 但使用像素学习的机器就很难排除这些干扰了。针对这些困难, 研究人员最终想到了一个办法: 难以通过明确命令的方式指导机器的任务, 就干脆让机器自己学习。也就是说提取特征的工作从人类转移给机器自己去发现表示本身, 这就是由机器进行的表征学习(representation learning)。

5.1.2 表征学习

如何让机器自主地学习需要理解的对象呢？更确切地说，如何让机器自主学习各种难以被描述的特征？还是以图像为例，任务是让计算机识别出图中的对象（锐角、玻璃幕墙等）以及理解图中的情景（玻璃幕墙立面的角锥体建筑）[7]（图 5.1.1）。从直觉和经验来看，我们通常会把一个问题分解成若干个子问题以及相应的多层级表示。一种合理且常见的方式是将原始像素表示（图中的向量）逐渐转换为更抽象的层级化表示，例如，从边缘的存在开始，检测更复杂但局部的形状（如锐角），直到识别图片中的子对象或者对象所属的抽象类别（玻璃幕墙、角锥体建筑），并将所有这些组合在一起以捕获对场景的足够理解，最终回答关于该图片的问题。

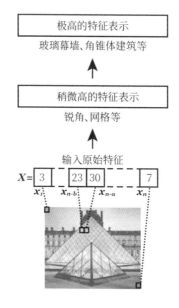

图 5.1.1 图像识别中层级化的表示

表征学习是实现以上过程的方法，它们是一系列允许系统自动发现特征检测或原始数据分类所需的表示的技术，并取代了人工提取特征，允许机器学习特征并使用它们执行特定任务。由于其重要性，表征学习已经发展成为机器学习里的一个重要分支，在 NIPS[1]、ICML[2] 等重要人工智能会议上定期开展研讨会，并且成立了自己专门的学术会议——ICLR[3]。

　　用于自动特征提取的一种经典方法是自编码器（autoencoder），它的确切起源已不可考，但自编码器的思想一直是神经网络历史的一部分[8]。自编码器的一般结构包含一个编码器（encoder）和一个解码器（decoder）（图5.1.2）。编码器首先把一个 n 维的输入压缩成一个 m 维的表示（其中 n>m），接着通过解码器解码，输出与原始输入有最小误差的重构结果。

原始输入　　　　　　压缩码　　　　　　重构输入

图 5.1.2 自编码器的一般结构

　　当自编码器可以尽可能保留原始输入信息，又能让重构后的信息更便于机器"理解"时，我们就说这个自编码器的性能较好。传统的编码器和解码器是对数据压缩和近似的一个过程，在性能上仍有很大的不足，所以需要设计出更多层结构的模型，也就是深度的自动编码器（Deep Autoencoder）。但是要设计出这样的自编码器算法并非易事，因为这要求自动提取特征的学习算法能够自己"判断"出一些不可见的影响因素，这意味着这些算法需要从原始输入中提取出高度抽象的，而不是能够直接感知（可看见、可观测）到的因素。表征学习对于如何提取这种高层次抽象的特征是无能为力的。至此，我们就要引出本章的主角——深度学习（Deep Learning）。正是由于深度学习解决了对这种高抽象特征的简单表示，才成为了当下机器学习领域最闪亮的明星。

① NIPS (Conference and Workshop on Neural Information Processing Systems)，神经信息处理系统大会，是一个关于机器学习和计算神经科学的国际会议。

② ICML (International Conference on Machine Learning)，国际机器学习大会。

③ 全称为 International Conference on Learning Representations，国际学习表征会议，于 2013 年成立且每年举办一次。

5.1.3 深度学习

在进入深度学习的具体概念之前, 我们需要先追溯一下"深度学习"这个词的来历, 这会有助于理解为何它会与人工神经网络有无法脱离的关系。

根据人工智能领域的共识, 20 世纪 80 年代和 90 年代兴起的多层神经网络 {4.5.2} 已经算是深度学习的早期模型, 只是当时它并不是以"深度学习模型"这样的称呼存在的。那进入 21 世纪, 为什么又要造出一个新词来表示多层神经网络模型呢? 虽然没有权威说法, 但这可能是因为在 20 世纪末, 神经网络和反向传播算法在很大程度上被机器学习学术圈所抛弃, 在计算机视觉和语音识别方面的研究也被忽视。当时人们普遍认为, 学习有用的、多层级的、具有很少先验知识的特征提取器是不可行的。特别是当时人们认为简单的梯度下降会陷入局部极小值的困境, 即在局部极小值周围, 不会有小的权重变化可以降低平均误差 [9]。

幸而由于辛顿等学者的坚持研究, 训练多层神经网络变得可行且高效, 因此联结学派以"深度学习"之名全面回归, 甚至在一定程度上带动了公众对人工智能的积极回应。需要澄清的是, 尽管深度学习的重要灵感来源是神经科学, 它的架构是联结主义的人工神经网络, 但神经科学已经不再是深度学习的重要指导。这主要是因为受限于目前自然科学的发展水平, 我们还没有足够的关于大脑的信息可以作为模仿参考, 所以尽管媒体报道经常强调深度学习与大脑的相似性, 但现代深度学习本质上不是在尝试模拟大脑, 而是从许多领域获取灵感, 特别是应用数学的基本内容如线性代数、概率论、信息论等。

当前人工智能技术在特定的感知计算方面极为高效, 甚至有超越人类的表现, 这得益于三个要素 [1]。第一, 计算机硬件性能极大提升, 很多过去看似不能实现的、依赖大内存及高运算能力的机器学习算法变得可行。第二, 随着互联网、移动互联网及物联网的普及, 数据的量级、丰富度和可达性大幅提升, 为机器学习模型提供了大量训练数据。而第三个要素正与深度学习有关。建立在神经网络优化基础上的深度学习是一种对数据进行表征学习的算法。这意味着深度学习的多层结构可以通过较简单的表示来表达复杂的表示，解决了表征学习，即特征工程中的核心问题。深度学习的"深度"体现在神经网络的层数上，该多层结构让计算机能够对图像、音频、视频等数据进行由简到繁的感知计算。

让我们再回顾一下传统的人工神经网络，它包含三层：输入层（input layer）、隐藏层（hidden layer）和输出层（output layer）。以有监督学习为例，学习算法的目的是找到一个能把一组输入最好地映射到输出的函数，也就是不同层之间的神经元关系由计算机从数据中自主"学习"得出，例如分类任务，即通过输入图像让机器输出图像的对应的类别。由于几乎所有的神经元都要致力于找到输入与输出之间的关系，浅层的神经网络只能接收已经定义好的特征，而无法通过输入原始数据让机器自主学习到未被定义的抽象特征，再把特征与结果关联。因此这种数据处理模式非常依赖人为的特征表示，即人为定义代表某概念的有效信息。

而深度学习则把神经网络的拓扑结构由三层扩展到多层，从而打破了三层的神经网络无法从较原始的数据中学习到未被表示的抽象特征这一局限（图 5.1.3）。在深度学习模型中被增加的是中间隐藏层的数目，用于自动提取特征，由此实现对数据的抽象处理，来应对高维度、体积庞大的数据集。

例如，在图像识别时，第一个隐藏层可以通过比较相邻像素的亮度来识别简单的线条（边）；第二个隐藏层则从前一层的结果中学习识别边的集合组成的轮廓（如圆形）或者角；第三个隐藏层由轮廓集合或者角集合检测特定对象的某个部分，如动物的爪子、皮肤的纹理等。依此类推，每升高一层就学习越来越多的抽象特征，最终根据检测到的部分识别图片中存在的对象。而"学习"过程实质上是一个在各层神经元之间拟合出最适合的权重关系的过程。

除了可以进行自动的特征提取，深度网络的性能表现也明显优于传统的基于神经网络的学习算法。传统的神经网络学习算法在数据量级到达一定程度后，便会进入性能停滞期。而大型多层神经网络的性能却能随着数据量级的增长而提高，不像中小型神经网络在数据量级达到一定程度之后就进入性能平原期（图 5.1.4）。因此深度学习近几年得到重视和极速发展还因为其在处理大体量数据上的优势。

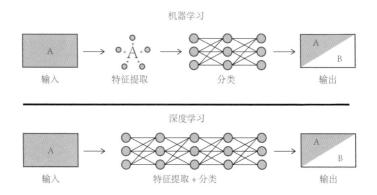

图 5.1.3 深度学习不需要人工参与特征表达环节

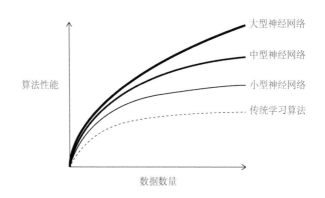

图 5.1.4 不同尺度的神经网络学习与传统机器学习的算法性能比较

深度学习的核心概念，如反向传播算法和玻尔兹曼机等，早在 20 世纪八九十年代就被提出，那么它为何从 2006 年才开始进入爆发期呢？这是多方面因素导致的，其中最重要的原因是计算机算力的提升，其他还有诸如大体量标签数据集的出现以及图形处理器单元（Graphic Processing

Units, GPU) 运算技术的发展等。

　　在对数据的依赖上，深度学习就像是一个需要很多燃料才能持续燃烧的熔炉。21 世纪之后通信技术的进步使得数据可以被大规模生产和存储，于是深度学习终于有了足够的燃料 (训练材料)。在运算方面，一直存在一个误区，公众普遍以为深度学习模型的训练需要借助非常高级的硬件。虽然深度学习的发展的确在很大程度上依赖于计算机硬件水平的进步，但更具体地来说，这里强调的不是传统算法运算所依赖的中央处理器 (Central Processing Unit, CPU)，而是擅长并行计算的 GPU。

　　除了大数据及高性能 GPU 的出现，深度学习的发展还得益于算法的改善。传统上使用梯度下降法训练的神经网络存在三大问题: 权重的初始化、学习率和局部最低点。其中，神经网络权重的初始化问题很大程度上被辛顿等科学家发明的"贪婪逐层预训练"解决了。而关于神经网络的训练容易困在局部最低点 (通常最低是指与原来正确值之间相差的极小值，因此可以体现最优) 从而无法获得全局最优解的问题，杨乐昆 (Yann LeCun) 等人在《深度学习》一文中指出，在大型神经网络的实际应用中，局部最小值并不是一个大问题。在一个数学模型的可视化空间中，因为目标函数所呈现的"山岭"形状包含的"洼地"，所以其中多数其实是所谓的"鞍点"[1] (saddle point)。虽然在这些点梯度的取值为 0[2]，但它们已经非常接近全局最小值，并不影响实际的应用效果[10]。

　　深度学习算法近年的另一个重大改善是修正线性单元[3] (Rectified Linear Unit, ReLU)，即一种激活函数[4]。在 2011 年它被首次用于训练深

---

① 　一个不是局部极值点 (极大或极小值) 的驻点称为鞍点。鞍点这个词来源于不定二次型的二维图形，像个马鞍: 在 x 轴方向往上翘，在 y 轴方向往下曲。

② 　在中学我们知道梯度为零代表该点处于某一拐点，也可以理解为变化的起点，因此有可能是任一极值。

③ 　也有文献翻译为线性整流器。

④ 　激活函数在神经网络中的重要作用体现在它可以使输出趋近为非线性函数。如果没有激活函数，对于分类而言，神经网络学习到的分类曲线是由很多线性的直线去逼近的，自然没有平滑的曲线来得效果好。

度网络，该激活函数能够在引入非线性的同时有效地抑制梯度消失问题 [11]。与 2011 年之前广泛使用的激活函数相比，如 S 型函数（Sigmoid）和更实际的双曲正切（hyperbolic tangent），修正线性单元在截至成书之日，仍是深度神经网络最受欢迎的激活函数 [9]。

近几年，数据的量级仍在持续增长，计算机硬件水平也在持续提高，深度学习的发展因此越来越蓬勃。近年微软及谷歌（Google）在语音识别领域都取得了可喜的进展。2012 年，深度神经网络（Deep Neural Network, DNN）技术在图像识别领域取得突破性成果 [12]。这一年，辛顿课题组首次参加 ImageNet 图像识别比赛，其深度卷积网络 AlexNet 一举夺得冠军，且以绝对性优势领先第二名（第二名的团队采用了 SVM）的分类性能。也正是由于该比赛，卷积神经网络（Convolutional Neural Nets, CNN）吸引了众多研究者的注意。

因此，深度学习的重要特点是，通过一种具有"深度"的神经网络，从高维数据如图像、文本和音频等，自主发现低维且紧凑的特征表示，这种自主的特征学习使得传统上特征工程对专业知识的依赖性大大降低。同时，通过将归纳偏置 ① （inductive biases）引入神经网络的架构中，尤其是多层次的特征表示，机器学习的实践者在解决维数灾难上取得了有效进展 [13]。深度神经网络的普适性、表达性和灵活性使传统上难以处理的计算任务更容易，或更具有可行性。近年来深度学习极大地发展了语音识别、视觉对象识别、物体检测、无人驾驶、药物发现和基因组学等许多其他领域的最新技术。这些成就帮助深度学习和人工智能跳出受众狭小的学术圈子，一跃成为公众传媒上的焦点，并激发了其他行业和公众的想象力。

---

① 也称为学习偏置。机器学习为了预测某个目标，我们需要为其提供训练样本，这些样本说明了输入与输出之间的预期关系。当机器学习在逐渐逼近正确的结果时，难免会遇到找不到匹配的输出的情况，即训练样本中从未出现。若没有其他额外的假设或限制，计算任务就很难推进下去，毕竟结果具有太多可能性。因此我们需要进行归纳偏置，即对目标函数的假设进行设置，例如在数学模型中找到最小的边界（支持向量机）、最少特征数量（特征选择算法）、最小的相邻距离（最近邻算法）等。

5.2 图像处理的突破: 卷积神经网络

在图像识别方面较为常用的深度学习框架是卷积神经网络（Convolutional Neural Network, CNN），它是在多层感知器（MLP）的基础上发展而来的人工神经网络[14、15]。图像数据在 CNN 中被分解成不同的像素层，该模型从输入的图像数据和输出的结果中学习它们之间的映射关系，而不需要任何精确的数学表达式。使用已知的模式对卷积神经网络加以训练，训练好的模型能够反映输入—输出之间的映射关系。

自 2012 年亚力克斯 · 克里哲福斯基（Alex Krizhevsky）利用 CNN 赢得了当年的 ImageNet 竞赛（被认为是计算机视觉领域的年度奥运会），将分类错误率的记录从 26% 降至 15%（在当时是非常大的改进）以来，CNN 被广泛应用于互联网行业，如脸书（Facebook）的自动标记算法、谷歌的照片搜索算法、亚马逊（Amazon）的产品推荐算法、Instagram 的搜索框架等。

这给设计行业带来了新的启示。除了基于建筑设计逻辑的算法，在建筑设计的整体性方面需要考虑的很多内容不能被清晰地描述为特征，但也许可借借助 CNN 来表达这些特征之间的关系。另一方面，城市数据的大量积累和 CNN 模型的发展使得对图像的识别和预测性能有超常的表现，给借助该模型对城市数据进行分析提供了理论依据。可以预见，深度学习算法模型不仅可以为城市未来的发展提出有效的策略性指导，也可以帮助人们更智能地管理城市。

5.2.1 带有卷积层的多层神经网络

CNN 最初被用于处理图像识别的问题，故而它擅长处理位图数据，即由像素构成的数据。被训练好的 CNN 可以处理图像的分类、回归和聚类等问题。训练 CNN 除了需要一定量级的数据: 对于处理分类、回归这类问题，还需要使用带有标签的数据让 CNN 进行有监督学习; 而处理聚类问题属于无监督学习，不需要对图片进行标注。

简单来说，CNN 的学习过程是不断地调整神经网络中每个神经元的权重（weight）以及每个功能神经元[1] 阈值（threshold）的过程，权重和阈值实质上表述了被输入的图像特征与最后的输出结果之间的关联程度。例如训练一个基于输入图片判别其属于类别 A 还是类别 B 的 CNN 模型时，此神经网络中的权重和阈值就是用于描述所输入图片中的特征和分类之间的数学关系。

在明确了权重和阈值的重要意义之后，我们可以认识一下训练样本通过 CNN 而被分类的典型过程（图 5.2.1）。

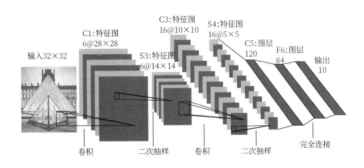

图 5.2.1 一个典型的CNN结构
此CNN结构是杨乐昆于在1998年提出的LeNet-5

CNN 本质上是一个具有卷积层的多层神经网络，该结构包含了输入层、隐藏层和输出层。隐藏层则包括了卷积层[2]（convolution layer）、池化层[3]（pooling layer）、修正线性单元（Rectified Linear Units, ReLU）

---

[1] 我们在 {4.5.1} 中谈到过功能神经元的定义，它是指拥有激活函数的神经元。

[2] 卷积其实质是一种数学运算，被广泛地用于化简等式。卷积运算的性质使特征图保留了原图中像素与像素间的关系。因此 CNN 相较与多层感知器而言，使用了卷积层来自动提取图像中的特征，再传递给输入层的神经元，这就免去了人工提取所需要的大量繁杂的工作。

[3] 池化层也称次级采样层（subsampling），用于保留样本最显著的特征，简化卷积层的输出信息。池化层根据采用的采样方式的不同，可分为 maxpooling 或者 average pooling 等。

层 ① 和全连接层 ②（fully connected layer）等 ③，可看作由相连的神经元组成的神经网络；输出层则为判别结果。

在一个经典的 CNN 模型中，从图片像素转化来的数字矩阵作为输入，首先进入第一个卷积层。在卷积层中，输入矩阵与卷积核 ④（Convolution kernel）卷积相乘，得到一个新矩阵，即特征图（feature map）。其后特征图将通过池化层被精简数据量，即降维，最大程度地保留特征信息。之后数据再进入下一个卷积层，然后再次被池化。带有不同卷积核的卷积层实现了对图像的多种操作，如边缘检测、轮廓检测、模糊化、锐化等。此外，通常还会在卷积层之后使用修正线性单元层，以避免随着网络层数增加引起的梯度消失问题 ⑤。经历了所有卷积层、池化层和修正线性单元层后，被计算机自主提取的特征抵达全连接层。

全连接层通过激励函数（如带损耗的逻辑回归函数）对图像数据进行分类，最终输出结果以概率表示输入图像属于某个类别的可能性大小。至此，这张图像完成了一次前向传播（forward pass）。由于初始权重为随机值，故输出值与其标签值之间的初始差距是一个不可控的数值。将此差距使用损失函数 ⑥（loss function）来度量，并将此误差反向传播（backward pass）一次，并在传播过程中逐一对神经元的权重及阈值，以及卷积核的权重进行调整更新（以减小误差为目标更新）。当一个批次 ⑦（batch）内的所有图片都完成了一次权重更新，就称为完成了一次迭代（iteration）。当所

---

① 修正线性单元层，即一种常用的激活函数。

② 全连接层在本质上是含有输入层、隐含层以及输出层的多层感知器。目前也有人直接使用卷积层来取代全连接层。

③ 结合最近的模型和算法，批标准化（Batch Normalization）也是常用层。

④ 简单来说，卷积核是用于对样本提取特征所使用的数字乘子。卷积核的大小和个数都可由用户指定，需要根据实际情况来确定的。

⑤ 梯度消失指梯度变得很小，使得无法继续调整权重的大小，但如果此时权重仍没有达到适合的值就导致模型的精度不符合期望。

⑥ 损失函数的最小值的求得，通常使用梯度下降方法来优化。

⑦ 训练样本的总数量可以被分为若干组，其中一组就做一个批次。当训练样本量很大时，分批次是十分必要的。

有批次内的图片完成了一次权重更新，就称为完成了一期 ① (epoch) 训练。可以将图片进行多期训练，多次调整权重，直到得到性能较好的模型。

训练好的 CNN 模型主要用于预测，当给其一个新的输入时，模型就可以给出一个预测的结论，用于解决回归、分类和聚类等问题。

5.2.2　卷积神经网络在建筑领域的应用探索

CNN 被建筑领域探索及应用主要是在 2016 年以后，这时深度学习的技术已经进入相对成熟的应用阶段。随着不断发展，CNN 擅长的识别性能从二维开始往三维进行扩展。由于建筑学仍以视觉为主，所以关于 CNN 在其中最为直观的思考与探索即是对研究对象如图像和三维形体进行特征提取，用于设计前期的分析、预测甚至是构造。

在三维的建筑空间中，建筑元素如柱子、墙体、屋顶等之间的不同组合可以创造出多个不同的空间体验。我们常说建筑风格，这些风格之所以被区分开来，就在于不同的建筑元素特征和它们之间的不同组合关系，从而为我们带来独特的视觉和空间体验。

为了有效地找到一种可以识别三维空间体验的方法，来自麻省理工学院的彭文哲等人于 2017 年试图通过二维的图像数据来找到对应的空间体验特征 [16]。他们首先使用了三维等视域 ② (3D Isovist) 技术将三维的建筑空间通过一系列的二维图像进行表达，这些图像数据纯粹地表示了某个具体空间的特征，如空间的边界等。接着这些二维图片和带有空间特征标签的数据进行有监督学习，基于 CNN 训练出分类模型。由于此数学模型学习了如何从二维图像来判别某个建筑空间的特征，这样就可以试图去分析某个建筑中各个元素组合关系的占比。其中有趣的是，此模型可以分析出巴

---

① 　一期是指所有的样本完成了一次训练。

② 　三维等视域是从空间中的给定点可见的空间体积以及该点的位置的规范。等视域自然是三维的，但它也可以在两个维度上进行研究：水平部分或通过三维等距的其他垂直部分。物理空间中的每个点都有一个与之相关的等视域。它在建筑领域可用于分析建筑物和城市区域，通常作为空间句法 (space syntax) 中使用的一系列方法之一。

塞罗那德国馆 [1] 中占比最多的空间特征是由单片墙构成的空间。

　　普林斯顿大学的一组学生试图在搭建一个木构的过程中，各个木构件的空间位置是通过 CNN 和其他算法基于当前状况进行下一步的安装预测，让机械臂可以进行实时搭建结构。首先从"样本结构"中得出各种数据格式，包括了实时照片、机械臂位置和构件信息 [17]。CNN 的作用是训练出当前构件位置和机械臂动作之间的映射关系。接着，该模型可根据当前所拍摄的图像分析状况后，预测（推荐）下一步机械臂的动作。如此一来，在没有预先设计结构的形态和规划机械臂空间路径的情况下，实现了让计算机自主计算每一步最优的空间位置，逐步完成整个结构的搭建。

　　CNN 除了可以用于图像的识别，让建筑设计受益于分析、预测等阶段外，还可以参与到设计"从无到有"、有关创造力的核心阶段中。2016 年日本庆应大学的学者提出使用 CNN 的生成图像的能力，辅助建筑师去"想象"从未见过的图像，从而激发设计的灵感 [18]。通过使用 DeepDream [2] 软件，将输入的建筑图片生成如陷于梦中般的幻境图片；使用风格迁移技术 [3]（Style-transfer），将输入的建筑图片转化为某些特定的"风格"（可以在视觉上具有某位建筑师风格的形态，或者是使用某种特定的材料等）。

　　分类模型除了前述所聚焦在二维图像上之外，近期研究人员也试图探索其在三维空间或物体上的分类，也就是三维 CNN（3D CNN）。为了实现机器人可以在真实的世界中识别三维物体，马图拉纳（D. Maturana）等人于 2015 年基于 CNN 原理提出了 VoxNet，一种可以通过三维的点云数据来识别现实世界中的三维物体的技术 [19]。

　　基于类似的三维 CNN 的概念，美国内布拉斯加大学林肯分校的牛顿·大卫（D. Newton）尝试建立一个可以将三维建筑模型分类的模型，分类的

---

[1]　这是密斯·凡·德罗（Mies van der Rohe）于 1929 年所设计的世界博览会德国国家馆。此建筑的重要特点之一就是通过简单的建筑元素来构成整体的空间设计。

[2]　DeepDream 是由谷歌公司工程师亚历山大·莫尔德温采夫（Alexander Mordvintsev）创建的计算机视觉程序，使用卷积神经网络通过 Pareidolia 算法查找和增强样本图像中的某些模式，最终获得某种梦幻风格的图像。

[3]　风格迁移技术是指通过计算机将图像样本处理为具有某种指定风格的新图像。

依据是三种建筑类型: 空间单体聚落、裙楼和塔楼, 这样一来可以通过量化的方式分析建筑的形态[20]。

除了以上的尺度, CNN 也可以应用到处理更大量级的图像数据, 这在城市方面的应用尤为常见。一些城市学者认为人类是借由感官, 如视觉、嗅觉和温度等, 来感知城市的, 而城市中最直接被感知到的市容被认为与市民的行为举止、安全和健康等有着强烈的关联性。然而传统上基于明确特征的表达方式在描述这些抽象概念时较为困难。因此, 杜贝 (A. Dubey) 等人通过一种简单评分游戏形式作为用户使用界面, 让公众参与对 10 万张横跨 56 座城市的街景图像数据集提高 6 个类别的标签: 安全、活力、无趣、富裕、低落和美丽[21]。有了这些带标签的图像数据并基于 CNN 建立识别模型后, 该团队再使用新的城市数据来进行测试模型的准确率, 试图建立一个可全球使用的基于城市的外表与市民感知之间关系的街景识别模型。

奈克 (N. Naik) 等人则利用计算机视觉技术识别分析不同时期的街景图像以寻找街道物理空间上的变化, 接着将这些差异的部分与非图像数据如经济和人口数据等 (包括了教育程度、经济状况、民族) 进行匹配, 从而找出哪些因素与特定地区的社区改进有显著的关联性[22]。

另外, 日本城市大学于 2017 年训练出一种用于识别复杂城市空间品质的模型, 预期这种建模框架可以用于对城市空间中所发生的某些特定事件 (如犯罪等) 进行预测。他们使用游戏引擎高效地生成了大量第一视角的全景图片, 并请建造工程专业的学生佩戴 Oculus Rift[①] 进入第一视角, 在真实的体验感下为城市空间品质打分, 并以此作为数据标签[23]。

埃利瑞塔 (S. Arietta) 等人尝试将城市的市容与非视觉属性之间的关系, 如犯罪率、房价、人口密度等数据建立预测模型[24]。在给定一组美国 6 个城市的街道级别的图像和相应的属性数据, 并识别出图像中的可视元素后, 通过回归算法学习各元素之间的权重。该团队发现视觉元素和城市属性数据可建立一个预测犯罪率的模型, 其中包括盗窃率、人口密度和

---

① Oculus Rift, 是由 Oculus VR 公司开发的一款头戴式虚拟现实显示器。

涂鸦等危险感知因素。最后提出了该模型可应用于定义城市社区的可视边界、根据城市属性的偏好生成步行方向和对用户指定的可视元素预测进行验证。

除了前述使用的街景图，卫星图训练 CNN 模型用于城市的分析和预测方面也有积极作用。美国华盛顿大学的玛哈丽娜（A. Maharana）等人基于 CNN 的原理尝试挖掘肥胖率与物质环境之间的关联性[25]。对 4 个城市的肥胖率分布与高清卫星图和 POI 数据进行分析后，发现在不同肥胖流行率的地区的关键变量可能不同，例如一些与健康、饮食和锻炼直接相关（如健身房、餐馆、面包店、超市、保龄球馆等），而另一些则可能与社区特征有关（如绿化、宠物店、休闲汽车公园等）。

同济大学的叶宇等人结合街景图和卫星图进行了有关城市绿化方面的研究。他们使用 SegNet[1] 提取谷歌的街景视图图像中天空、人行道、车道、建筑、绿化等要素，用于计算图像中的绿化可见度，与街道的可达性进行叠合分析，再通过卫星遥感照片中的绿化率对比，发现绿化率难以准确匹配市民日常生活中的绿化接触度。这就为未来城市绿化政策的制定提供了更科学的指引[26]。

在更大的尺度方面，城市用地分类（Land Use Classification）对于城市区域规划、地产建设、商用许可和基础设施发展来说具有重要的参考价值。对于没有经济支撑的城市来说建立这个分类系统极为困难，因此美国麻省理工学院的阿尔伯特（A. Albert）等人基于 CNN 的原理，以大规模的遥感卫星图像作为训练数据集，建立了可应用到个别城市的用地分类模型[27]。马格里（E.Maggiori）等人基于 CNN 的原理建立了一个可以在多重分辨率数据下学习空间特征的分类模型[28]。这意味着此模型可以涵盖不同层级的细节，在结合分值的数据映射后可以作为一个城市评估系统。

对于任何有监督学习来说，除了算法的选择之外，另一个要点是构建训练数据集。目前有些监督学习任务虽然有免费开放的带标签数据集资源，

---

① SegNet 是由巴德里亚纳（V. Badriinarayanan）等人于 2016 年提出，用于图像语义识别的卷积神经网络架构。

但是不少有特定需求的监督学习任务却很难找到可以直接使用的数据集。

目前数据的标签任务有人工和自动两种方式。传统的人工方式由外包公司负责, 如亚马逊机械特克 (Amazon Mechanical Turk) 和中国内地的一些培训机构将标注标签的任务分配给廉价劳工。面对只需要基本常识的标签任务, 这种承包方式一般可以满足需求, 但是当面对需要更多专业知识的标签工作时, 承包方式可能产生较高的错误率。因此一些人工智能研发公司会雇佣特定专业背景人员参与标签标注的任务, 以确保机器学习的数据质量。

另外, 为了有效地拓展参与人员范围、数据的实时更新和安全性, 以及在移动互联网逐渐普及的背景下, 标注标签的工作可以在移动端或网页游戏中完成, 而不需要借助额外下载到本机的应用程序, 或到特定的地点使用特定的计算机。这种有趣且随时随地可接触到的交互形式使自动分类和图像标签等任务变得更加容易。

2011 年麻省理工学院的 "Place Pulse" 项目使用一种类似于游戏的方式收集大量关于城市外观的众包数据集, 要求人们从成对的数据根据评估问题进行择一, 如选择哪个城市场景看起来更具有安全性 [29]。莎拉希里亚 (C. Seresinhe) 等人基于 CNN 原理从英国各地的 20 多万张户外图片中提取了数百个特征, 让市民在在线游戏场景中进行评分, 以加深对市民所认为的城市美丽户外空间的理解 [30]。

5.3 处理序列数据的网络：循环神经网络

在上一节中，我们看到 CNN 在处理图像识别领域有着广泛应用，但在一些情况中我们可能需要处理依赖时间变化的问题。例如，如果需要预测一段连续文字中下一句话的主语，CNN 或传统的神经网络就难以发挥作用，因为尽管其每一层的神经元都是全连接的，但是在展开的时间序列上，神经网络之间并没有联系，也就无法完成预测。此时就需要另一种神经网络类型——循环神经网络（Recurrent Neural Network, RNN），它具有类似人脑的"记忆"功能，能够将计算结果在自身的网络中循环传递，可以接受时间序列结构的输入，以使得序列中的信息不被丢失。

由于计算时考虑到了时间序列，因此 RNN 可应用于数据样本涉及序列的场景，如自然语言处理（Natural Language Processing, NLP）、语音识别、手写识别等。目前苹果操作系统 iOS 的人工智能助手 Siri、亚马逊的 Alexa 和谷歌的 Allo 都是基于 RNN 来实现语音识别和交流预测。此外，自动驾驶领域也会使用 CNN 和 RNN 的结合来获得更加平滑的自动驾驶效果。在本节结束前，我们也会进一步介绍目前 RNN 在建筑和城市领域的探索性研究。

5.3.1 循环的网络

作为一种在时间上递归的深度神经网络，与 CNN 这类向前传输或反馈的有向无环图不同，RNN 是有向有环图（图 5.3.1）。除了和 CNN 一样在信息传递上具有方向性，RNN 的不同之处在于信息传递具有循环性。由于考虑到时间序列因素，该神经网络需要具有一定的保持信息的能力，也就是一种模拟人类"记忆"的方式。从该图中可以看到，等式左边表明，RNN 的结构在本质上仍然是由输入层 X、隐藏层 A 和输出层 h 构成的神经网络；等式右边则指出，RNN 还拥有在时序上不断重复自己的另一个展开结构。

读者可能还记得，我们在前一章第 2 节介绍贝叶斯学派的概率图的时候，提到过作为有向无环图的隐马尔可夫模型（HMM）。值得注意的是，尽管它在结构上和展开的 RNN 类似，也因为可以处理有关时间序列的问题而同样被应用到自然语言处理等方面，但是 HMM 的实质是概率模型，而 RNN 是人工神经网络。

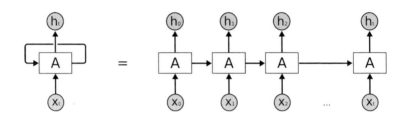

图 5.3.1 一个展开的标准RNN结构
X代表输入层; A是隐藏层; h是输入层

长短期记忆网络（Long Short-Term Memory Networks, LSTM）是一种特殊的 RNN, 于 1997 由赛普·霍奇莱特（Sepp Hochreiter）和尤根·施米德休（Jürgen Schmidhuber）首先提出，用于解决标准 RNN 中的梯度下降问题 [31]。由于它的有效性，诸多学者对其加以改进和推广，目前已经获得了广泛使用。

　　LSTM 的链式结构和标准 RNN 并没有区别，但 LSTM 将标准的 RNN 隐藏层中较为简单的神经元组合（即上图中的 A 部分）取代为“记忆细胞”（memory cell），或者叫做 LSTM 模块（图 5.3.2）。任意时刻 ① 的记忆细胞都要接收三种信息的输入。其中两种来自于上一时刻: 一种是上一时刻的记忆细胞状态，另一种是上一时刻记忆细胞的输出; 而第三种信息是这一时刻的记忆细胞输入。

---

① 除开第一个和最后一个时刻。

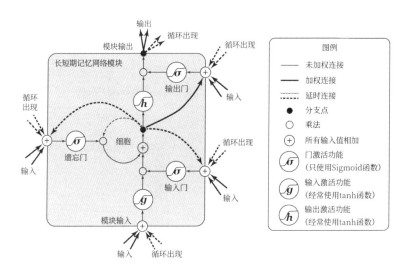

图 5.3.2 一个典型的"记忆细胞"结构

　　"门"是记忆细胞中的一个重要概念，其本质是激活函数[①]（activation function），用于保护和控制（增加或删除输入信息）细胞状态。记忆细胞中主要有三种门：遗忘门（forget gate），输入门（input gate）和输出门（output gate）。通过门的使用，一方面可以有效地防止梯度消失，另一方面可以实现在时间序列上的"记忆"功能。以下将详细陈述在任意非首尾时刻，LSTM 神经网络的信息向前传递的过程。

　　首先，遗忘门将上一时刻记忆细胞状态进行一定程度的"遗忘"，输入门将上一时刻的细胞输出和这一时刻的新输入一起处理为新的输入，前述遗忘门和输入门的处理结果将被线性相加后得到这一时刻的新的细胞状态。随后，输出门会在新的细胞状态下产生这一时刻的输出。最后，这一时刻的新细胞状态和输出将会传给下一时刻。

　　RNN 的训练和 CNN 类似，还是采用反向传播算法，只是需要对在时

[①]　激活函数的作用是用于加入非线性因素，以找到线性边界。常用激励函数有 sigmoid, tanh, relu 等。

间上展开的每一个神经网络都进行反向传播计算, 称为沿着时间的反向传播算法 (Backpropagation through time, BPTT)。

5.3.2 循环神经网络在建筑领域的应用探索

尽管 RNN 主要擅长的领域是文字或语言 [32, 33], 但已有建筑和城市领域中的学者试图探索 RNN 的应用可能性, 尤其是在需要考虑时序性的问题上。

由于建筑材料的物理性能在一定程度上会影响设计的形式表达, 所以若在设计早期充分考虑材料性能, 对于建筑师来说会更好地控制建筑形式。但要获得材料的性能模型, 需要在知道材料物理性能的前提下进行手算或电算。由于这种计算基本上是一种近似计算, 而且会极大挑战建筑师的知识与技能 (传统上这是工程师的任务), 所以如果能避开计算而直接获得材料性能模型会是一种更理想的方式。因此, 有学者考虑利用机器学习的优势, 从数据样本中提取模式后对该材料进行性能分析 [34, 35]。一个具有较大可变性的实验材料通过照相机记录材料在受力后的表现, 因此可以研究时序关系的 LSTM 被选择来计算此实验材料的变化过程。

RNN 近年来在城市领域的研究中蓬勃发展, 这其中的一个重要原因是此领域中累积了大量具有时序的数据可用于训练模型。城市领域的研究通常要采用时空预测 (spatio-temporal prediction) 的方法, 对于擅长处理时间序列的 RNN 模型及其变体来说, 就有了用武之地。

体现智慧城市的其中一个维度是城市交通的管理效率, 这离不开智能交通系统 (Intelligent Transport System, ITS) 在城市中的介入。ITS 是一种将传感、信息、通讯、控制和计算技术集齐于一身的庞大管理系统, 它的其中一个功能是交通流预测, 预测的目的主要是为政府机构或市民根据不同时段预测较为准确的交通流信息, 以调节各个类型的交通工具, 例如基于预测拥堵情况动态调整过路费, 进而减少拥堵和空气污染。而其中较有难度的是对高速公路的交通进行预测, 这是因为这些公路网络与可控的火车和高铁系统相比来得更为复杂, 毕竟拥堵情况受到轿车数量、天气条件、时段、地形等多种不确定因素影响的。因此, 高速公路的交通预测具有一定的不确定性 (非线性和随机性)。

近几年随着 RNN 的可行性被验证, 同时为了从这些带有时序的交通历史数据中挖掘模式, 除了 LSTM[36, 37] 之外, 其他衍生类型, 如与 CNN 结合的 LSTM[38] 也被广泛应用于长短期 [1] 车流预测的研究上。这些预测结果将有助于后续的交通运送管理和路线规划等工作。此外, 结合 GPS 记录仪、传感器等硬件设备中累积的大量数据, 可以训练 LSTM 模型用于理解和预测城市中车辆移动轨迹 [39]、公众移动性和交通运输模式 [40] 等。

除了交通, RNN 也可被应用于城市空气质量的监控和预测的研究中。空气质量如 PM2.5 含量的侦测不仅需要知道侦测站点的位置, 也需要记录其在时间上的变化。空气质量数据和前述的交通拥堵类似, 维度之间也是呈现非线性的关系, 这意味着预测与空间相关的时间序列数据具有一定难度。他们发现传统的方法难以对非线性的时间依赖关系进行建模 [41, 42], 或传统的人工神经网络不能有效地考虑多个空间和时间序列数据之间的关系 [43]。因此研究者们也基于 RNN 或相关的算法框架对空气历史数据进行建模, 以预测城市空气质量 [44-46]。

此外, RNN 甚至还可以被应用到在城市中预测的人类行为识别。由于人类的行为不定时地发生, 传统上人为的特征选取就非常力不从心, 而可以消除特征工程的深度学习则被认为可以解决这类问题。另外由于人类行为具有时序的维度, 通过 RNN 算法的介入, 研究人员可通过穿戴式设备的数据去预测人类的行为模式 [47]、通过影像中的每一帧图像识别行为 (基于 CNN) 和预测行为 [48]、为未来自动驾驶预测街上步行者的行为 [49]、进行犯罪行为预测等城市中的人类行为研究 [50]。

通过前述基于数据的城市分析, 我们可以看到, 在城市规划与设计的前期阶段可以借助 RNN 及 CNN 等更科学的方式进行指导规划, 以在设计前期做出重要决策。

---

① 短期的预测是指每 15 分钟预测一次。

5.4 善于"模仿"的网络：生成对抗神经网络

生成对抗神经网络 (Generative Adversarial Networks, GAN) 是一种包含生成器 (generator) 和判别器 (discriminator) 两个神经网络模型的学习算法框架。简单来说，GAN 可以通过这两个网络模型相互间的博弈进行深度学习。训练后 GAN 的生成器可通过类似于人类的"模仿"能力，生成与样本相似的图像或数字模型。

相较于前述 CNN 和 RNN 对输入数据的识别能力，GAN 以其强大的生成性，在无监督和半监督学习领域受到极大欢迎。GAN 生成性的获得主要来自 GAN 内部的生成器，它在不断与判别器的对抗中习得更好的模仿能力。对于艺术、设计或其他与创意相关的领域，这种生成特性是相当让人激动的，因为它意味着机器在一定程度上能够根据给定样本自主"创造"事物，而这种能力一直以来都被认为是人类的特权。

5.4.1 互相对抗的网络

最初的 GAN 是计算机科学家伊恩·古德费洛 (Ian Goodfellow) 等人于 2014 年提出的 [51]，尽管随后出现了大量改进性能的 GAN 的变体，下面我们仍主要以古德费洛的原始模型来阐述 GAN 的运行机制。

一个典型的 GAN 结构包含两个神经网络模型：生成器 G 和判别器 D（图 5.4.1）。生成器通过将输入的随机噪声（通常呈均匀分布或正态分布）映射成一张图像作为生成样本；判别器作为一个二分类的分类器，通过用一个 0—1 之间的数字表达来判断该输入的图像样本是生成的还是属于真实的概率。通过使用真实图像和生成图像不断训练 GAN，以期最终达到生成器的图片难以被判别器区分出来，即判别器的输出值达到 1/2。

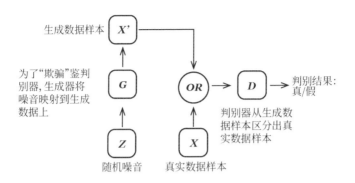

图 5.4.1 GAN的典型结构
G代表生成器；D代表判别器

类比来讲，生成器像是造假者团伙，试图制造可以通过检测的假币；而判别器像是警察，试图检测出假币。在此过程中的对抗促使双方均不断改进其方法，直到假币与真币无法再被区分。

古德费洛最初用于构建生成器和判别器的是全连接层的神经网络，适用于处理简单的图像数据，但随着需要处理的图像越来越复杂，使用CNN{5.2}构建生成器和判别器更加高效。2016年，拉德福特（A. Radford）等人提出了深度卷积生成对抗神经网络（Deep Convolutional Generative Adversarial Networks, DCGAN），把GAN中生成器和判别器从多层感知器替换为CNN[52]。

需要注意的是，生成器实质上使用的是在反卷积层中进行上采样（upsampling）技术来实现GAN的生成性，这是一种从"抽象"到"具体"的方式，和CNN使用的下采样（subsampling）技术正好相反（图5.4.2）。

在大致了解了GAN的构成后，我们就能进一步认识对GAN的训练。训练过程前期和CNN类似，也采用反向传播算法进行，前述的生成器和判别器分别使用可微函数 $G(z)$[1] 和 $D(x)$[2] 表示。首先将真实训练数据与生成

① $G(z)$ 指输入生成器的随机噪音映射后的分布。

② $D(x)$ 指输入判别器的数据是真实样本而不是生成样本的概率。

器中生成的数据都输入判别器, 在固定住生成器的情况下, 先训练判别器,
让其尽可能准确地判别真实数据和生成数据。当判别器被训练得较好后,
再用真实数据和生成数据同时训练判别器和生成器, 此时 GAN 作为生成
对抗神经网络的"对抗性"就表现了出来。

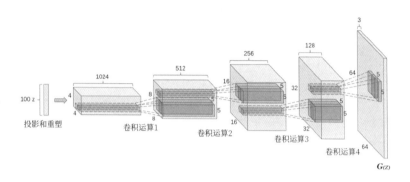

图 5.4.2 使用反卷积层的GAN的生成器

一个"好"的判别器要尽力分辨出是真实样本还是生成样本, 也就是
D(x) 要尽力接近于1; 而一个"好"的生成器, 它需要尽力"骗过"判别器,
从数学的角度来说 D(G(z)) 也要尽力接近于1。事实上, 判别器和生成器是
在进行一个博弈游戏, 可以使用极小化极大算法[1] (Minmax) 结合交叉
熵[2] 的概念来进行计算。

5.4.2 生成对抗神经网络在建筑领域的应用探索

由于 GAN 具有的生成能力, 它能基于人类所输入的图像数据输出新
的图像。因此对需要涉及大量图像的设计领域, GAN 或许可以起到一定的
辅助作用, 例如生成设计。

---

[1] 极小化极大算法是通常用于人工智能、决策理论、博弈论、统计学等领域的决策规则,
用于最小化最大的可能损失。
[2] 交叉熵的概念来源于信息论, 它代表的是一个系统的混乱程度。要消除这种混乱所需
要的最小损失就是信息熵。

在设计时，我们常常会根据想法在纸上随意勾勒线条或是有大概轮廓的草图，而这些图像当中将有几个具备继续向下发展的潜力，形成某个艺术画作或是可行的设计方案。然而这个升华的过程总是需要一定的时间和脑力。这时候如果有一种系统能基于这些想法雏形往下发展成若干个不同的可能，那将会非常地振奋人心。

除了艺术画作[53]和时尚单品[54]等领域，GAN 生成图像的特性让建筑研究者开始思考是否能将其应用到建筑设计的概念阶段。2018 年清华大学和宾夕法尼亚大学的学者们尝试基于 GAN 进行住宅和公共建筑平面的图像生成[55]。首先让机器学习以建筑平面图和一种经过人为处理的标注图像数据成对进行训练。标注数据将住宅中的不同功能空间和门通过不同色块进行表达，当机器学习了图像之间的关系，再输入标注图像数据就可以输出逼近真实的建筑平面图。哈佛大学的柴罗（S. Chaillou）也基于前者的方法尝试在住宅平面生成的更多可能，其尺度从建筑外轮廓到室内家具布局都有所涉及，试图形成一个完整的"平面生成系统"[56]。

GAN 的潜力不仅仅局限在二维图像，还可应用到数字化的三维模型。麻省理工的学者们于 2016 年基于 GAN 提出了一种三维生成对抗网络（3D-GAN）来生成三维物体[57]。有别于传统的方法，此生成器能够基于三维模型结构生成高质量的三维对象。另外，该生成器可从低维的概率空间映射到三维空间，因此可以不需要通过参考二维图像或三维的 CAD 模型进行采样。当然其中的对抗性判别器具有识别该三维模型是否是生成的还是真实样本的能力。因此该模型可以基于某个三维模型数据生成出新的可能。在此方向上，普林斯顿学者们试图通过一种交互的人机界面，让用户创建一种由一群细小的方块所构成的初始模型，通过 3D-GAN 实现对物体生成不同的变化版本[58]。

除了生成新的数据，修复也是 GAN 的其中一种应用可能。由于虚拟三维模型重建的复杂性和计算成本，成为当前计算机图形学和计算机视觉领域的一个重要而富有挑战性的研究课题，毕竟测绘、医疗、机器人、虚拟现实、三维打印等都需要用到三维模型重建。现有的重建方法通常造成缺口、变形和零碎的效果，因而难以满足实际应用。英特尔（Intel）研究人员于2018年试图利用GAN针对复杂的建成场景进行高质量的三维重建，通过3D-Scene-GAN可以以迭代的方式逐渐优化由网格和纹理所组成的三维模型[59]。有趣的是它仅仅只是以真实的二维观测图像作为训练数据，而不是三维的。因此，存在缺失信息的但带有材质的室内三维模型也可以进行修复成完整的三维模型（如果有对应的二维图像）。此外，也可以以二维的城市鸟瞰图作为输入，得到高质量的三维数字模型。

GAN也可以应用到城市领域。慕尼黑理工大学和德国太空中心的学者们基于卫星拍摄的城市遥感图像数据，生成大规模的建筑三维数字模型，因此该技术可对某个区域的建筑群体进行初步建模[60]。高分辨率遥感图像的道路也具有利用价值，如交通管理、城市规划、道路检测、地理信息系统的更新等[61]，因此高精度的道路检测具有重要意义。然而现有的大多数方法还不能有效地自动提取出外观光滑、边界准确的道路。由于GAN中的神经网络近来较多采用CNN，因此可以检测出目标元素并自动提取特征，再生成高质量、高精度的道路图像或城市建筑图底关系图像。这将对城市规划、设计及管理各环节分析工作的效率提升大有助益。

在此基础上，GAN还能够生成城市路网或城市总图。传统的方法依赖人为的规则编写来生成建筑物、植物或道路网络的几何表示，而另一种方法则是从现有的数据去推断生成规则。2017年德国波恩大学的学者们提出了一种基于路网的生成方法，试图通过GAN来自动合成多种类型的道路网络[62]。次年，阿尔伯特（A. Albert）等人也使用GAN从处理过的遥感数据（体现人口密度）来学习真实的城市模式，并将该模式合成为全新的城市总图，将全球各城市模式中所观察到的复杂空间组织进行再现[63]。

从这些案例中我们可以看到GAN在生成方面拥有的潜力。而深度学习至今依然还有其他形式等着我们去摸索，在下一节中我们将会继续介绍另一种更具创造性的网络——创造性对抗网络及更多由GAN衍生出来的创造性网络。

5.5 具有创造性的神经网络及其应用探索

GAN 自 2014 年被提出以来, 引起了广泛的关注并逐渐被推广应用, 但 GAN 的功能是学习输入数据的分布规律然后生成和输入数据大致相同的数据, 因此不久之后就有声音质疑 GAN 是否只能模仿, 而不具有创造性或者新颖性。

为了挖掘深度神经网络的创造力, 2017 年艾哈迈德·埃尔加马尔 (Ahmed Elgammal) 等人提出了可以创造艺术作品的创造性对抗网络 [64] (Creative Adversarial Network, CAN)。他们在论文中结合科林·马丁代尔 (Colin Martindale) 关于解释新艺术创作的心理学理论, 探讨了艺术家创作的过程: 创造性的艺术家通过增加艺术的唤醒潜力 (arousal potential) 以抵制习惯来进行创作, 同时这种增加必须是最小的, 以避免引起艺术观赏者的负面反应, 即最小努力原则 [65] (principle of least effort)。进而, 他们论述了 GAN 具有模仿性而非创造性, 并在 GAN 的基础上提出 CAN 模型, 通过修改 GAN 的目标, 使其能够最大限度地偏离既定风格, 同时又最大程度地减少艺术分布的偏差来创作艺术。通俗来说, 就是艺术创造既要有别于现有的作品, 又不能越过艺术领域的边界。CAN 结合艺术心理学方面的结论形成了同时满足这两个条件的算法, 因而相比于 GAN 能创造出有别于输入数据的作品, 并且符合普遍的艺术审美。

在模型结构上和 GAN 类似, CAN 主要由一个生成器和判别器构成。判别器从输入数据中学习带风格标签的大量艺术作品以"学会"区分风格。生成器则不参与"学习"过程, 它从随机输入开始生成艺术品。

但与 GAN 不同的地方在于, CAN 的生成器会从判别器接收两个信号: 一个是对"艺术与非艺术"的分类信号, 指示了生成的作品离判别器"认为"的标准还差多远 (在传统 GAN 模型中生成器只接收这个信号作为改变权重的参考); 另一个是指示生成作品能被归类为判别器"学习"到的风格类型的程度的信号, 如果生成作品能被轻易归类为已知风格, 这个信号就会"惩罚"生成器以迫使它生成风格模糊的作品。这是 CAN 最大的创新之处, 如此通过这两个信号的"博弈",一方面使得生成器生成的作品与训练数据拥有类似的分布(即保证了它首先是一幅正常的画作),另一方面模糊了生成品的风格类型,使他有了创新性。

伴随 CAN 的出现,GAN 近几年在各个领域中衍生出了多类模型,产生了很多非常有趣和富有启发意义的应用。

2018 年 10 月,英国著名艺术品及奢侈品拍卖行佳士得(Christie's)以 432 000 美元卖出了一幅以 15 000 幅肖像画为训练数据集,通过 GAN 算法生成的名为《埃德蒙德·贝拉米》(*Edmond de Belamy*)的画作 [66](图 5.5.1)。尽管这笔巨款归属到提供了这幅打印在帆布上的肖像画的巴黎团队——Obvious(三位从未接受过正统艺术训练的人士组成)身上,但是围绕此作品的著作权到底属于谁,却展开了非常激烈的讨论。

图 5.5.1 由机器生成的《埃德蒙德·贝拉米》

创造出 GAN 算法的伊恩·古德费洛(Ian Goodfellow)在其中的贡献该如何考虑?因为如果没有他的基础算法,也不会有此基础上改进的DCGAN——此画作的生成算法;另一位相关人士是罗比·拉莱特(Robbie Rarrat),一位相当年轻的人工智能艺术家,Obvious 的工作被认为就是基于他放置在 Github① 上的数据集和生成模型展开的，那他的贡献又该如何考虑; Obvious 则声明他们基于线上公开的图像数据训练了自己的模型。如果事实确实如此，我们也可以看到，创作《埃德蒙德·贝拉米》的背后有太多潜在的"创作者"：从生成算法、数据集到生成模型，以及它们各自的创作者可能都有立场在此作品中主张自己的贡献。

　　随后，还有一个更困难的问题等着我们：如果人类创造出的机器智能自己创造出了前所未有的事物（例如，《埃德蒙德·贝拉米》确实是由一个生成模型生成出来的），它创造出了不属于训练集的图像，这其中确实展现出了某种创造力），那究竟是我们人类智能，还是机器智能创造了它呢?

　　前面提及的人工智能艺术家罗比·拉莱特对将生成性的人工神经网络用于艺术领域抱有极大的热情。他于 2018 年做了一个和著名时装品牌——巴黎世家（Balenciaga）有关的个人项目。拉莱特从巴黎世家的时装活动、画册，和秀场照片中收集各种图片作为训练集，训练生成模型，最后形成具有巴黎世家风格的服装设计（图 5.5.2）。到 2020 年，他正式被另外一个时尚品牌艾克妮工作室（Acne Studios）邀请，参与其 2020 年秋冬季男装的联合设计，这一次他也是从艾克妮工作室的设计库图片里获取了生成模型所需要的训练集 [67]。

　　基于 GAN 的应用持续升温，2019 年 2 月兴起了一个叫"此人不存在"（This Person Does Not Exist.com）的网站，每次打开或者刷新这个网站都会出现一张新的人脸。乍一看，这是一个陌生的真实存在的人，然而这里的每个面孔都是假的，也是用 GAN（更具体来说是 styleGAN）算法学习大量人脸的照片后生成的图像。

————————————
① Github 是一个代码托管平台。

图 5.5.2 由机器生成的巴黎世家服饰设计示例

　　继"此人不存在"系列引起大家的惊呼，小库团队也在同年 4 月 17 日尝试发布了"此建筑不存在"系列。团队在构建了现代风格建筑图片库的基础上，基于 styleGAN 算法进行底层优化和实现，成功地在短时间内生成大量不存在的现代建筑。这是模型在"学习"了大量现代风格建筑的特点之后，形成了自己的"理解"，从而在此基础进行产生的结果（图 5.5.3）。该模型对给定的一个以上建筑项目的透视照片作为初始条件，它们之间的渐变过程，在形态、材质、颜色等方面可以被保存下来，形成一个个独立的建筑示意图。

　　在 2019 年的深港城市建筑双年展（UABB）上，小库团队展示了一个基于 GAN 的交互装置——"人工智能建筑师"，邀请公众在速写板上绘制草图轮廓，接着系统的模型将会基于该草图轮廓生成"建筑表现图"（图 5.5.4）。训练好的模型需要新的输入作为触发器进行生成，机器可以基于输入，在没有人工干预的情况下开始生成新的图像。因此只有机器本身参与具有"创造性"的生成过程，而人类对此无法预测。不确定性存在于生成阶段，这些无法预测的生成图像可以激发人的想象力，拓展思考。而人类也并不局限自己对这些生成图像的诠释。

图 5.5.3 由机器生成的"此建筑不存在"部分成果示例

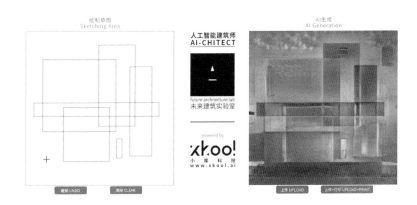

图 5.5.4 "人工智能建筑师"软件界面

　　这样的过程类似于素描,我们可以通过纸上的素描发展设计。素描过程涉及眼睛、手和大脑之间的交流,将设计思维从一点拓展到多种可能,抑或是相反。该装置则是参与发散思维的过程,因此这似乎体现 GAN 可以帮助人类拓展创造性的思维。除此之外,该交互式装置或许还"重构"建筑师已经实践了数世纪的设计方法或工作流程。

如今人工智能技术在处理一些难以清晰描述的与美感、韵律等主观感受相关的任务上已经展露出令人惊艳的表现，在模仿图像，音乐，语音，散文甚至任何数据分布方面都具有巨大潜力。艺术从业人员可以从这些技术里获益，例如，传统上手绘重现现实世界的卡通风格是一个费时费力的工作，而且需要很多专业的绘画技能，但如果使用了类似 GAN 的算法，或许就可以节省艺术家和设计师在某些流程环节所需要的探索时间，让他们专注于更有意义和创造性的工作，或者对他们的创作有所启发。

对于建筑师而言，我们认为也同样可以获得类似的益处。"此建筑不存在"系列可以帮助启发建筑师的设计灵感，体现了 AI 在设计发散过程中的巨大潜力。可见这只是 AI 潜力挖掘的一个开始。

5.6 其他深度神经网络及其应用探索

除了前面几个小节介绍的 CNN、RNN、GAN、CAN 等多种深度神经网络，还有很多针对不同应用场景提出的深度神经网络。

例如，2018 年谷歌的 DeepMind 在论文中提出了一种叫做生成查询网络 (Generative Query Network, GQN) 的深度神经网络 [68]。直观上来说，GQN 是一种可以从二维图像去"想象"三维场景的神经网络。由于目前深度神经网络的学习仍需严重依赖大量标签数据，生成查询网络试图通过一种半监督或弱监督的机器学习方式，从反映某个三维空间场景的少量二维图像中去"脑补"可能的三维场景，并从有别于前述二维的视角重新进行渲染生成 (图 5.6.1)。

具体来看，生成查询网络由两部分构成：表示网络 (representation network) 和生成网络 (generation network)。将反映某个空间场景的不同角度的二维图像作为表示网络的输入，生成一个描述可能场景的表示。然后进入生成网络进行预测，并渲染出一个新的场景图像，此图像可以反映该场景的另一个视角，也就是非训练集当中的数据。当基于少量且固定几个视角的图像被补充了该场景中多个视角的图像后, 该空间也就能被完整地被进行表达, 使用户可以游历其中。

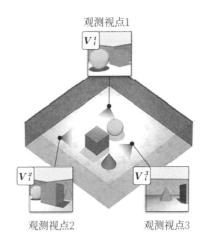

图 5.6.1 基于三个二维观测视图生成三维空间

对于建筑或城市领域而言, GQN 可以基于二维图片训练出一个能够预测三维场景全貌的能力是值得进一步关注的。因为它可能会"想象"出一种有别于真实场景的、前所未见过的"超现实"图景。这对于激发设计人员创造出新的现实环境非常具有吸引力。

另外, 通过与深度学习结合, 传统的有监督学习、无监督学习、强化学习 (Reinforcement Learning) 等也有了进一步的发展, 例如强化学习与深度学习相结合之后就产生了 AlphaGo 等突破。强化学习是除了在第二章介绍的有监督学习、无监督学习和半监督学习之外的一种机器学习类型。强化学习可以理解为, 代理体 (agent) 通过反复试验与环境进行交互, 为具有时序的决策问题学习找到最优的策略 [69]。

在面对一些复杂且动态的决策应用场景时, 例如自动驾驶这类在每一时刻都具有大量不确定性的问题, 我们无法一开始就对所有情况有预先的明确判断, 因此数据的标签可能存在动态变化。强化学习需要在如此复杂多变的环境互动中，让模型根据反馈调整行为以实现动态学习，尽可能地得到最大化的奖励。

类似的原理我们也可以在目前的一些常见算法或框架中看到，如控制理论 [1] (Control Theory)、多代理系统 [2] (Multi-agent Systems)、群体智能 [3] (Swarm Intelligent) 和遗传算法 {4.4} 等。强化学习这种学习方式的应用场景从早期的电梯调度优化 [70] 发展到现今的游戏自主学习 [71]、自动驾驶 [72]、机器人的行为优化 [73] 等场景，而在建筑领域的探索主要是集中于满足实时需求且"不可预测"的应用场景，例如通过强化学习让一个"控制器"能自主地根据用户倾向实现在最小能耗下满足建筑室内的舒适度 [74]，或者控制建筑表皮来达到适应性 [75]。

强化学习的算法包括了自适应启发评价 (Adaptive Heuristic Critic)、蒙特卡洛 (Monte Carlo) 和 Q- 学习 (Q-Learning) 等，而近年兴起的强化学习与深度学习的结合形成了深度强化学习 [76] (Deep reinforcement learning, DRL)。它本质上是一种通过观察、行动和奖励机制来和环境进行互动的学习型神经网络。传统的强化学习虽然最后能取得好成绩，但并不知道具体是哪个行动或者步骤造成了不好的结果 (贡献度分布问题)。和深度学习结合之后，人工智能可以找到行动与"获得好成绩"的关联性，就如同深度学习可以从由几千万个像素组成的图片中找出像素的关联性一样，这意味着深度学习可以找到接近于"必胜"的模式。

结合深度学习和强化学习的系统尚处于起步阶段，不过在某些方面已

---

① 控制论和控制理论之间既有相同和差异之处。在第二章提到的控制论和系统论与控制理论有关，主要研究调节系统的结构（可以理解为控制理论在它们当中是子集）。而控制理论主要研究动力系统的行为。当一个系统需要基于某个目标作为参考时，控制器会对系统的输入进行操作，以尽量获得期望效果，因此可以说强化学习和控制理论更有关系。

② 多代理系统也是一种模拟和研究复杂适应系统的工具。

③ 群体智能也属于复杂性科学的研究领域，和多代理系统有一定的关系。它是包含智群现象的多代理系统，由一组人工设置的"代理"所组成。这些代理遵循简单的规则与彼此和环境交互，而这些交互让这些代理个体构成了一个整体，因此涌现出一种"智能"的行为。整体表现优于个体的简单叠加，体现出非线性的特征。在自然界中我们可以从鸟类、鱼类、蚁群和微生物等观察到这种现象，而这种概念在建筑学中通常用来模拟人类的行为，尤其是模拟人群在建筑和城市空间中的实际情况并预测潜在的问题。

经取得令人印象深刻的进展。由谷歌子公司开发的 Deep Q-Network（DQN）可以在不知道游戏规则的情况下，从反复失败的经验中学习并突破层层关卡，最终获得最高分。这种学习方法和人类可以不读说明书，边玩边学习游戏规则的方式非常相似。

而让深度学习成为家喻户晓的概念，还是最近两年击败人类围棋冠军的 AlphaGo 程序，它也运用了 DRL 的原理。DRL 可以通过模拟训练，消除对标签数据的需要，从而达到无监督学习的目的。因此，早期的机器学习如果说多是基于有监督学习的结果，而无监督学习有可能在未来成为更高效的方法，即给予机器最基础的规则，让其在不断对抗中生成更优质的结果。

这在城市设计和建筑设计领域可能意味着，如果给予机器最基本的城市规划法则或建筑设计规则，多个不同的神经网络模型就能按照"自我理解"不断生成新的设计方案，并不断相互对抗得出分数最高的方案。该"最优解"或许会超越人类知识体系的判断，甚至真正优于人类之前的认知。另外，由于强化学习能够处理环境中自主体（Autonomous agent）的行为变化，而建筑领域中的部分学者在使用多代理系统来获得建筑形态方面已有相当程度的探索，那么如果将强化学习和多代理系统进行相结合来生成设计，可能不失为一个有潜力的方向。

在阅读完本章内容后，我们会认识到深度学习在机器学习的基础上，提升了自己的学习性能，并且已经有了成熟到可供商用的算法。它们也开始被应用到建筑和城市领域，用于处理分析性和生成性的初步工作。但需要注意的是，尽管深度学习里最广泛应用的技术是神经网络，一些非神经网络的深度学习形式也发展了起来。而多种模式结合的方式及无监督学习、弱监督学习、强化学习等可能是深度学习未来几个主要的发展的方向。建筑和城市领域也可能会随着深度学习技术的发展和应用获得更多进展。

参考文献

[1] Bengio Y, Courville A, Goodfellow I. Chapter 1: Introduction[M] // Deep learning. Cambridge, MA: MIT Press, 2016:1-26.

[2] Mcculloch W S, Pitts W. A Logical Calculus of the Ideas Immanent in Nervous Activity[J]. The bulletin of mathematical biophysics, 1943, 5(4): 115-133.

[3] Hebb D O. The Organization of Behavior;a Neuropsychological Theory.[M]. New York: Wiley, 1949.

[4] Rosenblatt F. The Perceptron: A Probabilistic Model for Information Storage and Organization in the Brain.[J]. Psychological Review, 1958, 65(6): 386-408.

[5] Rumelhart D E, Hinton G E, Williams R J. Learning Representations by Back-Propagating Errors[J]. Nature, 1986, 323(6088): 533-536.

[6] Partridge D. The Scope and Limitations of First Generation Expert Systems[J]. Future Generation Computer Systems, 1987, 3(1): 1-10.

[7] Bengio Y. Learning Deep Architectures for AI[J]. Foundations and Trends in Machine Learning, 2009, 2(1): 1-55.

[8] Bengio Y, Courville A, Goodfellow I. Chapter 14: Autoencoders[M] // Deep learning. Cambridge, MA: MIT Press, 2016:499-523.

[9] Lecun Y, Bengio Y, Hinton G. Deep Learning[J]. Nature, 2015, 521: 436.

[10] Dauphin Y N, Pascanu R, Gulcehre C, et al. Identifying and Attacking the Saddle Point Problem in High-Dimensional Non-Convex Optimization[C] // Advances in Neural Information Processing Systems. Montreal: Neural Information Processing Systems Foundation, 2014.

[11] Glorot X, Bordes A, Bengio Y. Deep Sparse Rectifier Neural Networks[C] // Proceedings of the 14th International Conference on Artificial Intelligence and Statistics (AISTATS). Florida: JMLR W&CP, 2011.

[12] Krizhevsky A, Sutskever I, Hinton G E. ImageNet Classification with Deep Convolutional Neural Networks[J]. Communications of the Acm, 2017, 60(6): 84-90.

[13] Bengio Y, Courville A, Vincent P. Representation Learning: A Review and New Perspectives[J]. Ieee Transactions On Pattern Analysis and Machine Intelligence, 2013, 35(8): 1798-1828.

[14] Lecun Y, Boser B, Denker J S, et al. Backpropagation Applied to Handwritten Zip Code Recognition[J]. Neural Computation, 1989, 1(4): 541-551.

[15] Lecun Y, Bottou L, Bengio Y, et al. Gradient-Based Learning Applied to Document Recognition[J]. Proceedings of the Ieee, 1998, 86(11): 2278-2324.

[16] Peng W, Zhang F, Nagakura T. Machines' Perception of Space: Employing 3D Isovist Methods and a Convolutional Neural Network in Architectural Space Classification[C] // Proceedings of the 37th Annual Conference of the Association for Computer Aided Design in Architecture (ACADIA). Cambridge, MA: Acadia Publishing Company, 2017.

[17] Wu K, Kilian A. Designing Natural Wood Log Structures with Stochastic Assembly and Deep Learning[C] // Robotic Fabrication in Architecture, Art and Design 2018. Zurich: Springer Nature, 2018.

[18] Silvestre J, Ikeda Y, Guéna F. Artificial Imagination of Architecture with Deep Convolutional Neural Network "Laissez-faire": Loss of Control in the Esquisse Phase[C] // CAADRIA 2016, 21st International Conference on Computer-Aided Architectural Design Research in Asia. Melbourne: The Association for Computer-Aided Architectural Design Research in Asia (CAADRIA), 2016.

[19] Maturana D, Scherer S. VoxNet: A 3D Convolutional Neural Network for Real-Time Object Recognition[C] // 2015 IEEE/RSJ International Conference on Intelligent Robots and Systems (IROS). Hamburg: IEEE, 2015.

[20] Newton D. Multi-Objective Qualitative Optimization (MOQO) in Architectural Design[C] // Proceedings of the 36th eCAADe Conference - Volume 1. Lodz, Poland: Lodz University of Technology, 2018.

[21] Dubey A, Naik N, Parikh D, et al. Deep Learning the City: Quantifying Urban Perception at a Global Scale[C] // Computer Vision - ECCV 2016. Amsterdam: Springer International Publishing, 2016.

[22] Naik N, Kominers S D, Raskar R, et al. Computer Vision Uncovers Predictors of Physical Urban Change[J]. Proceedings of the National Academy of Sciences, 2017, 114(29): 7571.

[23] Takizawa A, Furuta A. 3D Spatial Analysis Method with First-Person Viewpoint by Deep Convolutional Neural Network with Omnidirectional RGB & Depth Images[C] // Proceedings of the 35th eCAADe Conference - Volume 2. Rome: Sapienza University of Rome, 2017.

[24] Arietta S M, Efros A A, Ramamoorthi R, et al. City Forensics: Using Visual Elements to Predict Non-Visual City Attributes[J]. Ieee Transactions On Visualization and Computer Graphics, 2014, 20(12): 2624-2633.

[25] Maharana A, Nsoesie E O. Use of Deep Learning to Examine the Association of the Built Environment with Prevalence of Neighborhood Adult Obesity[J]. JAMA Network Open, 2018, 1(4): e181535.

[26] Ye Y, Richards D, Lu Y, et al. Measuring Daily Accessed Street Greenery: A Human-Scale Approach for Informing Better Urban Planning Practices[J]. Landscape and Urban Planning, 2019, 191: 103434.

[27] Albert A, Kaur J, Gonzalez M C. Using Convolutional Networks and Satellite Imagery to Identify Patterns in Urban Environments at a Large Scale[C] // Proceedings of the 23rd ACM SIGKDD International Conference on Knowledge Discovery and Data Mining. Nova Scotia: ACM, 2017.

[28] Maggiori E, Tarabalka Y, Charpiat G, et al. High-Resolution Image Classification with Convolutional Networks[C] // 2017 IEEE International Geoscience and Remote Sensing Symposium (IGARSS). Texas: IEEE, 2017.

[29] Macro-Connections, Mit-Media-Lab. Place Pulse[EB/OL]. [2018-07-24]. http://pulse. media.mit.edu/.

[30] Seresinhe C I, Preis T, Moat H S. Using Deep Learning to Quantify the Beauty of Outdoor Places[J]. Royal Society Open Science, 2017, 4(7): 170170.

[31] Hochreiter S, Schmidhuber J. Long Short-Term Memory[J]. Neural Computation, 1997, 9(8): 1735-1780.

[32] Sutskever I, Martens J, Hinton G. Generating Text with Recurrent Neural Networks[C] // Proceedings of the 28th International Conference on International Conference on Machine Learning. Washington: Omnipress, 2011.

[33] Mikolov T, Sutskever I, Chen K, et al. Distributed Representations of Words and Phrases and their Compositionality[C] // Proceedings of the 26th International Conference on Neural Information Processing Systems - Volume 2. Nevada: Curran Associates Inc., 2013.

[34] Luo D, Wang J, Xu W. Applied Automatic Machine Learning Process for Material Computation[C] // Proceedings of the 36th eCAADe Conference—Volume 1. Lodz, Poland: Lodz University of Technology, 2018.

[35] Luo D, Wang J, Xu W. Robotic Automatic Generation of Performance Model for Non-Uniform Linear Material Via Deep Learning[C] // CAADRIA 2018 - 23rd International Conference on Computer-Aided Architectural Design Research in Asia. Hong Kong: Association for Computer-Aided Architectural Design Research in Asia (CAADRIA), 2018.

[36] Tian Y, Pan L. Predicting Short-Term Traffic Flow by Long Short-Term Memory Recurrent Neural Network[C] // 2015 IEEE International Conference on Smart City/SocialCom/SustainCom (SmartCity). Chengdu: IEEE, 2015.

[37] Xiangxue W, Lunhui X, Kaixun C. Data-Driven Short-Term Forecasting for Urban Road Network Traffic Based on Data Processing and LSTM-RNN[J]. Arabian Journal for Science and Engineering, 2019, 44(4): 3043-3060.

[38] Yu H, Wu Z, Wang S, et al. Spatiotemporal Recurrent Convolutional Networks for Traffic Prediction in Transportation Networks[J]. Sensors (Basel, Switzerland), 2017, 17(7): 1501.

[39] Choi S, Kim J, Yeo H. Attention-Based Recurrent Neural Network for Urban Vehicle Trajectory Prediction[J]. Procedia Computer Science, 2019, 151: 327-334.

[40] Song X, Kanasugi H, Shibasaki R. Deeptransport: Prediction and Simulation of Human Mobility and Transportation

Mode at a Citywide Level[C] // Proceedings of the Twenty-Fifth International Joint Conference on Artificial Intelligence. New York: AAAI Press, 2016.

[41] Vautard R, Builtjes P H J, Thunis P, et al. Evaluation and Intercomparison of Ozone and PM10 Simulations by Several Chemistry Transport Models Over Four European Cities within the CityDelta Project[J]. Atmospheric Environment, 2007, 41(1): 173-188.

[42] Stern R, Builtjes P, Schaap M, et al. A Model Inter-Comparison Study Focussing On Episodes with Elevated PM10 Concentrations[J]. Atmospheric Environment, 2008, 42(19): 4567-4588.

[43] Lin Y, Mago N, Gao Y, et al. Exploiting Spatiotemporal Patterns for Accurate Air Quality Forecasting Using Deep Learning[C]// Proceedings of the 26th ACM SIGSPATIAL International Conference on Advances in Geographic Information Systems. New York: ACM, 2018.

[44] Fan J, Li Q, Hou J, et al. A Spatiotemporal Prediction Framework for Air Pollution Based on Deep RNN[J]. ISPRS Annals of Photogrammetry, Remote Sensing and Spatial Information Sciences, 2017, IV-4/W2: 15-22.

[45] Li X, Peng L, Yao X, et al. Long Short-Term Memory Neural Network for Air Pollutant Concentration Predictions: Method Development and Evaluation[J]. Environmental Pollution, 2017, 231: 997-1004.

[46] Huang C, Kuo P. A Deep CNN-LSTM Model for Particulate Matter (PM(2.5)) Forecasting in Smart Cities[J]. Sensors (Basel, Switzerland), 2018, 18(7): 2220.

[47] Ordóñez F J, Roggen D. Deep Convolutional and LSTM Recurrent Neural Networks for Multimodal Wearable Activity Recognition[J]. Sensors, 2016, 16(1).

[48] Vahora S A, Chauhan N C. Deep Neural Network Model for Group Activity Recognition Using Contextual Relationship[J]. Engineering Science and Technology, an International Journal, 2019, 22(1): 47-54.

[49] Alahi A, Goel K, Ramanathan V, et al. Social LSTM: Human Trajectory Prediction in Crowded Spaces[C] // 2016 IEEE Conference on Computer Vision and Pattern Recognition (CVPR). Las Vegas, NV: IEEE, 2016.

[50] Huang C, Zhang J, Zheng Y, et al. DeepCrime: Attentive Hierarchical Recurrent Networks for Crime Prediction[C]// Proceedings of the 27th ACM International Conference on Information and Knowledge Management. New York: ACM, 2018.

[51] Goodfellow I J, Pouget-Abadie J, Mirza M, et al. Generative Adversarial Nets[C] // Proceedings of the 27th International Conference on Neural Information Processing Systems—Volume 2. Cambridge, MA: MIT Press, 2014.

[52] Radford A, Metz L, Chintala S. Unsupervised Representation Learning with Deep Convolutional Generative Adversarial Networks[J]. CoRR, 2015, abs/1511.06434.

[53] Zhu J, Park T, Isola P, et al. Unpaired Image-to-Image Translation Using Cycle-Consistent Adversarial Networks[C] // 2017 IEEE International Conference on Computer Vision (ICCV). Venice: IEEE, 2017.

[54] Zhu J, Yang Y, Cao J, et al. New Product Design with Popular Fashion Style Discovery Using Machine Learning[C] // Artificial Intelligence on Fashion and Textiles 2018. Cham: Springer International Publishing, 2019.

[55] Huang W, Zheng H. Architectural Drawings Recognition and Generation through Machine Learning[C] // Proceedings of the 38th Annual Conference of the Association for Computer Aided Design in Architecture (ACADIA). Mexico City: Acadia Publishing Company, 2018.

[56] Chaillou S. ArchiGAN: A Generative Stack for Apartment Building Design[EB/OL]. (2019-07-17)[2019-02-14]. https://devblogs. nvidia.com/archigan-generative-stack-apartment-building-design/.

[57] Wu J, Zhang C, Xue T, et al. Learning a Probabilistic Latent Space of Object Shapes Via 3D Generative-Adversarial Modeling[C] // Proceedings of the 30th International Conference on Neural Information Processing Systems. Barcelona: Curran Associates Inc, 2016.

[58] Liu J, Yu F, Funkhouser T. Interactive 3D Modeling with a Generative Adversarial

Network[C] // 2017 International Conference on 3D Vision (3DV). Qingdao: IEEE, 2017.

[59] Yu C, Wang Y. 3D-Scene-GAN: Three-Dimensional Scene Reconstruction with Generative Adversarial Networks[C] // 6th International Conference on Learning Representations (ICLR). Vancouver: ICLR, 2018.

[60] Bittner K, Körner M. Automatic Large-Scale 3D Building Shape Refinement Using Conditional Generative Adversarial Networks[C] // 2018 IEEE/CVF Conference on Computer Vision and Pattern Recognition Workshops (CVPRW). Utah: IEEE, 2018.

[61] Shi Q, Liu X, Li X. Road Detection From Remote Sensing Images by Generative Adversarial Networks[J]. IEEE Access, 2018, 6: 25486-25494.

[62] Hartmann S, Weinmann M, Wessel R, et al. StreetGAN: Towards Road Network Synthesis with Generative Adversarial Networks[C] // Proceedings of International Conference in Central Europe on Computer Graphics, Visualization and Computer Vision (WSCG) 2017. Plzen, Czech Republic: UNION Agency, 2017.

[63] Albert A, Strano E, Kaur J, et al. Modeling Urbanization Patterns with Generative Adversarial Networks[J]. CoRR, 2018, abs/1801.02710.

[64] Elgammal A M, Liu B, Elhoseiny M, et al. CAN: Creative Adversarial Networks, Generating "Art" by Learning About Styles and Deviating from Style Norms[C] // Proceedings of the 8th International Conference on Computational Creativity. Georgia: Association for Computational Creativity (ACC) 2017, 2017.

[65] Martindale C. The Clockwork Muse: The Predictability of Artistic Change[M]. New York: Basic Books, 1990.

[66] Christies. Is Artificial Intelligence Set to Become Art's Next Medium?[EB/OL]. (2018-12-12)[2019-05-18]. https://www.christies.com/features/A-collaboration-between-two-artists-one-human-one-a-machine-9332-1.aspx?sc_lang=en.

[67] Papagiannis H. Acne Studios X Robbie Barrat[EB/OL]. [2020-06-23]. https://xrgoespop.com/home/acne-studios-x-robbie-barrat.

[68] Eslami S M A, Jimenez Rezende D, Besse F,

et al. Neural Scene Representation and Rendering[J]. Science, 2018, 360(6394): 1204.

[69] Barto A G, Sutton R S. Reinforcement Learning: An Introduction[M]. 2nd ed. Cambridge, MA: MIT Press, 2018.

[70] Crites R H, Barto A G. Improving Elevator Performance Using Reinforcement Learning[C] // Proceedings of the 8th International Conference on Neural Information Processing Systems. Cambridge, MA: MIT Press, 1995.

[71] Silver D, Huang A, Maddison C J, et al. Mastering the Game of Go with Deep Neural Networks and Tree Search[J]. Nature, 2016, 529: 484.

[72] Michels J, Saxena A, Ng A Y. High Speed Obstacle Avoidance Using Monocular Vision and Reinforcement Learning[C] // Proceedings of the 22nd International Conference on Machine Learning. New York: ACM, 2005.

[73] Kober J, Bagnell J A, Peters J. Reinforcement Learning in Robotics: A Survey[J]. The International Journal of Robotics Research, 2013, 32(11): 1238-1274.

[74] Dalamagkidis K, Kolokotsa D, Kalaitzakis K, et al. Reinforcement Learning for Energy Conservation and Comfort in Buildings[J]. Building and Environment, 2007, 42(7): 2686-2698.

[75] Smith S I, Lasch C. Machine Learning Integration for Adaptive Building Envelopes: An Experimental Framework for Intelligent Adaptive Control[C] // Proceedings of the 36th Annual Conference of the Association for Computer Aided Design in Architecture (ACADIA). Michigan: Acadia Publishing Company, 2016.

[76] Mnih V, Kavukcuoglu K, Silver D, et al. Human-Level Control through Deep Reinforcement Learning[J]. Nature, 2015, 518: 529.

第六章 与人工智能共存的城市未来

建筑师注定要重复历史——由技术驱动而不是建筑师驱动的历史。
　　　　　　　　　　　——雷姆·库哈斯，大都会事务所联合创始人

Architects look destined to repeat history: A history driven
by technological developments rather than architects.
　　　　　　—Rem Koolhas, Founding Partner of Office for Metropolitan
　　　　　　　　　　　　　　　　　　　　　　　　Architecture

　　人工智能的计算在一定程度上仰赖硬件的支持。随着未来计算复杂度的提升，对计算机性能的期望越来越高，不过这样一来就会造成终端用户或成本有限的企业在硬件配置上的压力。为了更大地推广智能服务，云端计算 {6.1.1} 的出现解决了终端用户对硬件的依赖问题（在良好的网络连接前提下），同时也为企业降低了购买服务器的必要性。云端计算提供了一种新的计算资源获取范式，即只要通过互联网就可以获取更高效的计算服务，而不需要一直不断地配置高性能硬件。而量子计算机 {6.1.2} 的研究则有可能在未来颠覆目前的计算机工作模式，为人工智能技术的突破提供硬件基础。

　　当今的人工智能仰赖于由数据驱动的机器学习，倘若没有其他新的人工智能范式出现，那么数据在未来仍占重要地位。除了来自城市的数据，"建筑"也不断地产生数据，其中包括了建筑设计的过程、建筑相关应用和设备以及建筑物元素等产生的数据 {6.2.1}。基于早期互联网和现今语义网的启发，数据间关联性的价值可以被进一步地挖掘，构建一种"知识网

络"{6.2.2}。另一方面,未来数据的呈现方式在现实和虚拟上的界限将更为模糊,这或许会在一定程度上改变我们与虚拟世界的交互方式{6.2.3}。

从城市到建筑领域相关的各个角色,在人工智能的介入后将会有何变化? 城市管理者是否会改变以往的管理模式{6.3.1}? 城市开发者如房地产商和科技企业等在战略上将会有什么变化{6.3.2}? 人工智能对公众介入城市决策的过程有何影响{6.3.3}? 城市设计师或建筑师的身份将如何变化{6.3.4}? 我们试图从目前既有的案例来推测未来的诸多可能。

6.1 未来计算机: 云端与量子计算

电子计算机于 20 世纪 40 年代前期出现,到 50 年代基本完成了现代计算机雏形的进化。与此同时,1956 年人工智能在达特茅斯会议上以一个全新的研究领域的角色被提出,之后计算机性能的发展一直影响着人工智能技术的实现和应用。虽然在 80 年代已经提出了中大型神经网络的训练方法(反向传播与梯度下降),然而直到本世纪初计算机性能获得优化和训练数据得到累积之后,这些人工智能理论才具有了可行性并得以推广。

因此,人工智能的发展与计算机的演化息息相关,此关联性相信在未来依然存在。一方面人工智能技术的发展会拓展计算机的应用领域,另一方面计算机性能的提升也会促进人工智能的发展。未来,这两者将在相互影响、相互促进中不断进步,甚至有可能带来新一轮的技术大变革。

6.1.1 云端计算

现代计算机软硬件性能的提升大大促进了人工智能技术的发展,因为更快的通用中央处理器的出现使得很多对内存容量、运算速度要求高的算法得以在计算机中模拟实现。不仅如此,近年兴起的云计算(cloud computing)技术也给人工智能及整个计算机行业带来更大的变化。云计算是一种基于互联网的计算方式, 通过这种方式, 共享的软硬件资源和信息可以按需提供给任何需要计算的设备。

云计算的架构与自来水供应系统具有相似之处。在自来水供应系统中, 储水池里的水通过地下水管供应到终端用户。而支持云计算的服务器就好比是大型的储水池, 这些远在郊外或身藏在洞穴中的服务器控制供给, 它们通过把零散的计算资源整合到一起以实现统一调度, 购买方通过互联网链接到服务器以得到服务, 而这些服务可以通过进一步的封装以不同的形式销售。

云计算服务的使用者也和自来水用户一样可以按需索取服务以及付费。不过不同的是, 由于自来水的接收器 (水龙头) 的位置是固定的, 因此自来水用户受地理位置上的限制。而云计算的接收器包括了计算机或其他可移动的计算设备, 云计算的用户只需要通过非实体的网络就能连接到服务器, 因而用户可以不受地理位置的限制。因此云服务提供商所提供的服务类型 (面对普通用户的软件、面对企业的数据库及平台等) 和支持的付费方式 (按月付费、按使用量付费等) 会比自来水公司更为弹性。不过就本质而言, 云计算的架构体系与自来水系统、电力系统等非常相似, 只是售卖的产品不同而已。

为了更好地满足客户的需求, 目前有三大类云服务模式: 基础设施即服务 (Infrastructure as a Service, IaaS)、平台即服务 (Platform as a Service, PaaS) 和软件即服务 (Software as a Service, SaaS) (图 6.1.1)。

IaaS 为用户提供虚拟的信息技术 (Information Technology, IT) 基础设施, 例如储存服务器等。用户可以在数分钟内通过调用应用程序接口 (application programming interface, API) 或者登录网页端管理控制台完成资源配置和运行, 省去了购买、安装、管理设备的繁杂工序。而把大部分标准化的应用功能, 如数据库、日志、监控等抽取出来, 将云平台与解决方案服务向用户提供的便是 PaaS。因此我们可以看出, PaaS 的用户多数是应用开发者, 他们通过购买 PaaS 服务再在其之上开发自己的应用软件, 以此提高效率和节约成本。

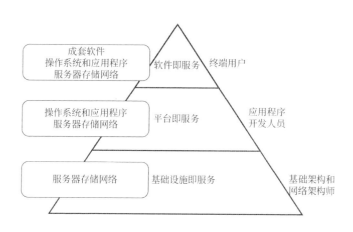

图 6.1.1 三种云服务模式

　　最顶层的 SaaS 模式是最接近终端消费者的, 它交付给用户的往往是完整的应用, 用户可以做的只是针对一些应用参数进行配置或者直接使用该应用, 但是不能管理控制该应用。在建筑领域中, SaaS 的例子有建筑信息管理平台模袋 Modelo、可提供在线极速渲染服务的光辉城市以及提供智能设计方案的小库智能设计云平台 (图 6.1.2) 等。

图 6.1.2 小库智能设计云平台界面

云计算不仅给很多企业带来了可观的效率及经济效益, 也改变着企业的运作方式。最显著的一个变化是, 需要投入大量硬件成本才能成立 IT 公司的时代已经过去。现在可以通过购买云端的计算服务开展业务, 再根据市场的反映不断增加或者减少计算服务的订购。这种方式有三个显而易见的好处: 一是在业务开展初期不需要在计算硬件上投入过多成本; 二是可以快速调整资源应对市场变化, 例如产品上线后如果用户数量爆增, 可以瞬间追加计算资源 (而传统方式从订购到硬件就位通常有一两个月的时延); 三是云计算提供商统一管理维护服务器, 减轻个体企业对 IT 设备、系统的维护负担。因为这些优势, 在云计算技术刚刚兴起时, 有一批初创公司受益并获得成功, Instagram 就是其中的一个典型例子。

2010 年 10 月 Instagram 发布, 第一天即有 25 000 人注册使用 [1]。3 个月后有了 100 万用户, 并且这个数字很快增长到 1 000 万人。一年半后, Instagram 有了 3 000 万用户, 到 2012 年, 才不到两年的时间, 该应用估值 10 亿美元, 同年被脸书 (Facebook) 收购。距离首次发布满两周年之时, Instagram 的用户数突破了 1 亿人。

我们很难想象, 这个辉煌而快速的创业过程是由三个人仅凭一笔较小的启动资金完成的。他们的秘诀之一便是依靠公有云 (public cloud) 搭建自己的应用。如果是购买硬件在公司内部搭建数据中心, 购买装配硬件的速度极难跟上用户数量飙升的速度。这就是云计算服务按需索取、自动扩展等特性为用户带来的巨大潜在效益 ①。

除了对企业、行业的影响, 云计算技术的发展和普及也极大地促进了人工智能技术的进步。近年来很多为人们所熟知的人工智能产品相继出现, 更多的企业、机构和个人开始加大对人工智能领域投入, 这其中也有云计算的很大功劳, 主要体现在各种人工智能平台以及人工智能解决方案的出现。人工智能平台封装了大量实用的算法, 使得广大使用者可以根据需求调试使用,

---

① 云计算给初创企业带来的效益显而易见, 对已经拥有足够多的数据中心、服务器的大企业而言, 进行云转型也有提高效率、易于管理和拓展等方面的好处, 关于如何利用云计算开展新业务以及在现有体系上进行云迁移的知识请参考电子工业出版社翻译出版的《让云落地: 云计算服务模式 (SaaS, PaaS 和 IaaS) 设计决策》一书。

例如谷歌开发的 TensorFlow 平台 [1]，它封装的深度学习工具包可以让用户快速建立各种感知任务的模型。其他例子包括了微软的 Azure、印孚瑟斯（Infosys）的 Nia [2]、威普罗（Wipro）的 Holmes [3]，等等。得益于这些平台，不同行业可以在不需要深度理解底层算法的情况下设计符合自己需求的人工智能解决方案，非人工智能工程师也可以借助平台快速开发出更多普适性的智能应用。

现在很多机器学习模型的优秀表现都得益于机器计算能力的提升，其中神经网络的巨大成功与如今计算机的算力可以支撑包含有成千上万个神经元的大型模型的训练密切相关。未来，随着更快的网络连接和更好的分布式计算软件基础设施的出现，云端计算将有望突破性能的瓶颈，促使人工智能解决更加复杂的问题。

6.1.2 量子计算

云计算技术的日益成熟使得个人和企业可以按需获取运算能力，不受硬件、时间及地域（在网络状态良好的前提下）的限制。大量拥有高运算能力的计算机在"云"端连接而成的"超级大脑"正在极大地提高现今世界的效率。然而云计算技术目前还是在传统电子计算机的基础上构建的，那么有没有一种从根本上不同的计算机系统，可以使计算机性能实现范式性的提升呢？

自 20 世纪 80 年代开始研究的量子计算机有可能担此重望。我们可以从两方面来解释：一是量子计算机的物理原理和实现，二是量子算法。

在物理原理和实现上，我们引用国内量子信息学的先驱郭光灿院士的

---

[1] TensorFlow 是一个开源的软件库，但它在最初是由谷歌公司开发，供内部研发使用的。于 2015 年开源。

[2] 印孚瑟斯公司是一家总部位于印度班加罗尔的全球信息技术公司，Mia 是其人工智能产品。

[3] 威普罗公司也是一家总部位于印度班加罗尔的跨国信息技术公司，Holmes 是其人工智能产品，于 2016 年宣布上线。

解释 [2]:

> 区别于传统电子计算机用比特（0 或 1）作为基本信息单元进行二进制的数字运算，量子计算机以量子比特（qubit）为单位，可以制备两个逻辑态 0 和 1 的相干叠加态，即它可以同时存储 0 和 1。那么，对于有 N 个比特的传统存储器，它只能存储 2^N 个可能数据中的任一个，若它是量子存储器，则它可以同时存储 2^N 个数。随着 N 的增加，这种指数式增长的储存能力是非常惊人的（试想一下 250 个量子比特可以存储的信息量就超过了目前已知宇宙中全部的原子数目）。不仅是存储能力，量子计算机在运算能力上也远胜于传统计算机。因为在量子计算机中，数学操作可以同时对存储器中全部数据进行，因此，量子计算机在实施一次的运算中可以同时对 2^N 个输入数进行数学运算，相当于在传统计算机中要重复 2^N 次的操作或者采用 2^N 个处理器实现并行操作的事件在量子计算机中一次操作就可以完成。

为了开拓量子计算机巨大的处理能力，人们需要寻找适用于量子计算的有效算法，即量子算法。目前具有广泛影响的典型算法是彼得·秀尔（Peter W. Shor）于 1994 年提出的大数因子分解算法 [3] 以及洛夫·K. 格罗夫尔（Lov K. Grover）于 1997 年提出的量子搜寻算法 [4]。大数因子分解是现代公开秘钥系统（RSA）安全性的依据，因为当一个数非常大时，要找到它的所有分解因数需要非常大的计算量，例如 1999 年 RSA-155(512位) 被成功破解时，已经在一台内存为 3.2GB 的计算机上运行了五个月的时间 [5]。

所以在量子计算机的理论出现之前，足够多位的 RSA 秘钥被认为是不可破解的。但在量子计算机上采用彼得·秀尔的算法却可以在瞬间完成大数的因子分解，且所需时间不会随着被分解的变大而快速增加。如果量子计算机得以普及，现行的 RSA 体系将失去安全性，进而会影响银行等采用了 RSA 秘钥体系的机构的正常运行。而罗弗于 1996 年提出的量子搜寻算法非常适合用来解决机器学习里常见的寻找最优解问题，同时它也擅长寻找最大值、最小值、平均值以及可以下棋、攻击密码体系等。

由于量子算法擅长解决寻找某个值、某种组合或者最优解等问题，所以量子计算机的发展对机器学习的未来有着重大影响。

　　在前面的章节中，我们阐述过机器学习中的大部分问题，其实是寻找最优解的问题，例如图像识别、语义识别、图像中的物品侦测、基因序列分析等都是一些典型的寻找最优解的应用场景。现代机器学习算法可以相对高效地解决大部分的最优解问题，而量子算法则可以极大地加速这个过程。

　　通俗来说，现在我们所熟识的电子计算机或者机器学习算法通常是通过"试错"(trial and error) 的方式来找到最优解的，例如在种可能的参数组合中，用学习算法 (不是蛮力搜索) 去找到最优的组合，每个组合的结果都需要被计算出来再进行验算。尽管现在很多机器学习算法的性能已经非常好了，但在量子机器里，还可以更好更快。因为量子计算不需要通过多次"试错"的方式去找到最优解，从而避免了分步计算带来的时延。

　　那么量子计算机为何能够不采用试错法呢？前面我们说过量子计算机可以同时存储 0 和 1 的状态，所以对于求解 N 个参数（假设每个参数有 0 或 1 两种状态）的最优组合的问题，给量子计算机输入的变量中就已经包含了种可能的组合状态（最优组合一定包含在其中），量子计算机通过慢慢地关闭量子的叠加态效应，进入传统的二元状态 (非开即关，非 0 即 1) 来找到最优解。通俗来说，量子计算机与传统计算机寻找最优解的核心区别就好比前者是通过在高空中鸟瞰一眼"看"出哪里是地势的最低点，而后者则致力于用各种方法在地面"测量"出最低点 (例如随机梯度下降)，效率差距立见。因此，"未来计算机"的特性可能为人工智能领域带来前所未有的变化。

　　由于看好量子计算的这些特性，各科技巨头近年来在积极开展量子计算研究方面的竞争。其中谷歌和 IBM 的研究较为瞩目。IBM 秉持"量子优势"(quantum advantage) 的概念，即认为量子计算的潜力在于能更快地处理问题，并不会取代经典计算机，二者会在未来协作来解决问题。此外，IBM 将其量子计算设备的算力以云的形式开放，让量子计算研究项目以外的开发人员可以利用这一成果。

　　谷歌接着在 2020 年 8 月下旬的一篇期刊文章中表示，其采用超导体的物理体系, 成功研发出可操控 54 量子比特数的 Sycamore (悬铃木) 量子计算原型机, 在试验中使用 200 秒对量子线路取样一百万次 [6]。尽管目前谷歌的量子计算原型机研究成果只在特定运算上通过了实验, 但谷歌 CEO 孙达尔·皮柴 (Sundar Pichai) 认为我们离真正意义上实现 "量子优越性 ①" (quantum supremacy) 已经迈出了如同当年莱特兄弟发明的第一架仅在空中飞行了约 12 秒的飞机一样重要的一步, 我们只要继续研究能容下更多量子比特且容错的量子计算机以及更复杂且通用的量子算法就能慢慢地把这个领域发展成熟。

采用与之不同的物理体系, 于 2020 年 12 月我国的中国科学技术大学潘建伟团队与中科院上海微系统所等基于光学成功构建支持 76 个光子的量子计算原型机 "九章" [7], 使中国成为全球第二个 ② 实现 "量子优越性" 的国家。而在本书撰写的最后阶段, 我国也在以超导体为基础的量子研究方面传来一个激动人心的研究结果。同样来自中国科学技术大学的潘建伟院士团队成功探索出目前可操控 62 个超导量子比特数量的量子计算原型机 "祖冲之号" [8], 其成果于 2021 年 5 月上旬也在国际学术期刊《科学》杂志上发表。

量子算法的设计和具体实现都是非常复杂的问题。从 1982 年理查德·费曼 (Richard Feynman) 提出利用量子体系实现通用计算机的想法至今, 量子计算机还很大程度上是实验室里的产物。尽管量子计算机还远未达到实用的程度, 但目前已经出现的第一个商用量子计算机 D-Wave ③ 以及前述谷歌、IBM 等在量子计算领域的研究成果已昭示着一个相对的乐观的未来。相信这些成果会掀起各个国家和一些科技企业奋力抢占量子计算机或者量

---

① 也称量子霸权, 由美国物理学家约翰·裴士基 (John Preskill) 于 2012 年提出, 指一种能解决现有计算机无法解决的问题的计算能力。

② 第一个取得此称号的是美国 IBM 所研发的 Q System One。

③ D-Wave One 商用量子计算机于 2011 年 5 月由加拿大 D-Wave 系统公司首次发布, 因为它不能进行秀尔算法的运算, 也不遵循古典物理学的模拟退火 (Simulated Annealing) 运算模型, 只能进行量子退火算法, 所以开始备受质疑, 被认为是没有真正用上量子效应。

子信息研究高地的又一热潮,因为量子计算不仅关乎着人工智能的发展前景,也关乎着每个国家在科技竞争中的地位。

6.2 未来数据: 知识图谱与呈现变革

大数据概念在 21 世纪初随着互联网、物联网等的普及而逐渐发展起来。近几年, 基于机器学习的数据挖掘技术日趋强大, 正在悄然改变着技术的发展、企业的运营以及公众的生活。如今, 几乎每个行业的组织和品牌都在利用大数据开辟新天地:IBM通过分析客户数据以研究如何增加返购机率;基因医疗机构通过病人的电子医疗记录来识别潜在的遗传变异; 证券交易使用大数据防止金融市场的非法交易; 法律数据库公司通过历年来的文献和案例数据建立智能咨询服务。

随着社会的日益数字化和收集数据的设备被越来越多地联网, 数据可以被集中处理成适用于机器学习的数据集, 从而被挖掘出更大的价值 [9]。本节我们将首先梳理建筑行业对数据的利用现状, 然后了解目前数据自身的发展趋势以及其呈现方式正在经历的变革。在了解技术准备的基础上, 进一步思考建筑和城市将会如何使用这些数据发展的成果。

6.2.1 建筑数据

我们在前述章节提到, 为了确保机器学习能有效地从数据中挖掘价值, 在用数据进行训练之前需要进行周全的准备工作。数据的格式统一是早期应用首先需要面对的问题。

正如我们在第 2.3 节中提到的, 在 20 世纪 80 年代计算机广泛进入建筑设计领域时, 首先进行的是传统的建筑设计信息媒介如技术图纸、效果图和实体模型等的数字化。这时无论是建筑师在软件中进行二维图纸的绘制, 还是三维几何建模, 获得的仅是带有几何信息的数据。几何信息会以一定的文件格式被保存,但由于不同的建模软件内部数据记录和处理方式不同,开发软件的语言也不完全一致, 故而使用的默认文件格式不同。要实现不同格式的建筑信息的交换和共享, 就需要达成一致的数据交换协议。

随着工业领域中计算机辅助设计 (Computer-Aided Design, CAD) 和制造 (Computer-Aided Manufacturing, CAM) 的大力推广; 早期用户需要将数据在不同的软件之间进行切换。为了解决这个问题, 国际上从 20 世纪 80 年代开始制定了一些数据交换标准, 其中包括了美国的"初始化图形交换规范"(The Initial Graphics Exchange Specification, IGES)。IGES 定义了一套可以表示 CAD / CAM 系统 [1] 中常用的几何和非几何数据格式和相应的文件结构 [10]。因此不同的数据格式可以通过 IGES 标准进行转换, 让数据可在多个 CAD / CAM 系统之间被识别和流通 [11]。由于之后很多采用参数化方式所创建的数字模型中已经开始包含所创建对象的加工信息等非几何信息, 所以 IGES 标准已经不再能满足当下数据交换的需求。

国际标准化组织 (ISO) 的工业自动化与集成技术委员会于 1984 年开始制订并持续完善产品模型数据交换标准 (Standard for the Exchange of Product Model Data, STEP), ISO 正式代号为 ISO-10303, 于 1994 年首次发布, 同时也停止了对 IGES 的进一步支持 [2]。因此从 IGES 转向使用 STEP 作为数据交换的标准是数据发展的必然要求。从 1997 年开始, 国际协同联盟 [3] (The International Alliance for Interoperability, IAI)

---

① CAD / CAM 系统是工程领域常用的概念, 是指利用计算机辅助完成产品的设计与制造的整合。它将传统的设计与制造彼此相对分离的任务作为一个整体来规划开发, 实现信息处理高度一体化。其中, CAD 是从计算机图形学中发展出来的应用领域, 是指使用计算机及其软件、硬件设备来辅助设计人员进行设计工作, 被广泛应用于工业界中。在汽车工业和航空工业产品生产的需求的推动下, CAD 于 20 世纪 70 年代与之前单独发展的 CAM 结合在一起共同发展。到了 80 年代, 实现了 CAD/CAM 集成的参数化实体特征建模技术下的商用软件如 Pro/ENGINEER 和 CATIA 等兴起, 并在 90 年代后持续发展, 如今已经进入整合了管理过程的全生命周期平台的阶段。

② 于 1996 年发布的 IGES 版本 5.3 是其最后发布的标准。

③ 目前更名为 buildingSMART。

在 STEP 的基础上，为建筑行业的产品数据制定工业基础分类 (Industry Foundation Classes, IFC) 标准。此标准是一种可以在任何平台使用的开放性文件格式规范，因此常作为建筑信息模型的"中转"格式，例如从 Autodesk Autocad Architecture 软件输出的文件可通过 IFC 格式文件在 Graphisoft ArchiCAD 软件读取。

标准的可交互模型结构确保了各模型结构之间语义的关联性，满足项目中的所有参与方所输入、维护更新和输出信息的一致性，也回应了建筑的全生命周期管理的需求。这意味着建筑设计产业中除了最终的技术图纸和三维几何模型，其他关联的数据也同等重要，如后期的建筑使用评价、建筑管理系统、交通和运输系统、采购系统、性能报告、维护和更换系统、运营成本监控、信息通信系统等，当然也不排除建筑的前期设计信息。

建筑信息模型的数据格式统一势必会提高日后的数据管理的效率。一个由欧洲联盟委员会 (European Commission) 所支持的"可持续建筑知识" (Durable Architectural Knowledge, DURAAK) 项目旨在保存从规划、建筑、施工或翻新工程中所产生的三维模型和点云数据。除此之外，该建筑或城市的法律、历史、基础设施或环境文脉等相关信息也需要被保存下来。该项目于 2013 年启动，项目成员将建成环境进行"扫描"作为建筑信息模型，另外通过添加额外的数据集为该模型赋予或补充语义信息，如建筑的地理位置、建成年份、建造者、施工参与方、状态等 [12]。

建筑信息模型在一定程度上使建筑师和客户之间的合作方式发生了变化。经过长达二三十年的数字化发展，如今建筑设计委托方开始要求建筑师提供的不再只是二维技术图纸，而是拥有更多维度信息的建筑信息模型，以为客户的日常建筑管理工作提供更有效的决策依据。现今数个国家如美国、英国、芬兰和新加坡等已经开始要求 IFC 作为公共、军事政要建筑项目交付文件的必要信息模型格式之一，以支持更有效的合规性审查、成本和碳排放控制、建筑运营维护等。

除了 IFC 格式，也有其他专门针对具体应用场景所需要交付的信息模型格式，例如 COBie (Construction-Operation Building information exchange）是一种专门交付给楼宇管理和运营方的国际标准建筑信息模型格式[13]，它主要记录了建筑空间和设备（如暖通空调系统等）信息，因此建筑所有或管理者可以通过该文件来协助建筑设施的管理和维护。一般设计师需要先负责创建安装在建筑中的设备几何信息，而建设或采购承包商负责添入如序列号、安装日期等信息。COBie目前也已经在部分国家或地区被纳入为工程项目合同中必需交付内容。随着未来对建成建筑的智能运营需求增加，不难预测民用建筑如居住建筑的交付内容也会逐渐有类似的要求。

一步步手动创建完整的建筑信息模型固然在一定程度上耗费操作成本，因此业内也在不断探索如何通过智能技术减轻建模负担。国内的酷家乐基于国内住宅的平面图像数据，通过机器学习训练了一种可以自动识别出平面元素的模型。此模型在用户输入二维图像后，会自动生成相关的矢量信息，让用户后续进行调整设计。一组来自谷歌、麻省理工学院和华盛顿大学等公司或研究机构的学者也基于某日本开源的平面数据集，通过一种人工神经网络将大量的位图数据转换成准确度高的矢量和三维模型。

同时机器学习可以协助从建筑信息模型中的数据识别出异常情况，在某种程度上协助建筑师侦测到难以通过肉眼识别的问题[14]。通过无监督学习的聚类，异常的信息将会被计算机自主归纳到有别于正常的"类"中，自主提示该构件和其他部分具有明显的区别。另外，建筑信息模型中缺失的数据也可通过有监督学习（例如分类）进行补充。当某个建筑信息模型并未注明具体的功能属性，通过分类模型将其进行识别后，计算机可自动地填充相关的信息。

另一种获取和建筑相关的数据方式是让用户"主动"提供数据，甚至是实时的数据。通常当建筑施工完成后，建筑师在合同上的职责就会结束，不会再继续和业主更多的互动。而美国基兰·延伯莱克建筑事务所（Kieran Timberlake Associates）的创新中心试图打破这一局面，为施工完成后入住该建筑的使用者研发一款具有后期评估功能的移动端应用——Roast（图6.2.1）。

图 6.2.1 Roast应用界面

　　通过移动端的加持，人类本身似乎成为了一种感知器，甚至可能比建筑里安装的无线感知器更准确。该移动端应用可将用户对新建成空间的感知意见反馈给云端（包括建筑师），例如对空气质量、视觉、听觉、温度、潮湿度和空气流通度的评价，甚至是根据在空间中工作时对空间的情绪感受，让设计者能更直观且及时的看到建筑设计结果的真实性能表现。

　　由于建筑空间的设计大部分在前期都是基于"假设"的，即使经过计算机模拟也可能有失准确性，因此该反馈结果对建筑师进行特定的设计研究和对建筑的管理者而言极为重要。例如，空间的视觉舒适感，或是地板下暖通空调的设计方面的数据均能从该应用中所记录用户的使用情况中获得，并作为建筑师日后设计的参考依据，建筑管理者也可从中洞察，有效地减少不必要的能源浪费。

　　随着微控制器[1]（microcontroller）与各种感知元件的普及，如今任何人都可以通过购买一个手掌大小的 Arduino（微控制器或者单片机的一种）再配以扩充板和特定的传感器来构建一个感知器。使用感知器，并通过

---

[1]　又称单片机，全称单片微型计算机，是把中央处理器、存储器、定时／计数器、各种输入输出接口等都集成在一块集成电路芯片上的微型计算机。与应用在个人计算机中的通用型微处理器相比，它更强调自供应和节约成本。它的最大优点是体积小，可放在仪表内部，但存储量小，输入输出接口简单，功能较低。

简单的程序设置就可以完成数据感知和传输任务, 例如每隔十分钟就通过感知器读取一次土壤的湿度数据, 并将其传输到云端的服务器上。

作为扎哈·哈迪德建筑事务所的分析及洞察小组 (Analytics and Insight Unit) 的发起人, 屋里·布卢姆 (Uli Blum) 质疑设计中的标准化通用法则, 而提倡一种能够适应空间和用户偏好的设计方式 [15]。他认为建筑师的挑战莫过于找出空间中存在的差异和相应潜在的影响, 这就意味着建筑师必须有效地侦测出对整体设计成果具有关键影响的因素。在一个办公室的室内研究项目中, 他考虑了借由传感器来更好地了解办公场所的设计模式。该感知器由可检测视野、噪声、湿度、光线、温度和空气质量等的设备所组成。其中监控摄像头可追踪空间内员工的实时位置, 该动态的数据被分析后可确定办公空间在一天中不同时间段的使用情况, 由此可根据数据分析结果定制个性化的办公布局。

另一方面, 鉴于以往绿色建筑设计的性能模拟有可能并不满足规范, 美国绿色建筑委员会 (U.S. Green Building Council) 也开始尝试通过实际的建筑数据来验证其绿色性能。建筑物中的主动式设备或检测被动式节能设计的设备的接口都连接到一个可视化的平台上, 让业主直观看到多项预设指标如节能、水源、垃圾、交通和体验等的有效性 (图 6.2.2)。

大数据对智能建筑同样产生了不容忽视的影响。其核心是利用数据及智能相关的技术, 使建筑物更智能、更灵敏, 最终提高建筑的整体性能, 例如建筑元素与智能计算结合后, 从空调设备调温到窗口的自动遮阳设施皆可被智能化。库哈斯在 2014 年威尼斯双年展中预测, 未来任何建筑元素, 如屋顶、楼板、墙体、门窗、立面等, 都将与数据驱动技术进行关联 [16]。这些建筑元素从无感知变成具有感知能力: 门可以识别经过者的身份; 厕所可以分析使用者的健康情况; 楼板可以告诉管理者实际的居住人数。它们可以通过与人和环境的信息交互产生数据、分析数据并和其他数据互相作用。

图 6.2.2 Arc Skoru应用界面

数据格式的统一和数据的科学接入都有助于各个行业的数据库搭建，不仅能够保存珍贵的设计遗产，也可以从中通过机器学习等方法挖掘出有意义的信息或知识。与此同时，当未来的建筑物都具有感知能力后，我们可以想象或许未来的建筑形态将会产生变化：小至可影响传统建筑元素之间的逻辑关系，大则影响建筑整体的设计逻辑和策略，以致可产生新的建筑类型的可能。

6.2.2　数据关联与知识图谱

我们在第二章中说道，这些看似散乱的数据在经过一系列的处理，如数据预处理和机器学习后，可以形成有一定价值的"黄金"，而这些价值通常可以为任何领域应用，包括学界、商界和政界等。

这些数据所挖掘的价值可通过一种概念性的模型来解释各个不同的层级：数据（Data）、信息（Information）、知识（Knowledge）和智慧（Wisdom）——DIKW 金字塔模型 [17]（图 6.2.3）。

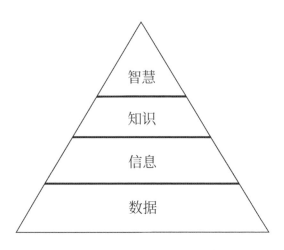

图 6.2.3 DIKW模型及层级转化示意图

　　在此模型中，位于最底层的原始数据是从真实世界的观察所得，即观测数据。原始数据的来源可以是人为对某种现象或真实发生的事件记录，或是通过安装在城市中或建筑物里的传感器、移动端应用，甚至是计算机通过某种原则自动生成的大量数据。未经过处理的数据被称为非结构化数据，也就是还未记录数据的属性及其之间的相关性。因此，数据的结构化是指在数据分析开始之前经过一系列的预处理，如数据清理、数据转换和数据整合等，来实现数据的有序整合。这些不同来源的数据借此将被整合在一起成为"信息"，例如把城市中的温度测量数据与测量位置和时间数据进行的整合。

　　然而此时从这些信息中我们还难以看到背后的逻辑或模式，这是由于我们很难通过肉眼和大脑去识别出每一条数据样本之间的关系。而机器学习是其中一个可以协助我们从信息挖掘出"知识"的方法，具体包括了在前面提及的回归、分类、聚类、模式识别等方法 {2}。在解决问题时，知识可以理解为一种可行的原理或工作模式。当我们需要对问题做出回应并行动时，知识回答了"如何"的问题。

当这些知识经过不断地积累，通过层层考验并逐渐适应任何一种问题环境后，它将有可能上升到"智慧"来为我们解答"为什么"的问题，就像是一位智者去指导我们未来的行为模式[18]。

从中我们可以看到，为了从大量非结构化的数据个体中建立起一种有用的结构，如信息、模式、规律、知识甚至是智慧，数据自身每一次的"升级"都需要借助不同的方法。原始数据的预处理可能就用到了统计学概念或是个别专业领域的知识。从信息转化到知识的方法目前就有基于数据驱动的机器学习和深度学习，而另外的方式则是寻找这些信息之间的关联性，最终形成"知识图谱"（knowledge graph）。

说到信息之间的关联性，我们或许可以先从计算机如何读取数据说起。计算机出现初期对数据的处理由简单读写开始，所以数据的关联逻辑也十分简单。接着，人们发现如果把数据间的关系储存起来可以大大提高处理速度，于是关系型数据库[1]（Relational Database）慢慢发展起来，使得现实世界中的实体[2]（包含对象和概念）以及它们之间的联系可以通过一种关系模型来表示。关系模型是采用一种二维表格结构来表达实体间如何联系的数据模型（例如 Excel 数据表格），它的基本假定是所有数据都表示为数学上的关系，数据通过关系演算和关系代数的方式进行操作。

数据模型就好比是一个容纳各种数据类型数据的档案馆，在这个档案馆中所有数据都已经被编上号码，方便后续的搜索工作。然而不管是实体的档案馆还是本地计算机中的数据库，都在地理位置上限制了数据的可通达性（前提是访问是公开的），因此非本地限制的数据储存和读取需求不断涌现。

而其中一个解决方法便是万维网[3]（World Wide Web, WWW）。它

---

① 又叫关系数据库，借助于集合代数等数学概念和方法来处理数据库中的数据。

② 对象指现实世界里的物体，如事件、物体等；概念是人类创造出来的没有形体且抽象的东西，如悲伤、快乐等情绪。

③ 万维网是互联网的其中一种形式，是实现全球网络相互连接的基础，其他互联网的形式有邮件、即时通信应用等。

是一种虚拟的信息① 空间, 由许多具有互相链接信息的"超文本"② 所组成
的庞大系统 [19]。这里的超文本并不是说万维网中只有文本数据, 而是以一
种"文本"的方式将各种信息进行连接。万维网的服务器可以通过超文本
链路 (超链接) 来将各种带有信息的网络页面 (或多媒体信息) 进行链接,
因此这些信息可放置在世界任何地方的主机或服务器上。随着万维网的出
现, 各种多媒体类型的信息如文字、图像、音频、视频等得以源源不断地充
斥在"云上"的各个角落。用户只需提出查询要求, 就可以从全世界任何地
方调来所需的各种信息。因此在一定程度上我们可以将其比喻成一种"云
上的图书馆"。例如, 学生从原来在图书馆中逐一查阅书架上的书本编号来
搜索信息转变为坐在计算机屏幕面前在键盘上轻敲关键词。移动端互联网
近年来也开始逐渐取代传统的上网方式, 使公众可以随时随地沉浸于"手
掌搜索"带来的便捷和快感中。万维网让我们获取信息的时间大大缩短了。

　　然而在早期, 万维网中的信息只能被人类所理解, 计算机则无法理解
网页中的多媒体信息, 它既不知道图片的含义, 也不清楚某个链接所指向的
页面中的内容和当前文字有何关系。例如, 传统上我们在百度或谷歌网页进
行关键词搜索时, 只能得到这个关键词相关的网页链接, 因此我们不得不
尝试再进入好几个网页中查找并过滤信息, 再将信息复制粘贴出来, 人为
地整理成一种更为有条理的叙事结构。由于计算机并不能理解网上的内容,
对信息检索的方法缺少统一的语义描述, 因此基于传统的检索方式无法达
到人为筛选的程度, 使用户难以查找到关键的资源, 从而导致了查找效率
低的缺陷。

　　在万维网可以实现人与人之间信息共享的基础上, 为了解决上述问题,
计算机智能被认为也可以介入信息处理的过程, 例如可以自主分析万维网上
的所有信息, 以做出可以媲美人类的检索方式。与深度学习试图解决的表示

---

① 　这里的信息和上面 DIKW 模型所提到的信息有不同之处。这里的信息除了包括多媒
体数据, 也意指被人为整理过的信息 (毕竟是通过人上传)。

② 　由于万维网是以超文本标注语言 HTML (Hyper Markup Language) 与超文本传
输协议 HTTP (Hyper Text Transfer Protocol) 为基础。

问题类似, 针对传统检索方法难以让计算机理解信息的问题, 专家们提出用一种可以更容易地被计算机理解的表示方法来描述信息, 即语义网 (Semantic Web)。语义网试图让计算机可以理解一个由信息相互链接所构成的庞大网络中的信息。语义网建立在万维网的基础之上, 为网上的信息赋予具有计算机可以理解的语义。它的核心是通过一种"智能代理", 为万维网上的信息添加能够被计算机所理解的语义, 使人类从信息表示的繁琐工作中解脱出来。

除了添加语义, 还需要让信息进行有效的"链接"。如果我们说万维网是将不同的信息页面进行链接, 那么在语义网中信息的颗粒度则更为微小, 是对信息本身构建链接, 以形成一个庞大的信息网络。在早期, 数据的链接是针对来源不同的数据集, 然而近年来此概念也开始逐渐发展成针对具体的一个领域, 如医学、金融等, 甚至是对某一个企业内部的数据库进行链接的搭建, 而这使得"知识图谱"概念得以盛行。

知识图谱可以简单地理解为具有更多限制的语义网 [20]。它包含实体 (entities)、关系 (relationships)、语义描述和潜在的公理。和第四章中 {4.2} 所提到的图模型 (graphical model) 结构类似, 知识图谱的架构也具有边和节点 (图 6.2.4)。

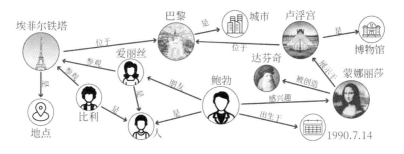

图 6.2.4 知识图谱示例

为了便于描述代数相关的关系和支持自动化推理, 知识图谱中的节点代表实体 (也就是前面关系型数据库中的对象或概念), 每个节点可被多于一个节点进行连接。边则作为描述信息形式之间的关系，可以是有向或无向 (directed or undirected)，由此给关系赋予方向性 [21]。

知识图谱的建立可对学科知识进行系统性的梳理，通过对文本或其他可能的数据类型进行关联性的学习，以实现对实体以及其他相关事物之间相互关系的描述。可以说，知识图谱可以尝试对客观世界进行知识映射 (mapping world knowledge)，以描述不同层次和颗粒度的抽象概念 [22]。

在互联网普及之前，早期人工智能领域的研究人员在 20 世纪 80 年代已经开始探索利用图结构去表示知识，并由此发展起知识图理论，为 80 年代末专家系统在医学、社会科学等领域的成功助上一臂之力。继在以符号学派为代表的专家系统在知识工程方面取得一定成果之后，知识图谱在互联网时代组建知识网络的潜力被进一步挖掘，不少拥有数据库的公司尝试构建这种知识网络。

2012 年，谷歌为自家提高搜索引擎检索效率而建立的知识库正式命名为知识图谱 ①。谷歌借助知识图谱将各种不同渠道的信息整理成结构化的关系图，使得每个信息中的实体 (例如一部电影) 可以关联到与它相关的更多信息 (如其他相关演员、同类风格的影片等)，以节省用户逐一进入不同网页进行信息汇总的时间，大大提高了人们借助搜索引擎搜索整理信息的效率。例如，如今当人们在搜索框输入"Frank Lloyd Wright"作为参照主体时，它即可一次返回大量与该主体相关的信息，用户瞬间可以了解他在哪里受过教育、他的建筑设计作品，甚至是和他有关的建筑师等 (图 6.2.5)。

目前知识图谱不仅尝试了特定领域的知识整理，也正在逐步关联不同领域间的信息，使各领域相互之间可以进行不同程度的连接。过去几年拥有大数据的机构已开展了这方面的研究工作，主要成果有 NELL (Never-Ending Language Learning) [23]、DBpedia、Knowledge Vault[12]、IBM 的 Watson、苹果的 Siri 和微软的 Cortana 等。

① 谷歌知识图谱是谷歌的一个知识库，用户将能够使用此功能提供的信息来解决他们查询的问题，而不必导航到其他网站并自己汇总信息。

图 6.2.5 谷歌知识图谱应用场景

　　试图通过人力穷尽网络中所有的信息主体和关系去建立完整的知识图谱是不现实的,但是互联网的普及、语义网的建立和机器学习算法的进步为之带来了新的希望,使得半自动化甚至自动化知识图谱的构建过程变得不再遥不可及。机器可对大量的数据样本进行分类、回归和聚类,把我们现有的数据升华为优质的训练集,不合理关系被自动修正,为知识图谱的建立提高效率。

　　不难想象,如果对于特定领域的知识图谱一旦被建立起来,将有可能颠覆该领域现有的既定工作模式。例如在医疗方面,有二三十年以上的看 X光片经验的胸外科医生可以一眼看出胸片的问题,但是年轻的医生和偏远地区接触不到太多病例的医生则没有这个能力。一直以来,医生只能通过不断地学习和积累,才能成为拥有丰富经验的专家,但同时这也意味着其执业时间所剩无几。这些没有外化的经验难以向下传递,年轻医生则仍然需要从头累积经验。通过利用人工智能技术,能够让机器学习海量被标注过的胸片,从而形成一类类似于知识图谱的 AI 系统,年轻医生可以借助它判断病例,而不需要个人积累几十年的经验。

　　另外,当各个领域建立好自身的知识图谱后,跨领域之间也能建构起一个庞大的知识网络。这样的系统将可应用于知识的建模和推理、自然语言处理、异常检测、数据清理、语义搜索、根源分析、数据分类和推荐系统等。这些都归功于数据之间的关联性,让计算机有着类似人类的"联想"能力。

6.2.3 数据呈现方式的变革

在前面的两节中,我们可以看到数据有着不同的呈现方式,从早期简单的数字表格发展到大数据时代下的知识图谱,数据已经表现出了愈加大规模、高维度的发展趋势。要将这样的数据直观地展示出来,帮助人类理解和找出包含在这些海量信息中的规律和模式,使用传统的二维显示,甚至三维呈现都显得有些捉襟见肘。

尽管目前已经有一些成熟的数据可视化工具如 Tableau 等协助人们呈现这些数据,但如何让使用者能够更加真实地理解和体验这些数据,并与它们进行沉浸式地交互,则期待着数据呈现技术的进一步变革。

目前来说,虚拟现实(Virtual reality, VR)、增强现实(Augmented reality, AR)及混合现实(Mixed Reality, MR)技术是此发展方向上的三个重要技术。它们三者之间主要区别体现在与现实世界的不同关系上。

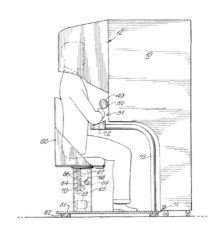

图 6.2.6 早期的沉浸式体验装置——Sensorama

　　虚拟现实是这三种技术中相对较早发展起来的硬软件技术（图 6.2.6）。在硬件方面和常规的键盘、鼠标或显示屏相当，虚拟现实需要将独特的穿戴式设备连接到计算机。穿戴式设备让用户在感官上与外界隔离开来，并展示由计算机所输出的虚拟世界画面，向用户提供身历其境的体验（常见的是视觉）。用户可以通过自身的移动（在线缆和传感器的一定范围内）或是通过遥杆发动指令让计算机进行临场感的模拟计算。因此，用户可以在该"虚拟世界"中无边界地探索设计师所营造的事物。

　　除了达到身临其境的视觉效果，也可以结合额外的音效和触觉信息打造完全封闭的虚拟体验，以此应用于需要完整的故事叙事或体验传达。一些先锋建筑事务所已尝试将虚拟现实应用到设计的早期阶段中。有别于传统的渲染需要较长时间的等待，虚拟现实可以实时呈现建筑的场景。在节省渲染时间的同时，通过一些操控配置在该虚拟场景中对三维模型进行比较和切换，提供更为直观的感受。

　　在互联网和云端计算的加持下，虚拟现实也允许多人线上交流。一个服务于建筑领域的虚拟现实的科技公司——Visual Vocal，在研究建设工程项目各个参与方之间交流模式的基础上，研发出一款可搭载在智能手机上的虚拟现实程序（图 6.2.7）。

图 6.2.7 Visual Vocal的应用场景

　　由于传统的虚拟现实硬件被轻易携带的智能手机和小配件所替代，因此操作不受使用场地的限制。该程序和可携带配件可以让某个建筑设计项目的各个参与方在任何地方开会，通过移动端对虚拟现实中的图像进行标注，因此各个参与方在此虚拟建筑空间进行漫步的同时，直观地看到被标注需要优化的地方。而在建筑室内方面，宜家也基于虚拟现实技术让用户可以体验厨房空间和一系列的行为，包括调整厨房空间设计、操作家具和模拟应用场景如烹饪等。

　　如果说虚拟现实是将人带到虚拟世界中，将虚拟世界带到现实世界的则是增强现实。增强现实主要是将现实世界场景和虚拟信息（如文本、图像或三维模型等）进行结合与交互的技术。由于早期不太需要依附硬件的性能进行计算，只需要摄影机影像的位置及角度精算即可实现增强现实，因此用户通常只需要使用带有摄像头的智能手机即可体验。因其便携性和可从周边现实环境提取信息的特点，在建筑设计领域中，增强现实通常与额外的数字信息叠加，如新建立面和实景的结合、地下管道的铺设、室内改造设计、场地施工指南等。

　　宜家也开发了基于增强现实的手机应用，让用户可以通过手机摄像头对准室内中的某个位置，将宜家家居的数字三维模型"摆放"到画面中，使用户可以预览某件家具在现实空间中的摆设效果（图6.2.8）。

　　增强现实从现实环境提取信息的方法依赖于图像分析技术，包括机器学习和计算机视觉技术，而这些新技术的介入拓展了增强现实的定义。随着智能手机的计算性能不断提升，这些复杂的计算需求可以在智能手机上得以实现。为了与现实场景进行更逼真的结合，语义信息从真实世界的场景中被识别并萃取出来，与虚拟世界的信息进行结合后叠加显示。例如，苹果的ARkit不仅仅是摄像头所拍摄的显示画面简单地覆盖虚拟信息，它还能自动检测地面并计算虚拟物体周围的光线。由于这涉及比传统的增强现实更为复杂的计算机视觉算法，使得增强现实的标准大大提高。虽然其名字包含了"AR"，ARkit更像是一种混合现实（图6.2.9）。

图 6.2.8 宜家增强现实移动端应用场景

混合现实则是虚拟现实与增强现实两种技术的结合,也被认为是增强现实的拓展。混合现实将现实和虚拟世界更为紧密的结合,以试图实现现实中的实体和虚拟数字对象可以实时相互作用,从而在虚拟世界中更逼真地模拟出真实物体。与传统的增强现实不同的是,后者只将虚拟信息简单地叠加在画面上,还未考虑场景中实体远近的距离。而混合现实软件可对现实世界进行实体分析、空间深度分析和精确定位,这样一来在分析显示场景的物体远近关系或位置后,虚拟世界能与现实世界的场景进行更为逼真的结合,而不仅仅是简单的叠加。

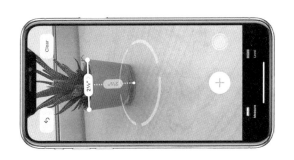

图 6.2.9 ARKit的Measure测量应用界面

除了视觉上虚拟信息与现实世界信息的融合, 在互动设备的支持下用户也可以和虚拟信息进行交互。例如在建筑领域的应用中, 在现实场景中的特征被捕捉后, 佩戴可捕捉手势设备的用户可借由手势将虚拟信息 (如三维模型等) 进行尺度上的缩放, 将其精确地在现实空间中放置。因此, 混合现实具有将虚拟信息在现实场景中准确定位的能力, 在建筑领域中的应用场景包括建筑设计或室内设计在现实场景中的预览对比, 同时也可以将潜在虚拟物体和现实物体之间的碰撞进行标注。不难想象, 借此技术创造出来的建筑信息模型在未来或许可以替代部分实体模型。

由此可见, 这些新的数据呈现方式和不同于传统的互动方式或许会在未来改变建筑师的工作辅助工具——即不再使用鼠标和键盘, 而是多数情况下通过手势、眼神甚至是口令来指示计算机开展工作。

6.3 未来城市中的角色: 突破既有模式

随着城市数据的积累及数据处理技术的进步, 一些城市政府以及相关机构开始使用数据来辅助规划、设计和管理城市, 以期实现城市规划设计及管理运营的智能化升级。

数个大城市已经开始研发自己的大数据城市管理平台, 正在利用数据帮助他们应对一系列的城市挑战, 从识别违规车牌号码到检测违章建造。例如, 西班牙桑坦德市 (Santander) 部署了一万多个传感器用于测量空气质量、停车位和采光情况, 以更好地管理城市, 为市民提供优化的城市服务。不仅仅是城市管理部门, 一些新兴企业也在构建和提升与其业务相关的大数据管理平台。例如, 针对滴滴出行的在线共享平台, 有学者使用真实的城市交通中产生的大量数据训练强化学习模型框架, 用于改善与城市交通运营相关的出租车调度, 更好地回应复杂的随机需用—供给变化, 以高效地缓解交通拥堵和提高运输效率, 为公众的出行提高更好的服务 [24]。

大数据管理平台只是城市智能化改造的冰山一角。当下的世界范围内,已有越来越多城市开始尝试基于原来的建设增加智能化，甚至也有从零开始设计的智能城市，例如中国的雄安新区。在这些城市中，建筑物的设计和建造模式也在相应地发生变化。人类城市或许在未来会变得越来越高效，然而在城市整体智能化升级的过程中，城市事务主要参与者的角色内涵势必发生改变。本节我们将从城市管理者、开发者、公众及设计师的角度，一一探讨他们可能会面对的新变化与新挑战。

6.3.1 管理者

传统意义上的城市规划或设计往往是自上而下的。此模式标准化的反馈机制和设计策略或许让城市建设和管理在某些方面显得更为高效，但由于在前期的设计决策中缺乏有效的数据支持或公民参与，所以规划成果很难充分回应公众的真正诉求。当然，任何模式的选择相信是决策者根据当下的局限作出充分考虑的结果，但仍然难以回应诉求的原因可能包括：缺乏技术收集能够反映真实情况的观测数据、公众的需求缺乏合适的渠道向有关当局反馈、量级庞大的反馈建议难以被进行归纳和整理等。

近年来在云端计算、互联网和机器学习等技术的支持下，基于自下而上模式发展起来的智慧型应用程序，在一定程度上弥补了自上而下模式的不足。这些依托于移动设备的应用，除了影响城市公众的行为模式外，也逐渐在一定程度上协助管理任务。例如：共享单车解决了城市通勤的"最后一公里"难题；"疾病地图"通过流感信息搜索者的 IP 地址标记出大概的传染范围，为管理者缩小公共卫生解决范围。

自下而上的智慧应用一旦被证实有效就会很轻易地俘获公众市场，从而影响城市问题的解决方法。由于这些应用中的大量数据都可以被记录下来，如时间戳、地理位置、图像、视频等更高维度数据格式的实时数据，所以在提升城市各个维度的智能化程度上，大数据具有巨大的潜力。通过利用这些可以反映真实现象的数据，城市管理者能够更有效地治理城市中的诸多问题。安装在城市各处的传感器清晰地展示了城市基础架构需求以及当前形势的发展趋势。通过有效使用数据来研究城市当前的需求有助于确定需要改进和升级的领域。

例如在交通方面，大数据可以辅助我们轻松管理运输系统。通过分析从交通当局收集的数据，可以研究减少交通拥堵的模式，开发管理和监控城市内交通的智能应用。而在安保方面，确保公民的安全是任何城市的首要任务之一，为了避免城市内的安全问题，数据的预测分析可以帮助研究犯罪的历史和地理数据，以识别可能发生犯罪的时间和地点。

另外在可持续发展方面，通过数据收集可以持续监控城市的发展及资源利用情况，以便在有需要时进行必要的更改。大数据在人口统计、行为分析等方面已获得可见成效。人群控制便是目前大数据应用的一个极佳的例子。现代都市基本都面临人口增长、资源不足的问题，所以无论在什么时候，只要在某个区域聚集了超过它的平均承载能力的人数，就会出现计划外的资源缺乏问题，无论是公共设施、食物还是栖息地，随之而来的可能就是不同程度的骚动等安保问题。而大数据则可以帮助城市管理者理解人群什么时候、从哪里、怎么样、为什么聚集到某个地方，甚至基于数据模式挖掘产生模拟数据去预测人群的动向甚至群体行为。随着未来人口的增长和城市资源的紧张，人群问题将会变得越来越频繁，而大数据的适当利用可以缓解甚至解决这类问题乃至更多的城市问题。

我们在前面提到，数据通过数据挖掘或机器学习的训练后可挖掘背后的价值。数据中的多种内容（如物理空间、气候、重大节日和活动等）之间的关系将被建立起来作为预测模型。此类模型可为城市设计和管理者如何打造更为适宜的建成环境提供决策参考。例如，麻省理工学院媒体实验室的城市科学研究组就开发了用于辅助城市决策的系统平台 CityScope[25]（图 6.3.1）。

它采用可以实现人类直觉可触的人机交互界面，使用机器学习技术实现实时反馈，并提供优化建议帮助使用者实现他们对城市的愿景。小库科技也在 2017 年深港城市建筑双城双年展中试图打造一个多维城市数据平台，对移动端应用和无线探针收集到的数据进行分析，协助建筑师在设计选址方面快速地从一定范围内锁定目标区域，使设计尽可能匹配用户的真实需求（图 6.3.2）。

图 6.3.1 使用中的CityScope

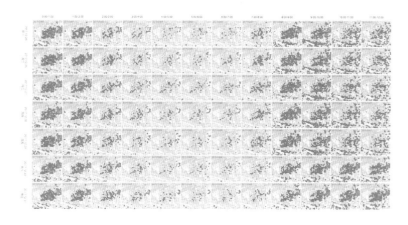

图 6.3.2 小库的南头古城部分热力部分数据分析成果（2017年）

因此在这些先进技术和工具的帮助下，城市管理者可以获得城市中的公众通过各种行为所产生的大量数据。通过对这些包含了公众主观意愿和客观行为的数据进行分析，管理者可以对城市事务进行更加科学、合理及高效的决策。

但任何事物都具有两面性。自下而上的模式本身存在体制脆弱的问题,缺乏监管的应用将导致社会负面问题。例如在公众隐私方面,互联网巨头公司因管理不善所导致的不幸案件使其与政府和公众之间的矛盾关系浮上台面: 企业的数据目前并没有法律明文规定有义务提交给政府, 真正的管理城市者并不能有效地使用这些数据; 公众的数据隐私也缺乏相应的法律保护, 容易被不法分子进行滥用。由于政府、企业、公众在收集、管理和使用数据上存在根本的隔阂, 因此需要各方进行有效的沟通和形成互惠的合作方式, 这样才能将数据的使用利益最大化。鉴于这两种模式各有长处和短处, 只采用单方会导致极端的局面, 所以两种模式的结合或平衡或许是更好的选择。

我们不妨以美国波士顿处理问题的方法为例。波士顿消防局除了每年得出动超过五千次的火灾救援外, 还负责在每次大暴雪后清理超过 13 000 个消防桩, 以避免在冬天发生火灾时临时找不到消防栓而导致救援延误。如果让波士顿市政府委派人员检查并清理这些消防栓, 将是一个费时、昂贵且繁重的过程。因此, 另一种可能的方法是让此任务在公众层级下化解, 不过同时也需要一定来自"上面"的管控。波士顿市政府通过推出"认养消防桩计划"(Adopt A Hydrant)项目, 让社区志愿者自愿"认养"自家附近的消防桩。城市级的监测积雪系统则通过该应用向志愿者发送短信和邮件通知他们除雪的时机和方法。这是一个有趣、精简且高效的方式。如此一来城市既通过监测网络完成城市的维护, 也不必在除雪问题上耗费巨资, 在提高市民参与度的同时, 也培养了市民的消防意识。

过去城市管理者把城市基础设施的维护管理看成政府部门的职责, 因此城市的监测系统往往把市民的参与排除在外。然而来自底层的力量所推动的结果永远是难以被忽视的, 例如可让志愿者参与编辑的开放街景地图(OpenStreetMap)和维基百科, 不难发现公众在此方面参与的热情, 以致形成一种虚拟的互助社区。因此, 通过公众参与, 在一定程度上或许可以强化产品, 尤其在人工智能时代, 由于机器学习和深度学习等算法仰仗于大量优质的训练样本, 与其单靠政府或企业得到数据样本, 不如让更多的公众参与进来一起解决数据难题。

总的来说，自上而下和自下而上两种模式的潜在结合形式可能是：城市级别的基础设施监测系统尽量采取自上而下的模式进行设计和实现，与此同时，也在不同的环节上允许自下而上的智慧应用介入，以形成两种模式相互依存、合作共营的局面。

6.3.2 开发者

现代的城市化进程离不开开发商的参与。"开发商"的角色如同其名，既是土地的开发者，也是重视收益回报的"商人"。在城市的发展政策和计划被决定后，需要依赖重资本（无论是国家资本还是民间资本）企业进行具体的开发工作。这对世界上任何一个国家来说，几乎没有本质的区别，无论是欧洲城市在二战后的重建工作，还是美国城市在 20 世纪后半叶的城市更新计划，或是中国城市在 21 世纪前后高速发展的住宅区建设，都大致涉及获取土地（所有权或使用权）、制定具体开发计划、进行建造、完成开发及其后的分配或出售等环节 [26]。由于重资本在一定程度上要追求经济的回报，开发商们总是希望在最短时间内获取最大的收益。

因此，如果有一种新技术或工具可以更快且更可控地推进整体的开发过程，开发商绝不吝于拥抱它们。像是在建筑信息模型的采用上，开发商的态度总体来说较之于建筑师、承建商等更加积极 [27]，这正是因为建筑信息模型所强调的合作模式 ①，能够让开发商提早进行设计的评估，有效控制项目中的复杂性，并加强成本预计的可信度和管理传统上难以被掌握和处理的工作，进一步获取项目时长上的压缩和收益上的提升。另外，伴随着各个

---

① 在使用了 BIM 的工程项目中，常常采用项目集成交付（Integrated Project Delivery, IPD）作为合同方式。它是 20 世纪 90 年代末期出现的一种项目交付模式，要求开发商、建筑师、承建商等各参与方在项目早期就介入并相互合作，利润分配机制与各个参与方对项目的贡献值相联系和匹配。通过建立一种紧密的合作关系，使得参与者的目标一致、积极推动项目的成功，并在此过程中共同承担风险和收益。

国家的制造业智能升级 ①，我们可以预见，很快不少土地开发者将积极投入使用各类先进技术和工具来辅助开发过程的竞争中，近期碧桂园就提出了试图采用机器人参与建筑的建造中。完全使用机器人建造或许还有很长的一段路要走，不过其他潜在的可能如装配式建筑设计、智能化设计程序的研发、由数据驱动的管理方法等等在不久的未来是一种必然趋势。

　　随着高质量的数据越来越多，开发商在数据管理和分析上在未来估计也有一定的诉求。而目前除了依赖企业内部研发和通过购买第三方软件服务来满足这些需求外，在未来或许另一种潜在的方法是购买算法。不同方法各具有优劣势：企业内部技术部门耗资较低且容易沟通，但对于部分企业来说并不是长期需求；购买第三方软件服务虽有质量保证，不过数据保护却存在矛盾。因此购买第三方算法的好处在于：一是最为敏感且贵重的数据不需要向软件提供商暴露，算法提供商只需要根据客户的需求设计学习算法，客户再使用自己的数据进行训练以得到模型；二是这种方式为企业提供了更多的定制选项。过去软件的标准化流程下无法根据需要调整的局面将结束，算法销售服务将成为焦点。

　　令人惊讶的是，在制造业升级的大背景下，城市升级工作的参与方已不仅仅限于传统的土地开发商，一些大型科技公司也逐渐加入了开发行列。一座体现智能的城市，除了物理空间上的提升，也需要在智能硬件和软件上的布局，例如制造智能硬件设施和社交软件科技的企业对城市的开发都同等重要。我们从阿里巴巴的阿里云 ET 城市大脑、腾讯的互联网＋平台以及华为的智慧城市平台都可以看到，它们各自试图使用当下最先进的技术和工具，对城市数据背后隐藏的模式架构起可以管理它们的软件系统。在国外，一些科技公司同样在承担着开发者的角色。例如 IBM 公司就曾为了解决瑞典首都斯德哥尔摩交通拥堵的问题，开发了软硬件结合的城市交通管理系统，极大缓解了拥堵以及空气质量等城市病 [28]。

　　与传统开发者在处理城市物质性的一面相比较，科技公司作为开发者，更多地是在进行城市中虚拟系统的开发工作。总结来讲, 在先进技术和工具的使用下, 对于传统开发者来说, 他们可以在多个维度减小开发的风险, 缩短项目的周期, 加快工程的速度, 进一步促进城市化的进程; 而对于前述新入场的开发者来说, 他们相当于在城市中进行不可见基础设施的搭建工作。此外, 作为提供大规模网络服务的运营商 (如中国移动、中国联通和中国电信等), 在累积了大量的用户数据之后, 也在试图通过大数据和人工智能技术, 对社区人口与组成的变化等进行分析, 让潜在的模式浮现出来, 以预测服务业的商业机会, 如业态类型, 零售、餐馆的密度和服务半径等。

6.3.3 公众

由于城市规划和设计目前整体上来说还是自上而下进行的, 即便是试图去考虑公众的需求和意见, 也面临着管理者该如何有效地倾听和采纳的问题。

传统上, 公众参与的阶段已经是在规划草案初步完成的公示阶段。通知公众的做法通常是在相关政府部门的展示窗或者网站上, 通过发布信息让公众了解策略设计, 同时判断自身是否受到了影响并提出意见。不过, 世界各国都在不断探索公众参与的新方式。例如, 德国很多城市建立了"城市论坛"(city forum), 在这里公众可以和有关部门直接对话, 以共同讨论的形式参与规划的过程 [29]。而在英国, 为了让公众可以更积极地参与对周围环境的反馈, 一款基于智能手表的穿戴式应用——ChangeExplorer 被研发出来。人们也在研究其与公众参与的关系, 虽然该轻便的应用尚未能从公众一方取得全面的信息, 但科技的介入缩短了公众的参与时间并提高了他们的参与意愿, 起到了一种过渡的作用。

如今随着数字技术, 特别是大数据技术的介入, 公众参与城市规划设计的程度将进一步加深, 这将增强城市规划方案的科学性、合理性和可操作性。实时数据可以帮助公众理解其身处的城市。当他们身处某个空间时, 手中的移动端向他们反馈当前 (或其他地方) 位置周遭信息, 如显示当前位置周围正在施工的地点、潜在堵车的路段、推荐周围正在发生的社区活动等。当这种交互界面由城市发起时, 公众与城市的关系将会拉得更近, 公众也会更多参与城市的诸多活动。

友好的可视化界面可以让公众或专业人士了解和他们有关系的数据。当然界面并不一定是常规理解的二维界面, 也可以是一种"三维空间"。例如柏林工业大学建筑学院教授、建筑和城市设计小组 CHORA 的创始人劳尔·邦斯朱顿 (Raoul Bunschoten) 带领的意识城市实验室 (Conscious-City-Lab) 开展了一项研究项目。他们试图通过建造一种新型的公共空间, 以增加城市公众在城市规划设计中的参与度。在此空间中, 城市的信息访问和智能系统规划是民主化的。空间中的展览计划包括简短讲座、现场演示、严肃游戏和艺术表演等, 通过每小时邀请公众参与, 让公众了解如何使城市规划在未来更加开放和透明。

另外, 前述的麻省理工媒体实验室 CityScope{6.3.1} 就是运用了大数据、机器学习及人机交互等技术的城市决策平台, 力图将公众的意见和建议更有效地整合到城市决策的过程中。随着数字技术的发展和设计工具的进一步智能化, 未来公众可能会以另一种不同的形式介入设计的某个环节, 甚至决策层面。

而为了让公众更多地参与, 友好的使用界面将是未来不可忽视的元素。友好界面的目的不仅仅是降低公众参与的技术门槛, 也希望可以让他们直接表达感受或想法。荷兰建筑设计事务所 MVRDV 于 2019 年为德国汉堡的一个地块规划竞赛提出了一个允许公众参与前期设计的交互平台"Grasbrook Maker"。该平台体现了一种新的 (欢乐的) 城市规划模式, 设计师预设了建筑元素和生成规则, 因此附近的居民可以像玩游戏般地来参与城市规划。同时该平台对"玩家"的每一步设计决策立即进行模拟与评估, 设计的评估结果和指导建议逐步引导"玩家"获得他们理想中的设计结果, 实现了正向的交互反馈闭环。

如此一来, 随着机器与人类对话技术的发展, 在未来公众或许可以和机器进行对话来达到顺畅的人机交互境界。届时, 公众或许能以更便捷、直接且直观的方式介入城市规划和设计,从而使得部分设计的民主化得以实现。

6.3.4 设计师

在城市规划方面,虽然城市蓝图逐年得到更新,然而较为固化的规划模式已经难以适应社会日益复杂多变的新常态。现今对控制性详细规划的局部调整随着城市发展和市场需求变得日益频繁,但不同地块间的内在逻辑和关联机制并未建立,对容积率等参数的控制仍是基于被道路网格划分的单一地块,对跨地块容积率的调适都还属于特殊案例。这些静态的规划条文的存在,或许是由于早期缺乏城市实时数据而采用的权宜之策。

实时的观测数据在一定程度上可反映真实世界。借由 GPS、手机信令 ① 、应用软件等获取的数据能够精准地反映城市中人的行为路径、模式、变化和规律。同时,由互联网企业产生的城市地图、房地产信息、商业价值等数据能更为详尽地描绘城市的复杂"背景"系统。

在"背景"中,这些参数都是流动可调节的。不同时期、不同需求,但凡参数有变动,整个系统都会随之适应和调整[30]。这种类智体的机制或许可以通过城市尺度上的大数据应用以及建立大型规划算法模型来实现。此动态的城市规划"背景"系统可以被看作是对某一系列动态系统的"进程化"表达,是从宏观设计角度来探寻新设计途径的一种尝试。

例如,我们可以搭建一个基于大数据的虚拟城市模拟系统,允许专业人士和公众共同介入此实验场景进行模拟。这样一来,设计师和规划师在进入实际的建造环节之前,可以通过虚拟测试来降低潜在的试错成本。低成本的云端数据储存服务使得这些"大"数据一旦产生就可以被长时间储存起来并可通过网络被快速访问。性能提升的计算机及智能算法使我们有能力处理这些大量的数据并提取有用的信息和知识。通过对各种大数据的收集、整理、分析和标注,可以建立更加客观、科学的价值地图,进而用作

———————————

① 手机信令是指一个无线通信系统,其中有关呼叫建立、监控、拆除、分布式应用进程所需要的信息、网络管理信息等,都可以通过程控交换、网络数据库等智能节点进行交换。

判断设计方案的直接、客观的依据，并用于政策的规划和实施。

　　但这种尝试如果要转为实践，最直接的途径是对某块土地进行重新建设。以社区尺度为例，Alphabet 公司 ① 的"人行道实验室"（Sidewalk Labs）与多伦多滨水区 ②（Toronto Waterfront）进行合作并开展了一个城市实验项目——"人行道多伦多"（Sidewalk Toronto）。该项目可以理解为一种在新区建立"背景"系统的探索。希望在新的软、硬技术的支持下，一方面建立一个完整的后工业城市的原型，改善居住其中的公众的生活质量；另一方面为现有城市所面临的诸多挑战，如能源使用、住房负担和交通运输等方面提供解决方案。

　　和前述 {6.3.2} 作为开发者（如大型科技企业等）所采用的方法不同，"人行道实验室"试图设计一种"人人都可以接入"的技术平台，以期公众通过此平台找到自己所需要的东西，不管是能源的使用管理，还是交通出行习惯等。此平台更多地是为公民提供具体的需求服务，而不是为城市的管理者提供决策与监管。尽管此项目由于诸多原因，已与 2020 年中旬开始处于终止状态，但是其探索性也为未来城市如何实现累积了宝贵的实践经验和教训。

　　在了解了城市或许可以作为一个"系统"被规划、设计和管理着，设计师在其中的角色就可被认为是系统的构思者。前述提到的"Grasbrook Maker"系统，即由设计师定义了一个社区尺度下的规划设计框架，其中包含了各种模块逻辑如不同等级道路的生成、不同功能建筑体块的排布方式和空间的评估方式等。随着编程教育的普及，设计师有可能在不久的将来也成为系统的搭建者。进入建筑的尺度，我们可能会自然地联想，建筑师在设计的时候是否也可以采用同样的方式呢？

　　事实上将建筑视为系统的观点，并不是一件新鲜事。早在 20 世纪中叶，身为控制论的拥护者之一，同时也是欢乐宫的技术顾问，戈登·帕斯克

①　Alphabet 公司于 2015 年成立，由谷歌公司组织分割而来。谷歌公司重整后成为 Alphabet 最大的子公司。

②　多伦多滨水区是 2001 年由加拿大政府、安大略省和多伦多市共同成立的，旨在领导多伦多滨水区的城市更新，希望把它打造为世界级、后工业城市创新发展的原型。

（Gordon Pask）就认为建筑是由各种可变动系统所整合而成，它关乎环境、社会和文化等议题，能够籍由设计核心过程的计算化（computation）来计算、确定和预测这个系统[31]{2.2.3}。这种想法在一定程度上影响了当时一部分建筑师进行各自的探索。另外，在尝试将遗传算法{4.4}引入建筑领域的先驱约翰·弗雷泽看来，建筑师的角色也随着对建筑理解的改变而发生了变化。如果将建筑视为一种具有演化能力的系统，那么对于建筑师而言，与其说是在具体地设计一栋建筑或者一座城市，不如说是在催化建筑的演化，让其自行获得最终的结果[32]。

　　随后，一部分建筑师同样按照类似的系统观念在进行建筑设计，参数化的设计方式就是一个例证。参数化设计的概念很早便根植于建筑师的设计方法中，随着计算机性能的增强和建筑学科拥抱数字化方向趋势的出现，参数化近期才在算法编程或图像化编程界面出现后得到蓬勃发展。不论是使用编程软件 Processing[①] 编写代码还是在图形化编程 Grasshopper 中搭建设逻辑之间的关系（图 6.3.3），它们都是将建筑设计作为一个几何参数之间互相关联的系统来看待的具体表现。

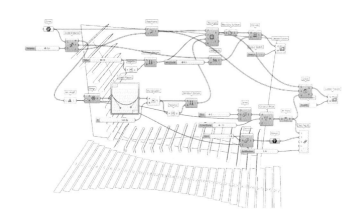

图 6.3.3 通过设计程序系统控制建筑形式

---

① 由麻省理工学院的卡西·瑞斯（Casey Reas）和本·弗莱（Ben Fry）于 2001 年所研发的开源编程程序。

从前述城市和建筑领域的前沿设计方法来看，建筑师的身份在不久的将来是否能定义为系统的制定者呢？当然这种定义势必会带来一系列有关职业外延内涵的严肃思考。因为如果建筑师只是在构思一种虚拟系统，那么该设计系统的产物是否摈弃了建筑学中一贯强调的物质材料或视觉形态讷？另外，参数化设计方式在本质上是先构建一个生成系统，再让此系统作为建筑师的代理来自行生成潜力方案以供选择。这在一定程度上挑战了建筑师直接创造形式的传统。更为挑战的问题在于，除了使用前述编程软件构建生成系统的方式，随着人工智能技术，特别是人工神经网络的辅助，建筑师甚至在一定程度上不需要使用显式编程来逐步构建一个生成系统，而是让人工智能算法去将其"学习"出来。那么在这种情况下，我们还能定义建筑师的未来角色是系统的制定者吗？毕竟在这样的生成系统的创造性工作中，人工智能算法的贡献是无可否认的。

面对人工智能时代下建筑师的身份焦虑，或许我们需要回头检视，这个古老职业中一以贯之地区别于其他职业的、让建筑师安身立命的根本价值到底是什么。事实上，"建筑师[①]"作为一个古老的词语，其内涵从来不是固定的。在维特鲁威（Marcus Vitruvius Pollio）生活的古罗马，建筑师在通晓各种军事工程建造知识与技能的基础上，还需要是一位受过通识教育（liberal arts）的文人[33]；在中世纪，建筑师是建造技艺高超的工匠总领[34]（master builder）；而在阿尔伯蒂（Leon Battista Alberti）之后的时代，建筑师却开始不再直接参与建造，而只负责图纸的绘制[35]。

来到当代，和律师、医生这些职业人士类似，建筑师也是在一门学科回应社会需求中发展而来的职业身份。人们遇到事务上的麻烦和冲突后，会去寻找具有专业法学知识和技能的律师作为代理人；人们生病了，会去寻找掌握了专业医学知识和技能的医生寻求治愈的良方。那么，人们什么时候会需要建筑师呢？如果是当他们需要建造一栋房屋的时候，需要一位建筑师能够使用专业的建筑学知识和技能来实现"建造一栋房屋"的社会现实需

[①]   英文中的 architect 来自拉丁语 architectus，源于古希腊的 arkhi-tekton，指工匠总领。

求时，他们的职业身份就得到了确认。这是建筑师作为一个职业，在社会中存在的基础合理性。他们需要能够明晰人们说出口或者并未说出口的对这栋房屋的需求，需要统筹和规划这个项目的成本和时间，需要确保这个房屋的坚固、实用和美观，等等。

如果仅仅是前述"设计者"的身份，似乎并不能满足"建造出一栋房屋"的要求。尽管随着建筑学这门学科的现代化进程，不断分化出结构工程师、暖通工程师等相关职业来共同实现建造出一栋房屋。但不可否认的事实是，只处理建筑形式设计和内部功能规划的建筑师与"建造出一栋房屋"的最终目标越来越远，他们将越来越多的专业知识和技能让渡给其他工程师或相关职业人士，导致了建筑师只能退守到将"设计者"当作自己的核心身份，并让这个身份暴露在（未来）人工智能技术的直接挑战下。不过万幸的是，建筑师目前还保有着判断一个生成的设计好坏的专业能力，并能最后决断设计方案的采用。

面对当下职业身份的严峻挑战，一部分建筑师开始意识到，要捍卫"建筑师"身份的核心价值——专业地回应社会建出房屋的需求，我们需要更多地介入建筑项目的过程，而不是继续将专业知识和技能让渡出去。在这样的理解下，人工智能技术也许挑战了一部分东西，取代了一部分工作，但是对于建筑师的核心价值是难以动摇的。除非有一天，当人们想要在一片土地上建造一栋房屋时，首先会去寻求人工智能的帮助，而不是拜访建筑师，那可能才是建筑师真正危机的时刻。

在人工智能技术的辅助下，未来建筑师能够把重复性的、机械性的工作时间减少，以获得更多的时间与精力去面对复杂建成环境对建筑物的各种需求。幸运的是，在技术的帮助下，建筑师们已经在尝试介入建筑项目中更多的阶段，而不仅囿于"设计师"的身份中。

随着机械加工的数控机床（CNC）、其他制造业中所使用的机械臂、快速成型的三维打印技术、无人机等的出现，实现自动化制造和组装已经不是梦想。在这些技术的支持下，部分建筑师正在探索将数字化设计文件传输给自动化的制造工具进行建造，而不依赖传统的施工人员[36]。尽管目前这种探索更多地由一些建筑学院的实验室推动，且主要针对小尺度的艺术装置或者全尺度建筑工程的部分构成，例如建筑立面等，但建筑师对设计建造过程整合的尝试，证明了在当代的建筑实践中建筑师对最终成果高度控制的可能性。

2011 年苏黎世理工和格拉马齐奥与科勒（Gramazio & Kohler）建筑事务所合作使用一组飞行机器人，搬运了 1 500 块聚苯乙烯砖以搭建一个 6 米高的装置。2012 年，斯图加特大学计算化设计学院（ICD）和结构建造与设计学院（ITKE）探索了基于空心纤维缠绕方法来实现生物纤维复合结构。通过六轴机械臂和旋转定位仪来控制一种复合型的新材料，建造出了跨度为八米的单体式复合壳体结构 [37]。最近，清华大学和同济大学也将机器人建造的探索拓展到了桥梁结构上。近几年他们都实现了通过三维打印进行步行桥的建造，使用的材料包括了混凝图、人造纤维甚至是金属材料（图 6.3.4、图 6.3.5）。

随着数字建造技术的引进，建筑师得以将虚拟三维模型进行完整的实体复刻，并有机会从仅对建筑形式进行操纵的桎梏中挣脱出来，在设计早期就同时考虑建筑材料的选择和使用，以及建造过程的规划等与建造密切相关的内容。从文艺复兴时期开始，设计和建造逐步分离，然而这一次建筑师似乎重新拥有了直接掌握建造的能力，宛如返回了中世纪时建筑大匠的创作方法。这种方式也是 20 世纪的建筑师安东尼·高迪（Antoni Gaudí）所推崇和实践的 [38]。

除了建筑院校的实验外，部分建筑设计公司也逐步拓展进行施工建造、地产开发，甚至承担起业主的角色 [39]。例如美国的建筑事务所 SHoP 就具有自己的施工部门——SHoP Construction[40]。该部门由施工人员和计算机技术领域专家组成，在提供设计服务得同时也承接建造工作，这种方式对于项目的控制力非常高。在美国加利福尼亚州开业的马莫尔·拉德扎纳（Marmol Radziner）也是一个同时提供设计和建造服务的公司，不仅如此最近其业务也开始拓展到地产开发领域 [41]。

图 6.3.4 由清华大学实现的混凝土三维打印步行桥

图 6.3.5 由同济大学实现的碳纤维与玻璃纤维三维打印步行桥

　　而本来就资本雄厚的地产开发商，则在积极研发机器人用于在场建造的环节中。例如日本的清水建设（Shimizu Corporation）目前拥有 Robo-Welder、Robo-Buddy、Robo-Carrie 三款施工机器人，可用于钢结构柱的焊接、精确安装建筑材料以及自动避开障碍物运送建材到指定位置等施工工作。

　　在设计者和开发商试图掌握整个建筑项目流程的当下，新兴的科技公司也希望通过其在软件方面的优势，试图从中分一杯羹。例如我们在第一章就已提到，2015 年在美国加利福尼亚州创立的 Katerra 就是一家基于新技术推动的整合建筑全产业链的装配式公司。他们先在工厂中预先完成房

屋的设计和构件的预制,在场地中完成最后的组装工作,以期望达成经济
上和质量上的有效控制。

　　近五年间,在美国西海岸还出现了多家类似的装配式初创企业,例如
为 Alphabet 建造员工宿舍的 Factory_OS、使用钢结构并专注于高层建
筑装配的 RAD Urban,以及独立研发出设计建造软件和管理软件的
Blokable。目前装配式建筑的复兴,在一定程度上说明了在大规模的建筑
生产中,预制装配仍是一种有效的整合设计和制造的方式。

参考文献

[1] Kavis M J. Chapter 1: Why Cloud, Why Now?[M] // Architecting the cloud: design decisions for cloud computing service models (SaaS, PaaS, and IaaS). Hoboken, NJ: John Wiley & Sons, 2014:3-11.

[2] 郭光灿. 量子信息引论[J]. 物理, 2001, 30(05): 286-293.

[3] Shor P W. Algorithms for Quantum Computation: Discrete Logarithms and Factoring[C] // Proceedings 35th Annual Symposium on Foundations of Computer Science. Santa Fe, NM: IEEE, 1994.

[4] Grover L K. Quantum Mechanics Helps in Searching for a Needle in a Haystack[J]. Physical Review Letters, 1997, 79(2): 325-328.

[5] Cavallar S, Lioen W, Riele H T, et al. Factorization of a 512-Bit RSA Modulus[R]. Amsterdam: Centrum voor Wiskunde en Informatica, 2000.

[6] Arute F, Arya K, Babbush R, et al. Hartree-Fock On a Superconducting Qubit Quantum Computer[J]. Science, 2020, 369(6507): 1084.

[7] Zhong H, Wang H, Deng Y, et al. Quantum Computational Advantage Using Photons[J]. Science, 2020, 370(6523): 1460.

[8] Gong M, Wang S, Zha C, et al. Quantum Walks On a Programmable Two-Dimensional 62-Qubit Superconducting Processor[J]. Science, 2021: 7812.

[9] Marr B. 17 Predictions about the Future of Big Data Everyone Should Read[EB/OL].
(2016-03-15)[2018-12-21]. https://www.forbes.com/sites/bernardmarr/2016/03/15/17-predictions-about-the-future-of-big-data-everyone-should-read.

[10] 沈纪桂, 陈廉清. IGES——实现CAD/CAM系统间数据交换的规范[J]. 中国机械工程, 1998,(07): 70-72.

[11] 陈禹六. 先进制造业运行模式[M]. 北京: 清华大学出版社, 1998.

[12] Beetz J, Dietze S, Edvardsen D F, et al. D3.3 Semantic Digital Archive Prototype[R]. Durable Architectural Knowledge, 2014.

[13] Lorimer J, Bew M, Matthews A, et al. A report for the Government Construction Client Group: Building Information Modelling (BIM) Working Party Strategy Paper [R].BIM Industry Working Group. 2011.

[14] Krijnen T, Tamke M. Assessing Implicit Knowledge in BIM Models with Machine Learning[M] // Thomsen M R, Tamke M, Gengnagel C, et al. Modelling Behaviour: Design Modelling Symposium 2015. Cham: Springer International Publishing, 2015:397-406.

[15] Denny P. Architects, Armed with Data, are Seeing the Workplace Like Never Before[EB/OL]. (2018-04-20)[2018-07-14]. https://www.metropolismag.com/architecture/workplace-architecture/workplace-design-data/.

[16] Davis D. What's Past and What's Next in

Architecture at the Venice Biennale[EB/OL]. (2014-07-07)[2018-09-13]. https://www. architectmagazine.com/technology/ whats-past-and-whats-next-in-architecture-at-the-venice-biennale_o.

[17] Rowley J. The Wisdom Hierarchy: Representations of the DIKW Hierarchy[J]. Journal of Information Science, 2007, 33(2): 163-180.

[18] Rowley J. The Wisdom Hierarchy: Representations of the DIKW Hierarchy[J]. Journal of Information Science, 2007, 33(2): 163-180.

[19] 尤晓东. Internet应用基础教程[M]. 北京: 清华大学出版社, 2005.

[20] Van De Riet R P, Meersman R A. Linguistic Instruments in Knowledge Engineering[M]. New York: Elsevier Science Inc, 1992: 98.

[21] Nickel M, Murphy K, Tresp V, et al. A Review of Relational Machine Learning for Knowledge Graphs[J]. Proceedings of the Ieee, 2016, 104(1): 11-33.

[22] 刘峤, 李杨, 段宏, 等. 知识图谱构建技术综述[J]. 计算机研究与发展, 2016, 53(03): 582-600.

[23] Carlson A, Betteridge J, Kisiel B, et al. Toward an Architecture for Never-Ending Language Learning[C] // Proceedings of the Twenty-Fourth AAAI Conference on Artificial Intelligence. Atlanta, GA: AAAI Press, 2010.

[24] Lin K, Zhao R, Xu Z, et al. Efficient Large-Scale Fleet Management Via Multi-Agent Deep Reinforcement Learning[C] // Proceedings of the 24th ACM SIGKDD International Conference on Knowledge Discovery & Data Mining. New York: ACM, 2018.

[25] 张硕, 肯特·蓝森. CityScope——可触交互界面, 增强现实以及人工智能卡城市决策平台之运用[J]. 时代建筑, 2018,(01): 44-49.

[26] 李海峰. 中国房地产项目开发全程指引[M]. 北京: 中信出版社, 2008.

[27] Sacks R, Eastman C, Lee G, et al. BIM Handbook: A Guide to Building Information Modeling for Owners, Designers, Engineers, Contractors, and Facility Managers[M]. 3rd ed. Hoboken, NJ: John Wiley & Sons, 2018.

[28] Ibm. The Management of Transportation Flow[EB/OL]. [2018-09-21]. https://www.ibm.com/ibm/history/ibm100/us/en/icons/transportationflow/.

[29] Hermann H, Von Lojewski H, Wékel J. New Planning Culture in German Cities - Topics, Priorities and Processes[EB/OL]. (2016-04-30)[2019-05-26]. https://www.sustainable-urbanisation.org/en/file/232/download?token=cT31-r1k.

[30] 何宛余, 杨小荻. 人工智能设计,从研究到实践[J]. 时代建筑, 2018,(01): 38-43.

[31] Frazer J H. The Architectural Relevance of Cybernetics[J]. Systems Research, 1993, 10(3): 43-48.

[32] Frazer J. An Evolutionary Architecture[M]. London: Architectural Association, 1995.

[33] Morgan M H. Vitruvius: The Ten Books On Architecture[M]. New York: Dover Publications, 1960.

[34] 姜涌. 建筑师职能体系与建造实践[M]. 北京: 清华大学出版社, 2005: 11.

[35] Kostof S. The Architect: Chapters in the History of the Profession[M]. New York: Oxford University Press, 1977.

[36] Lynn G. Folding in Architecture[M]. Chichester, West Sussex: Wiley-Academy, 2004.

[37] 袁烽, 阿希姆·门格斯, 尼尔·里奇, 等. 建筑机器人建造[M]. 上海: 同济大学出版社, 2015.

[38] Burry J R, Burry M C. Gaudi and CAD[J]. Journal of Information Technology in Construction, 2006, 11: 437-446.

[39] Pasquarelli G. Interview: Gregg Pasquarelli[M] // Andrachuk J, Bolos C C, Forman A, et al. Perspecta 47: Money. Cambridge, MA: MIT Press, 2014.

[40] Holden K J. SHoP: Out of Practice[M]. New York: Monacelli Press, 2012.

[41] Pedersen M C. The Future of Practice: Large Firms[J]. Architectural Record, 2018,(6): 125-128.

第七章　留给我们的思考

技术是答案, 但问题是什么?
——塞德里克 · 普莱斯, 著名英国建筑师和建筑教育家

Technology is the answer, but what was the question?
—Cedric Price, British architect & architectural educator

近年来, 得益于人工智能领域的研究成果, 拥有影像识别、语音识别与自然语言处理能力的应用持续向人们日常生活的多个方面渗透, 并且在各层面带来了明显的效益, 如为学科解决复杂问题、为社会提高监控效率和为企业客户提升交付质量。尤其在制造业、金融、法律、教育和医疗等行业, 人工智能技术为行业赋予转型机遇。在医学领域中, 人工智能可以辅助医生诊断疑难杂症, 并提高手术的精准性; 在法律领域中, 根据现有文献和宪法数据库, 人工智能在机器学习的帮助下可提供智能咨询服务; 在制造行业, 智能生产线几乎实现了"无人车间"生产, 大大提高了资源的利用率。

人工智能的发展速度超乎我们的想象。这种高速发展的形势也引发了关于人工智能的思考: 人工智能距离能完全理解复杂的现实世界的目标还有多远? 机器真的可以拥有类似人类智慧的智能吗? 人工智能能不能产生创意? 各行业的从业人员在这股潮流下将面临怎样的思想及角色转变?

本章将从思考机器是否具有智能 {7.1} 切入, 随后探讨机器的"智能"是否能够理解复杂的现实世界 {7.2}, 再进一步探讨机器智能在"理解"世界, 是否可以自主创造 {7.3}, 最后将简要地讨论人工智能技术可能带给人类社会的潜在问题 {7.4}。通过对人工智能技术的学习和思考, 我们期望能更加充分地理解和把握: 人工智能应该被应用于何处、该如何应用, 以及在什么程度上应用它。

7.1　机器具有智能吗?

　　何为"智能"? 智能的定义非常广泛, 它可以是推理、计划、解决问题、抽象思考、理解复杂概念、认知、感知、思维、学习、应对环境、建设性地创造,等等。因此, 通过具体或单一的指标来判断某个事物是否拥有智能就存在局限, 或许可以用该事物的表现或输出结果来作为判断它是否具有智能的依据。

　　在人工智能相关概念方面, 我们已在第二章 {2.3.1} 介绍了目前较为权威的一种判断标准——"图灵测试"。它是一种基于某个被测试者所表现的行为反应, 使用制定量化标准来判断其究竟是人类还是机器的方法。该测试基于体现人类智能的一些标准, 根据被测试者的表现来进行判断。如果被测试者被判断为人类, 则意味着即便此被测试者是机器, 它仍然具有了一定程度的智能; 而如果被测试者被判定为机器, 则说明被测试者还够不上被认为具有智能。

　　随着技术的发展, 机器所展现的行为也越来越多元, 如玩游戏、识别图像、医疗诊断、预测危机等, 针对这些行为表现, 也需要提出更细的评判标准来衡量其智能水平。例如, 美国哲学教授约翰·罗杰斯·希尔勒 (John R. Searle) 就试图把人工智能分为弱人工智能 (Weak AI) 和强人工智能 (Strong AI) [1]:

　　　　根据弱 (人工智能) 理论, 计算机在研究思维方面的主要价值在于它为我们提供了一个非常强大的工具。例如, 它使我们能够以更严格和精确的方式来制定和测试假设……根据强 (人工智能) 理论, 计算机不仅仅是研究思维的工具, 经过适当编程的计算机实际上是一个大脑。

　　根据希尔勒的观点: 弱人工智能试图通过计算机模拟人类大脑思维过程, 通过搭建可行的计算机系统, 我们得以将其作为有用的工具来验证我们所设计的假设; 而强人工智能则是指可以媲美人类大脑的思维活动、可被人为编程的机器。希尔勒认为强人工智能其实并不存在, 为此他还提出了"中文房间测试"(Chinese Room) 这个思想实验来进行说明。

在该测试场景中房间内是被测试对象，而房间外则是观察者，房间外的人用中文字条与房间内的被测试对象进行通信，不过房间内的被测试对象其实并不了解字条上的文字含义，它只是根据一份知道如何查找合适反馈的指南，将相应的中文字符组合成对问题的解答，并将答案递出房间。在这个过程中，房间外的人相当于程序员，房间里的被测试对象相当于计算机，而那本指南则相当于计算机程序。

希尔勒指出，这里的关键是房间里的被测试者是否真的"懂"中文。他认为，尽管房间里的被测试者可以以假乱真地以中文作答，但它其实压根儿不懂汉语。现今的人工智能虽然在一定程度上可以模仿人类的某些行为，然而它自己是否真正理解背后的概念，这是目前还未知的，甚至可以大胆地说，目前的人工智能还是属于弱智能。因此目前人工智能的研究方向之一即是试图实现强人工智能：让机器真正能够"理解"某个概念。

可以确定的是，通过图灵测试的"智能"，只能在一定程度上"表现"出和人类类似的智能（似人智能），但其内部的运作机制则可能和人类的方式完全不一样。例如，人类可以在看到人脸部表情的瞬间，就理解对方当下的心情，做出相应的反应。机器也能够表现出同样的反应，但它的机制可能是这样的：首先需要实时拍摄一张脸部的照片，然后将它输入训练好的可以判别人类表情的分类模型中，随后判别这张图像照片的类别是"伤心"，再将这个判断作为输入，传给另一个模型输出一段抚慰的话语 {5}。在这个例子中，人类的反应很可能是出于同理心、同情心以及本能的关心，而机器的反应则是基于对社会行为的学习，它其实并不能真正感受到这种"伤心"的情绪。

在前面的例子中，这两种不同的机制在外部刺激下都作出相同的反应，然而我们就能由此论断机器具有智能吗？或者更准确地说，机器就具有可以理解概念的能力吗？这恐怕需要我们继续追问和探索下一个问题：这里的"机器"是什么以及它是如何工作的。

就目前而言，实现人工智能的机器是计算机，而这里的计算机不仅指狭义上的台式或者笔记本电脑，而是一切利用数字电子技术，根据一系列指令指示其自动执行任意算术或者逻辑操作串行的设备。前述的各种机器学习算法与架构可以在这样的计算机上运行，它最底层的运作机制是逻辑运算①，并且我们目前广泛使用的通用电子计算机都是以图灵机为数学原型的（不排除未来会有基于其他原型的计算机出现的可能），所以要理解计算机如何执行"智能"的行为还需要从图灵机说起。

图灵机是英国数学家艾伦·图灵于 1936 年提出的一种抽象计算模型。图灵机的基本思想是通过机器来模拟人们以往使用纸笔进行数学运算的过程，他把这样的过程看作我们平时思考解答问题时所做的惯常动作：

i.　在纸上写上和擦除某个符号；

ii.　把注意力从一个位置移动到另一个位置。

而在每个阶段人们决定下一步的动作，依赖于思考者当前所关注的纸上某个位置的符号以及他当前的思维状态（包括记忆等）。为了模拟这种运算的过程，图灵假想这样一台机器，它由以下几个部分组成：

i.　一条无限长的带子（Tape），用于存储信息；

ii.　一个读写头（Head），能在带子上左右移动来读、写信息；

iii.　一套控制规则（Table），根据当前状态和当前读写头所指的符号来确定下一步动作；

iv.　一个状态寄存器，用来保存机器当前所处的状态。

现代计算机就是受启发于这个结构而设计的，由五个典型部件组成（图7.1.1）：输入设备、输出设备、存储器、控制器和运算器，其中最后两个部件通常合称为中央处理器（Central Processing Unit, CPU）[2]。从输入设备开始，计算机的大体运作流程是：输入设备如鼠标、键盘等，负责将数据写入存储器；CPU 从存储器中得到指令和数据，进行处理并存入存储器，其中运算器主要负责数学、逻辑运算；控制器则在计算机的运行过程中向运

---

① 又称布尔运算，布尔用数学方法研究逻辑问题，成功建立了逻辑运算。他用等式表示判断，把推理看作等式的变换，而这种变换只依赖于符号的组合规律。例如计算机中常进行的与、或、非等运算。

算器、存储器、输入、输出部件发号施令以统筹内部的通信、资源等; 输出部件, 如显示器等, 负责从存储器读出数据展示给用户。

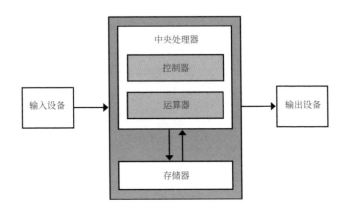

图 7.1.1 基于冯·诺依曼结构的现代计算机五大部件

　　简单来说, 我们可以这样概括对计算的理解: 它很笨拙地做着简单的事情——从存储器中取一个字节到寄存器, 把一个字节同另一个字节相加, 再把结果存在存储器。计算机能快速处理很巨大的任务的奥秘就是这些简单的操作可以非常迅速地执行, 常规的计算机可以达到每秒进行上百亿次计算。相反, 虽然人类的大脑可以做复杂性很高的关联, 但神经元与神经元之间的单次通信却比计算机慢得多。所以依托于机械的人工智能在计算方面比人类更快, 并且具有更大的存储和内存容量。

　　在传送数据方面, 人脑中最大的神经可以以最多每秒 120 米的速度进行传输, 而常规的光纤通信则可以达到每秒 2 亿米[1]。假设我们将神经元的功能类比于计算机中的晶体管, 人类的神经元可以每秒发射出 200 条信号, 而计算机的晶体管可以在每秒发射出千亿条信号。在存储容量方面, 根据估算, 人脑的记忆容量 (包括工作和长记忆) 总共约为 10~100TB, 而目前单个

---

[1]　光在真空中的速度接近每秒 3 亿米, 而通过普通的光纤传递则会减少近 30% 的速度。

机械硬盘也可达到该最大值①，且计算机储存硬盘的价格在未来将会进一步降低。

如此看来，计算机的物理构造乃至工作方式跟人类智力的载体——大脑的结构及运行机制都有非常大的区别。早期很多人都期望人工智能可以完全复制人类的智能，计算机领域学者詹姆斯·马丁（James Martin）则认为这种期望是不现实的[3]。他认为人工智能或许应该更恰当地被称为"外星智能"（Alien Intelligence），毕竟计算机"思考"的方式与人类有着很大的差异。

本节不再对人类大脑的结构或工作机制进行更深入的阐述，一是因为生物、医学领域的人类运作机制不是本书的重点。二是，以目前的科学水平，我们人类对自身的大脑或者神经系统的了解还比较肤浅。而对于人工智能的智力载体——基于图灵机模型的通用电子计算机，我们目前可以清楚地认识到其"思考""理解""辨认"过程实质上是一种计算过程，以某种特定方式和步骤通过计算来解决问题。可以说，在机器上体现的"智能"是通过使用推理、计算等能力去逐步处理问题来实现的。因此我们下一步要探讨的是，通过计算技术能否给机器赋予"智能"。

事实上，自人工智能的概念诞生以来，在技术研究方向的选择上主要有两种派别：一种认为人工智能是对人类智能的模拟，它需要了解、接近和学习人类的认知加工过程，模仿人的思维模式甚至模拟大脑的动作机制；另一种则认为人工智能是有别于人类智能的、属于计算机特有的计算化智能（computational intelligence），他们主张从计算技术层面作突破，通过计算模型去实现人工智能。例如，神经科学的研究成果是早期人工神经网络重要的灵感来源，所以人工神经网络在形态上跟生物神经网络的结构很相似。

但发展到近年的深度学习，与其说深度神经网络是在模拟大脑，不如说它是一种计算模型，它吸收了许多领域的知识，特别是应用数学方面的内

---

① 由 Nimbus Data 公司于 2018 年成功研发的 ExaDrive DC100 固态硬盘的容量可达 100TB。

容, 如线性代数、概率论、优化算法、信息论等 [4]。所以人工智能领域的联结主义者经历了从第一种方向到第二种方向的转变, 而且正是这种转变造就了今天人工智能在图像、语音、文本领域硕果累累的局面。

从目前来看, 将人工智能所体现的"智能"理解为"计算智能", 似乎更容易接受。此外, 我们目前也还没有一种有效的方法, 去验证希尔勒所提到的强人工智能, 即计算机能真正地理解某个概念。尽管计算智能跟人类智能有一定的区别, 但只要它通过图灵测试, 就可以在一定程度上据此论证, 机器可以通过计算实现"智能"。

7.2 人工智能是否能理解复杂的现实世界?

在前一篇中, 我们将人工智能区分为两类: 一类是"似人智能"; 另一类是一种依赖机器计算所表现出的智能。基于这种区分, 本节将分别讨论它们是否能够理解复杂的现实世界。

在前述章节 {2.2.1}、{3.2} 中, 我们已经提到当代社会面对着前所未有的复杂状况, 这也是复杂性科学诞生和发展的基础。人类在理解和应对这种日益复杂的现实时, 开始变得有些力不从心。随着计算机的出现及人工智能技术的发展, 人类希望通过赋予机器"智能"以协助解决现实世界中的复杂问题。

我们先来看看似人智能是否承担起这样的期许? 要尝试回答这个问题有两个方面需要注意:

一、既然是类似人类的智能, 那么理想中它将也以一种类似人类的方式来理解世界。但人类智能本身真的是解决所有问题的最优途径吗? 在前一个小节我们已探讨过人类大脑在处理重复性计算及信息存储方面远远比不上计算机, 会不会人脑先天地在某些方面就存在缺陷从而并不是处理某些问题的最佳工具? 那么模仿人类的机器智能就不一定是最理想的。

二、就目前来说, "似人智能"方面的研究成果还比较有限, 除了前面提到的在生物学和医学方面我们对人脑运作机制的研究还不够深入外，试图模拟人脑运作机制的人工智能技术目前的发展水平也远远不如计算智能。所以就目前的情况来看，"似人智能"还不具备理解复杂世界的能力，但并不能否认它具有这样的潜力，因为至少人类大脑已经具备这样的能力，所以如果有一天可以在机器中完全模拟人脑的学习机制，也许这样的人工智能也具备至少与人类同等的水平。

而对计算化的智能，由于它本身和我们人类处理问题的方式就有根本的不同，那它又是否能理解复杂的现实世界？回想前面所提到的深度学习是如何"理解"人类面部表情照片并作出反应的，我们可以认为这类人工智能确实接受到了来自外部的信息，甚至还作出了正确的反馈。尽管内部实现这个过程的机制是基于计算，但我们仍然可以假设它能够以一种完全不同于我们人类的方式来"理解"这个世界。

首先，在机器自主理解事物概念方面，我们在前面 {5.1} 中论述了深度学习可以自己学习如何提取特征，进而识别图片中存在的对象。目前这通过有监督学习已经很容易实现，即通过对训练数据进行标签标记以让人工智能在勾勒出一个概念的同时知道这个概念对应的名称。但考虑到世界万物之多之复杂，人为进行数据标记是一项辛苦且巨大的工程。那没有办法让人工智能自己勾勒事物的概念？

以学习"什么是猫"为例，回想早期的 IBM Watson 系统，它在提及"猫"时，可以从固定的程序和字典中查找到猫的定义、技能等，但这并不是真正理解"猫"的概念。这也是为什么 Watson[1] 的开发者并不认为 Watson 是人工智能的原因，或者顶多只能算弱人工智能。深度学习的发展使得机器如今可以从形象（图像）上"知道猫长什么样"，那么这算不算真正理解了一个事物的概念呢？事实上，当人类说到"猫"时，猫的形象体态、声音特点、喜欢的东西、擅长的技能等相关的事物都会浮现在我们的脑海中。这意味着

_____

① Watson 是一个能够回答自然语言问题的问答计算机系统，由 IBM 首席研究员大卫·费鲁奇（David Ferrucci）领导的 DeepQA 项目小组开发。Watson 以 IBM 首席执行官、工业家托马斯·J. 沃森（Thomas J. Watson）的名字命名。

人类理解一个概念是从文字、图像等多角度的。谷歌的人工智能技术就不止步于单纯的外形理解，而是把概念理解拓展了更多的可能性，例如可以把机器通过深度学习获得的概念和对应的文字定义、描述、图片等联系起来，一定程度上让机器达到了与人类学习概念相当的水平。这通常是通过无监督学习，让人工智能自己学习概念，然后再由人类把概念的名称加上去来实现的。

进一步地，随着人工智能在各细分领域取得可观的进展，例如在图像处理领域应用 CNN、GAN 等，在语音识别领域应用 RNN 等，如今人工智能已经不再依赖单一的算法或者技术去"认知"我们的世界，而是朝着通过整合各种技术实现更高程度的机器智能的方向发展。例如我们在章节 4.8 中介绍的计算机视觉技术与自然语言处理技术的结合，使得计算机不仅可以识别图像中的多个对象，还能用人类的语言把识别到事物、情景描述出来。这种基于卷积神经网络的图像理解技术正在被谷歌、脸书、微软、IBM 等大科技企业及众多科技创新企业研发及投入产品应用中。

回顾深度学习应用于建筑和城市设计领域的例子，我们发现不管是建筑还是城市中所产生的大量数据，即便人类将这些数据中完全进行遍历、处理和计算，恐怕也很难很快地从这些数据获得洞见。就算是人类能够从这些大规模的数据中获得对现实复杂世界的理解，可能也会相当耗时耗力，且对人员的技能要求门槛很高。然而，如果我们将遥感地图图像交给深度神经网络处理，它可以很快通过计算揭示我们未曾察觉到的事物之间的联系、模式，或是预测潜在的问题等。基于目前的应用情况，我们或许可以说，基于计算的人工智能在理解、处理现实世界中的复杂问题时有时表现得比人类智能还要好。

当然，目前的人工智能也并不是完全依赖计算机实现对复杂世界的认知和处理。如果其中没有人类的参与，例如数据的标签处理和数据处理后的判断 {3.3.2} 等，人工智能就难以有如此良好的表现。虽然目前也存在完全没有人类参与的无监督学习 {3.4.2}，即完全让基于计算的人工智能从数据中自主挖掘潜在的规律模式，不过这方面的研究仍不够成熟，因而缺乏工业应用的例子。但人们还在积极推进无监督学习的研究, 例如前述的生成查询网络 {5.6} 就是一种试图在无监督 (或者半监督、弱监督) 的情况下, 去抽象地"理解"场景, 并进一步理解周围世界的深度神经网络。此外, 对深度强化学习模型的研究, 瞄准的也是加强这种机器智能理解复杂世界中的特征的能力。

人类和机器智能各有优劣。当我们愿意放低姿态承认和接受人工智能中存在比我们人类更有优势的地方时, 我们可以看到一个事实: 这类机器智能可以补充人类在某些方面的不足,加速人类理解这个越发复杂的现实世界。

7.3 人工智能是否具有创造力?

对于人类社会的进步来说, 是一代一代人认识世界、改造世界的过程。如果说人工创造的机器智能也能理解世界, 那是否它也具有创造力从而能够改造世界呢?

整个 20 世纪, 在哲学、社会学、历史、技术和实践方面产生了许多有关创造力科学研究的理论、模型和系统。虽然以客观的方式定义创造力仍然具有挑战性, 但创造力及其所构成的因素在多个领域得以系统性地研究, 特别是在规划、建筑、时尚、电影和音乐等看重创造力和原创性的行业。伴随着计算机的普及和人工智能概念的兴起, 机器开始介入传统上被认为是属于人类智能特权的领地, 进行创造力的探索。

使用计算机探索创作力最早可追溯到 20 世纪 50 年代。在算法方面, 克劳德 · 香农 (Claude Shannon) 使用计算方法以近似正确的语法来生成新的句子。60 年代伊始, 贝尔实验室 (Bell Labs) 的研究人员探讨计算机在创作领域的可能, 使用早期的计算机系统生成了基于几何形态的静态和动态的图像。70 年代音乐家布莱恩 · 伊诺 (Brain Eno) 使用算法和生成原理来创作音乐。另外, 本华 · 曼德博 (Benoit Mandelbrot) 借着简单的数字公式在计算机中生成复杂的分形几何图像, 这种视觉上的效果在现

今的科幻电影 [1] 和建筑设计中依然可见。

　　与此同时，建筑和设计等领域也开始摆脱理论的枷锁，在这方面进行创造性的尝试 {2.3.2}—{2.3.5}。这一时期，在需要创造力的领域内进行了大量跨学科（与计算机或信号技术）的对话，使得计算机卓越的计算能力在创作领域的应用得以被挖掘。当然这个时期基于逻辑推理及知识工程的人工智能与现今的人工智能存在较大的区别。

　　计算机的普及催生了很多数字应用，如 Autodesk、Adode 等，它们至今依然被常用来辅助设计师或艺术家的创作。尽管早期这些软件加速了各个领域的创造过程，通过设计呈现、无限制的编辑和实现局部自动化大大提高了创作的生产效率，然而机器还不具有自主的创造力，因此在面对一些需要更高的创造性思维的需求时，仅仅是前述的技术还难以满足设计或艺术领域逐渐挑剔的胃口。如果这时机器可以在人类的创造活动中给予更多的辅助，那么随着辅助程度加深，人类和机器的关系，或者更明确地说是互动关系，也将会成为创造活动中的重要一环。

　　传统上，人类和机器彼此的"责任"界限较为分明。在 21 世纪早期随着军用无人驾驶飞机的成功实现，对于未来可能的民用无人驾驶的普及化，美国国家航空航天局（NASA）于 2003 年提出了一个关于人类和机器之间关系的理论——H- 比喻 [5]（The H-Metaphor）。该理论提出，由计算机所驱动的交通工具系统（也可泛指一切计算机智能）与人类的交互关系应该更像是"马与骑手"。马与骑手建立一种弹性的关系，通过"驯化"（学习和训练）过程，马可针对操控者与其之间的互动不断地预测未来的行为。

　　这样一来，二者的弹性体现在主导权强弱度的调节中。当人类通过命令式的指令来完全地提出控制时，计算机将完全根据指令作出反应；当人的控制减弱或含糊时，计算机将根据之前所学习到的行为模式来主导控制。这种一紧一放的机制为人机之间的有效控制提出可能，就像人类和马匹之间的互动，不再只是传统的自动化最开始所关注的单纯指令和反应。这种

---

[1]　例如由华特·迪士尼电影（The Walt Disney Studios）于 2016 年发行的《奇异博士》（*Doctor Strange*）。

有些随意或有意的与系统之间的交互, 时不时地放弃或主导控制, 有可能是人机协作的潜在模式, 而人工智能中的机器学习在这一点上颇为相似, 即人类对其结果进行监督, 同时也让计算机自主建立模式。将人类的直觉与机器智能相结合的互惠模式, 或许会为创作过程有带来新的生产方式, 而不仅仅是由人类或机器分别独立完成。

随着机器学习在 20 世纪末发展成为人工智能主要的研究课题, 计算机科学家和各个领域的专业人士开始将其应用到各自领域的问题中, 例如将机器学习应用于机器人 (行为规划、抓取物件、外界反射)、生物基因组数据, 金融市场、建筑设计和城市管理等。通过机器学习, 计算机可以从海量数据中学习模式, 将原始数据提升到信息、知识和智慧 {6.2.2}。

虽然基于复制模式的工业生产在 19 世纪末已经让机器大部分取代了人力劳动, 然而本世纪初依然有很多创意领域的工作还没有完全被计算机所智能化。例如, 对于影视产业来说, 大部分的工作任务非常繁琐, 需要对上百个小时的脚本材料进行重复性的搜索、编辑、编排后才能够得到小于两个小时的完成品。近年来随着算法、硬件、数据处理等技术的发展, 人工智能开始介入部分需要艺术性或创造力的领域。例如 IBM Watson 的认知平台协助二十世纪福克斯电影公司 (20th Century Fox Film Corporation) 所出品的科幻电影《摩根》(*Morgan*) 制作预告片。从该电影所想要表达的情绪和配乐分析, 并结合上百个相关题材的预告片后, 计算机从电影中选出适合的片段作为素材, 让剪辑师将其拼合在一起为该电影制作成预告片, 缩短实际制作所需要花费的时间。

随着这些新兴技术如机器学习的逐渐开源与交互界面的逐渐成熟, 来自各个领域的编程人员开始将其应用到各种创意性的试验项目。谷歌在网页端、安卓系统、人工智能、虚拟现实及增强现实等方面的战略布局, 使得谷歌汇聚了一群技术爱好者在此基础上进行创意性的探索。Magenta 是一个基于谷歌的机器学习开源软件库 Tensorflow 上所开展的研究项目, 主要由艺术家、音乐家、程序员和机器学习研究学者所组成, 试图通过人机协作的方法来生成有趣的艺术或音乐创作, 从而在某种程度上颠覆传统的创

造过程模式 [6]。例如，在与处理时序关系的 RNN 结合下，他们尝试让计算机自动基于人类初期所绘制的几笔线条，推算出图形潜在未完成的剩余部分（图 7.3.1）[7, 8]。

除了 AlphoGo 证明了人工智能在挑战人类创造力方面的潜能外，还有很多未提及的相关领域，如视觉设计 [9]、文章起草 [10] 等，都已有人工智能的介入。不难想象，近几年人工智能的发展趋势将会为需要创造力的领域提供辅助，并有越来越多的相关产品被投入市场（产品化）。另外，随着生成技术的不断发展，其生成的数字作品或可触实体都将带来令人惊叹的准确率和想象力。认知科学家玛格丽特·A.博登 ① （Margaret A. Boden）还认为，在探索人工智能的创造力过程中甚至将有助于人类更了解自身，窥探人类大脑的创意逻辑 [11]。

图 7.3.1 由谷歌研发的智能绘制应用

（a）用户绘制的线条；（b）机器根据该线条推荐的完整草图

① 玛格丽特·博登（1936—），苏塞克斯大学认知科学的研究教授。在 2018 年由于其认知科学哲学方面的贡献荣获 ACM-AAAI Allen Newell 奖。

目前，人工智能中的生成模型有能力靠模仿训练数据来生成与母体有着相似结构和逻辑的产物。这也意味着人工智能在一定程度上还十分依赖于规则的制定和训练的数据集，要产生与训练数据完全不同的新事物目前还比较具有挑战性。为了追求新事物，其中一种方式是尝试跳脱原来的架构和预设参数，我们可以通过植入随机代码来让计算机产生意想不到的结果。例如，第五章 {5.4} 谈论的 GAN 生成器能够将输入的随机噪声映射成，或者说"创造出"一张前所未有的图像。然而这将可能导致该"创造"是无效的，即不能完全保证该产物可满足当下需求。

除了控制数据，也可以通过调整生成算法来试图创造新事物。例如，在 {5.5} 中介绍的可以创造艺术作品的创造性对抗网络 CAN，通过增加更多规则来增加算法创造的自由度，同时又限制它不能越过艺术规范的界线。这些都是目前生成性或者创造性神经网络比较先进的例子。但就目前的技术而言，我们不能要求计算机的创意能力和人类的大脑完全一致，但是借助人工智能可以使人类在和计算机的交互过程中获得一定的灵感。这其中必不可少的要素还需依托于计算机高效的计算能力。

计算机的搜索计算可在广度和深度上拓展人类的联想力，可快速地揭示人类未曾挖掘过的可能性。当然，在同样的原则下，人类其实也有能力挖掘相同的可能性，但通常碍于时间上的限制没有及时发现。进一步地讲，计算机在生成这些潜在的方案后，基于概率分布进行推断并赋予分数排序，将结果通过屏幕或混合虚拟设备显示出来，向人类展示它的想法。人工智能这种将新事物或未被发现的事物进行揭示的能力，在一定程度上可以说达到了与人类智力相媲美的创造能力，为创意领域工作者提供比日常更多的灵感可能，成为智能的创意辅助者。从它们目前已经可以创造出的新作品来看，我们或许可以确定地说，人工智能，更准确地说是基于计算的机器智能，目前在一定程度上已经可以实现自主创造，也可以帮助人类高效地揭示隐藏于数据之中未被发现的方案或见解。

或许有些人担心目前人工智能技术的进展如此之快，以致设计师无法应对学习曲线，或认为未来在与创造力相关的职位上，人工智能将完全取代人类。基于现有的人工智能技术来看, 在一定的时间内这还不太可能。服务于广大设计师群体的 Adobe 公司认为, 就目前情况来看, 人工智能的角色更多是给人类的创造力赋能, 而不是完全模仿人类的智力 [12]。因此对于建筑领域, 建筑师也应该将人工智能视为契机——一种能为建筑师赋能并增强实践能力的工具, 例如让计算机取代人类完成部分机械重复的设计任务。为建筑行业提供数据驱动研究和应用服务的 Proving Ground 的创始人兼首席执行官, 奈特·米勒 (Nate Miller) 也认为人工智能并不是用来代替人类思维的工具, 而是在处理问题时担任加速器的角色, 让计算机能够处理非人类擅长的任务 [13]。

在设计决策上, 人类其实依然具有主导权去决定计算机在哪些环节能更智能地帮助我们解决问题。计算机可以支持人类的决策过程, 通过强大的计算能力揭示可能性, 或借由算法去验证可能性。行业内认为在可预见的未来, 设计决策最终将由人类所掌握, 或者至少由人类来验证并做出最后的决定。

在如今建筑师及其服务的价值受到质疑的时代, 转变的声音开始出现。在中国住房和城乡建设部于 2020 年出台的一篇关于推动智能建造与建筑工业化协同发展的指导意见中, 呼吁人工智能等新技术的集成与创新应用, 以在 2035 年实现全面的建筑工业化。美国建筑师协会 (American Institute of Architects, AIA) 也试图鼓励相关从业者从理论的讨论转向将数据和自动化纳入日常工作的流程中 [14]。在产出和时间上的效率优化将为整个行业增加价值, 形成成熟的实践范例。

建筑师依然保有创意性的解决问题能力, 但是历年来, 建筑师少有对自身的工作方式持批判态度, 或是在转变上显得更为被动, 当然这有可能是外部因素导致的, 例如改变的代价过高, 或基于上下链因素缺乏改变的动力等。总而言之, 不管是哪一个领域, 如果每一位涉及其中的专业人员都尝试思考如何基于现状去探讨更高效的突破可能, 那么该行业的发展势必会得到有效的推动。

7.4 人工智能可能引发的潜在问题

早在 20 世纪前叶,人工智能还没诞生之时,就开始有描述人工智能与人类关系的科幻作品诞生,这些想象大致可以分为正面的和带有疑虑的两大类。人工智能与人类和谐共存的幻想作品有《星际大战》(*Star Wars*) 系列及《星际穿越》(*Interstellar*) 中的机器人等。而对人工智能带有疑虑的例子有 2004 年上映的《我,机器人》(*I, Robot*) 中的机器人集体叛变及《终结者》(*Terminator*) 系列中来自未来的生化机器杀手与人类的对战等。

人工智能有可能如同那些美好的想象一样,也可能引发巨大的危机。本节通过探讨人工智能可能存在的负面影响,促使我们在发展技术、利用技术过程中抱持严肃和谨慎的态度。

▧ 失业问题

在对人工智能的担忧中首当其冲的便是可能造成的失业问题。过去机器只是作为被动减轻人类劳动负担的工具,当人工智能得到长足发展时,机器可能从"减轻人类负担"的角色变成"取代人类"的角色,大部分的工作都可以由智能机器人自主完成。

例如: 在伦敦,自动驾驶机器人可以快递食物; 在加利福尼亚州的帕萨迪纳,一个名叫菲利派 (Flippy) 的机器人能够制作汉堡; 2017 秋天,一辆自动驾驶列车首次穿越了澳大利亚内陆……人工智能正在渗透到我们生活的方方面面,越来越多的工作岗位正在被能不同程度进行自主决策、行动的智能机器占领。所以人们不禁担心由此造成的失业问题会越演越烈。

诸多研究机构指出,这些具有一定智能化的设备多多少少都会取代人类的工作,只是各自专业或领域影响程度不一。牛津马丁学院的经济学者费雷 (Carl Benedikt Frey) 等人早在 2013 年指出,在第一波的计算机化潮流中,运输物流与生产制造的岗位将会被替代,紧接着的是服务、销售与建造岗位。而第二波计算机化的关键点在于计算机在艺术性、原创性、说服力、社会感知等方面的突破,因此目前管理、商业、金融、教育、医疗、艺术与媒体,甚至是工程和科学研究职业等被取代的可能性依然偏低 [15]。

同样牛津马丁学院与花旗银行也于 2016 年共同发表了一份关于科技与工作的研究报告,指出亚非国家将有大量的工作岗位具有较高被替代的风险,其中中国就由将近 77% 的工作岗位将会被自动化 [16]。日本的野村综合研究所于 2015 年提出,在未来 10~20 年内,49% 的劳动人口将会被人工智能或者机器人取代。这种取代主要也是针对"技术上的取代",而不一定是完全人力上的取代。被预测会由人工智能所取代的工作种类主要涉及的岗位有技术工人、监察人员、事务员等,而艺术、设计、护理和音乐等需要沟通和具有创意性质的工作则较难被取代。

任何新兴技术的出现,就会减少一部分工种,也会创造新的岗位需求,这些新职业在一定程度上可以吸纳由人工智能技术失去工作的劳动力。当然考虑到失业人群的教育和技能与新职业的匹配程度,政府和学校需要做好前期的准备工作,以实现平稳渡过劳动力市场的震荡。

▨ 社会公平问题

如何在整个社会分配由人工智能产生的财富,也是一个被热议的经济公平性问题。过去我们习惯的方式是通过工资结算由人创造的价值,但是,借助人工智能创造财富的公司由于机器可以持续无休运转,而且效率更高等原因,能够快速积累大量财富。

未来,拥有智能机器和智能应用的人就像现在拥有生产资料的企业家,而更为严峻的是,这种生产资料不像人力资源拥有一定的反思、维权能力,而是"忠实"的、不停歇的"劳动者"。如果没有合适的制度对人工智能或者机器产生的财富进行分配,必将造成越来越大的贫富差距。

另外,人工智能的技术壁垒也可能造成更深层次的公平性问题。特定的阶层,例如受过良好教育的阶层或者精通数据技术的阶层将在获取信息和表达诉求上占据优势,从而造成社会其他阶层的声音无法被有效传达。此外,目前掌握高新技术的人多数是男性,尤其是发展地区的男性,这将加剧地区人群和性别之间的平等问题。而且目前并没有相关的法律法规或者社会保障制度去遏止这类鸿沟的扩大。例如硅谷的科技企业开始用机器学习分析大数据来协助或者取代传统的人力资源招聘员工，这大大提高了这些企业找到合适人才的效率，但无疑也会加剧科技行业中已经存在的种族和性别歧视的问题。

▨ 数据隐私问题

从第三和第四章的论述中我们可以发现，人工智能发展到 21 世纪后取得的突破主要是依赖于数据的积累，所以有学者把 2000 年前后至今的这段时期称为人工智能的"数据驱动"时代，这个时代还会持续多久我们不得而知，但用户数据的隐私保护已经在近年成为备受关注的热点问题。

如今几乎所有需要面向广大用户开展业务的公司都渴望从用户数据中找到提升业绩的法宝。对一些 B2C (Business to Customer) 企业而言，他们在收集用户数据方面拥有得天独厚的优势，例如国内的淘宝、天猫、京东，国外的亚马逊等电子商务平台，它们拥有所有用户的详细交易数据，借助人工智能中的数据挖掘技术，这些企业可以掌握每个消费者的消费习惯及偏好，从而实现精准营销。

这是最为直观的用户数据可以带来效益的例子，但可以被利用的数据远远不止购物数据，如今生活在数字世界里的人的社交、出行、购物等各方面的数据以可见或者不可见的形式，被各种应用供应商和运营商收集着，例如搜索引擎公司谷歌和百度收集着人们搜索的关键字，从而洞察用户的需要，这也是他们受到广告公司热捧的主因之一。又如社交应用提供商知道用户的关系网，通过对用户社交状态的分析可以知道用户的情感等方面的变化，而电信运营商则可以掌握用户的出行路线及规律，等等。

数据给企业带来了巨大的好处，另一方面却给普通用户带来了隐私暴露的祸患。2018 年年初的脸书数据泄露事件就是一个巨大的警钟。2018 年 3 月 17 日，脸书由于重大的数据泄露事件宣布暂停 2016 年服务于特朗普竞选的数据挖掘公司 Cambridge Analytica。该事件起源于英国剑桥大学心理学家亚历山大·科根 (Aleksandr Kogan) 使用社交网络上的应用程序收集了各种个人数据，该应用程序被称为心理学家的研究工具，但数据却被违反道德规则移交给了 Cambridge Analytica。而 Cambridge Analytica 在未经许可的情况下收集了超过 5 000 万脸书用户的私人信息，被称为社交网络历史上最大的数据泄露事件之一。这个事件牵扯出学术界、商界甚至政界在利用用户数据方面的不端行为，从而引起了公众对自己的私人信息被谁以及被如何利用的广泛关注，但在此之前，大部分人，尤其是对数字技术缺乏了解的人，几乎没有意识到数据隐私的重要性。

人工智能在处理数据方面的能力必定会继续发展，如何规范数据的收集和使用对保护用户隐私至关重要。如果没有适当的保护措施和制度，用户隐私的暴露将带来严重的社会问题，甚至引起不同程度的社会动荡。

知识产权问题

如何思考人工智能对设计行业的影响，著作权可能成为一个尖锐的问题。在创作方面，人们普遍关心的是，人工智能独立创作或者人类与人工智能合作创作出来的音乐、小说、设计方案等作品，著作权应该如何归属？

早在人工智能正式诞生的达特茅斯会议前后，由纽厄尔及西蒙发明的逻辑理论家（Logic Theorist）就可以用比人类更优雅的方法证明《数学原理》（*The Principles of Mathematics*）中的定理。现在也逐渐出现了可以从事创作的人工智能，例如人工智能创作出来的音乐、画作、小说、建筑规划方案等。这些作品可以媲美顶尖的人类专家的作品，而且能够以更快的速度产生。但是涉及创作，就不可避免面临作品著作权的问题。人工智能独立创作以及与人类合作创作的作品将会越来越多，著作权及其相关收益权的界定也将成为一个很大的研究课题。

超级人类问题

人工智能的发展，甚至还可能会危及人类作为一个物种的纯粹性。当人工智能算法及机械材料发展到一定程度时，可能会出现一些通过基因筛选或者人机结合而成为超级人类的人（甚至是赛博客）。于是有一些研究对此提出疑问，这种可能出现的超级人类到底是不是人类，如果是，人机结合到何种程度才不再被定义为人类？

关于这个问题，著名科幻作家刘慈欣提出一个尖锐的见解：与其追问超级人类是否应该被定义为"人"，还不如思考我们什么时候会被超级人类定义为非人类。如果人类能区别于其他生物的主要原因是人类拥有更高的智力水平，可以自主发明工具以克服环境中的困难，那么如果超级人类拥有比普通人类更高的智力、更健壮甚至坚不可摧的体魄，那么普通人类在历史的长河中会不会逐渐变成一个相对"低智"的物种，并以猿与人类共存的方式与超级人类共存？

为了及早预见更多可能出现的问题以及思考研究应对这些问题的方法，世界上一些在人工智能领域走在前沿的机构开始成立关注人工智能对人类的影响或者人工智能的伦理问题的学院或者组织。例如由 AI 著名学者李飞飞及美国逻辑学家和哲学学约翰·艾克曼迪（John Etchemendy）主办的斯坦福以人为中心人工智能研究所（Stanford Institute for Human-Centered Artificial Intelligence），其宗旨为推动人工智能研究、教育、政策和实践，以改善人类状况。该研究所有三大研究焦点：

i. 研究和预测人工智能对人类和社会的影响；

ii. 设计增强人类能力的人工智能应用程序；

iii. 开发由人类智力多样性和深度激发的人工智能技术。

另外，由麻省理工学院宇宙学家马克斯·泰格马克（Max Erick Tegmark）等人在美国波士顿地区创立的未来生命研究所（Future of Life Institute）也致力于降低人类所面临的风险，尤其是人工智能技术开发过程中的可能风险。欧洲地区的基础研究所（Foundational Research Institute）也有人工智能及其对未来的影响相关的研究课题。

从这些研究所的宗旨和研究焦点我们可以看出，人工智能的研究趋势不再是一味追求技术上的先进和突破，而是围绕人这个中心开展，这样有助于预防技术发展带来的负面影响。

但就目前来看，技术发展的脚步的确还在原来的轨道上快速前进。约翰·冯·诺伊曼（John von Neumann）在一场技术有关的讨论中使用了"奇点"一词，预言技术的爆发性成长并进而带给人类与社会不可逆转的变革 [17]。在雷蒙德·库茨魏尔（Raymond Kurzweil）出版的《奇点迫近》（*The Singularity Is Near*）一书中也使用了该观点。他在书中不仅阐述了很多技术已经或者正在被验证，并预测下一个技术奇点到来的时间可能从 2045 年提前到了 2029 年 [18]（图 7.4.1）。

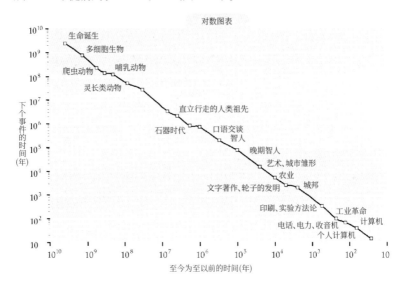

图 7.4.1 历年人类历史中发生奇点的所需的时间

技术奇点真的存在并且会在不久的将来出现吗？届时以上伴随技术发展产生的各种问题是否已有妥善的解决方法？也许我们无法得到确切的答案，也无法阻止这一趋势的到来，我们只能在反思与摸索中前行，时刻保持足够的激情、洞察与警惕。

与其说人工智能是一种类似于神秘的人类智能的事物，还不如说它是一种非常明确的、基于数据和数理计算的机器所表现出来的特有"智能"。大众所畏惧的、出现在科幻电影中的那种会严重危及人类物种生存的智能，几乎是邪恶人类的替身, 而不是现在的人工智能的真实反映。诚然, 人工智能技术在应用到人类社会日常生产或生活中时, 可能会造成一些前所未有的棘手问题, 但这些问题可以交由我们人类来灵活处理与解决。人工智能到底还是一项被发明出来帮助人类处理问题的工具, 正确地运用它会帮助我们在更短时间内处理高度复杂的问题。这种加成作用会极大扩展人类探索世界改造世界的边界。

参考文献

[1] Searle J R. Minds, Brains, and Programs[J]. Behavioral and Brain Sciences, 1980, 3(3): 417-424.

[2] Hennessy J L, Patterson D A. Chapter 1: Computer Abstractions and Technology[M]// Computer Organization and Design: The Hardware/Software Interface. 5th ed. Waltham, MA: Morgan Kaufmann, 2018:3-54.

[3] Martin J. After the Internet :Alien Intelligence[M]. Washington, DC: Capital Press, 2000.

[4] Bengio Y, Courville A, Goodfellow I. Chapter 1: Introduction[M] // Deep learning. Cambridge, MA: MIT Press, 2016:1-26.

[5] Flemisch F O, Adams C A, Conway S R, et al. The H-Metaphor as a Guideline for Vehicle Automation and Interaction[R]. Hampton, VA: NASA Langley Research Center, 2003.

[6] Google. Make Music and Art Using Machine Learning[EB/OL]. [2019-05-18]. https://magenta.tensorflow.org.

[7] Ha D, Jongejan J, Johnson I. Draw Together with a Neural Network[EB/OL]. (2017-06-26) [2018-12-14]. https://magenta.tensorflow.org/assets/sketch_rnn_demo/index.html.

[8] Ha D, Eck D. A Neural Representation of Sketch Drawings[J]. CoRR, 2017, abs/1704.03477.

[9] Alibaba-Clouder. Alibaba Luban: AI-based Graphic Design Tool[EB/OL]. (2018-12-19) [2019-03-11]. https://www.alibabacloud.com/blog/alibaba-luban-ai-based-graphic-design-tool_594294.

[10] Ai-Writer. Generate Unique Text with the Ai Article Writer[EB/OL]. [2019-05-18]. ai-writer.com.

[11] Boden M A. AI: Its Nature and Future[M]. New York: Oxford University Press, 2016.

[12] Adobe-Enterprise-Content-Team. Amplifying Human Creativity with Artificial Intelligence[EB/OL]. (2019-04-30) [2019-06-21]. https://theblog.adobe.com/amplifying-human-creativity-with-artificial-intelligence/.

[13] Provingground. Data-Driven Design[EB/OL]. [2019-05-19]. https://provingground.io.

[14] O'Donnell K M. Embracing Artificial Intelligence in Architecture[EB/OL]. (2018-03-02)[2018-7-11]. https://www.aia.org/articles/178511-embracing-artificial-intelligence-in-archit.

[15] Frey C B, Osborne M. The Future of Employment: How Susceptible are Jobs to Computerisation?[R]. Oxford: Oxford Martin Programme on Technology and Employment, 2013.

[16] Frey C B, Osborne M A, Holmes C, et al. Technology at Work V2.0: The Future is Not What It Used to be[R]. Oxford: Oxford Martin School, Citi, 2016.

[17] Shanahan M. The Technological Singularity[M]. Cambridge, MA: MIT Press, 2015.

[18] Kurzweil R. The Singularity is Near: When Humans Transcend Biology[M]. New York: Viking, 2005.

第八章 带给我们的启发

在 2018—2019 年间，我们采访了在建筑与计算机科学跨领域的两位"探路者"，他们的共同点在于都有建筑相关背景，与此同时都在摸索着如何与人工智能共存。

在同济大学建筑与城市规划学院、佛罗里达国际大学与欧洲高等研究院担任教授的尼尔·里奇（Neil Leach）主要关注于研究批判理论，尤其是对前沿技术与建筑学领域的关系。从建筑学自身的发展历程来看，他认为建筑类型都是对先前模型的模仿和增添，这点和现今表现模仿能力的人工智能并无本质上的区别。因此对于人工智能技术，建筑学如何与其辩证地适应是个有趣的话题。除了建筑学，他也重点探讨了自身适应趋势变化的历程、阐述了他对中国建筑如何适应新技术的观察，等等。

帕特里克·舒马赫（Patrik Schumacher）身为扎哈·哈迪德建筑事务所合伙人和首席建筑师，对应用前沿技术于建筑领域有着丰富的研究和实践经验。他对人工智能保持乐观，继续研究着人工智能如何参与或解决建筑行业中的具体实际设计问题。他不仅拓展了在建筑领域所面对的复杂性，而且对于复杂性高的设计问题他通过多种类型的计算模型进行实验，寻找新的设计范式。

希望读者在完成前七章的基础阅读之后，在理解以上受访人的观点时会有更多感触，并为批判性思考提供更多思路。

8.1 辩证地适应人工智能（对话尼尔·里奇）

▨ 尼尔·里奇（Neil Leach），建筑理论家、建筑师；同济大学建筑与城市规划学院、佛罗里达国际大学与欧洲高等研究院教授。主要研究方向为批判理论与数字化设计。

采访时间：2018.03.17

何宛余（HWY）：我想请问是什么使得你的研究兴趣从意大利文艺复兴转向了建筑的计算化？

尼尔·里奇（NL）：我是偶然间开始从事意大利文艺复兴研究的。我在剑桥大学念书时与约瑟夫·里克沃特[1]（Joseph Rykwert）共事，那时接触了阿尔伯蒂[2]（Leon Battista Alberti）的拉丁文原著，并和约瑟夫一起完成了翻译[3]工作。有趣的是，当时我置身于一种（相较于）"计算化"的工作环境中。因为在当时的剑桥大学里，我不仅能够使用大型计算机进行打字排版，还能受到许多真正的计算机天才们的熏陶，像是查尔斯·巴贝奇[4]、阿兰·图灵，还有建筑界的约翰·弗雷泽[5]（John Frazer）等。

随后我得到了一份学术工作，意识到文艺复兴很有意思。我当时对文艺复兴的理论、历史和观点特别感兴趣，尤其是哲学，但这方面的研究材料

---

[1] 约瑟夫·里克沃特（1926—），当代重要的建筑历史和评论学家之一，著有《亚当之家》、《城之理念》等建筑理论作品。

[2] 莱昂·巴蒂斯塔·阿尔伯蒂（1404—1472），意大利文艺复兴建筑师，其作品不限于建筑设计，从哲学诗歌到密码装置都有所涉及。代表著作有《建筑论》。

[3] 《建筑论：阿尔伯蒂建筑十书》（1988），由约瑟夫·里克沃特和尼尔·里奇等人基于拉丁文原著重新进行英文翻译。中文版则由王贵祥编译。

[4] 查尔斯·巴贝奇（Charles Babbage, 1791—1871），英国数学家及工程师，由于发明了数个计算机的早期原型，被视为计算机先驱。

[5] 约翰·弗雷泽（1945—），英国建筑学术家，在数个著名建筑院校任教过，如在建筑联盟学院教授具有先锋性的设计课程，并将其理论和学术成果编写成《进化的建筑》（*An Evolutionary Architecture*）一书。

十分缺乏。在 1990 年代初成为学者后，我周围的人都在讨论德里达[①]（Jacques Derrida）、批判理论（Critical Theory）和欧陆哲学（Continental Philosophy）。我意识到这些（哲学）确实具有值得大家思辨的地方，而在文艺复兴方面你能做的太少。你或许可以研究阿尔伯蒂或者帕拉迪奥[②]（Andrea Palladio），但在当代的视角下，你会发现新的事物一直在持续不断地涌现。因此我开始投入到新的哲学领域，并编著了《反思建筑》（Rethinking Architecture），将哲学家们所写的与建筑有关的所有文章进行整合。与此同时，我也参与数个先锋建筑院校的教学工作中。在伯纳德·屈米[③]（Bernard Tschumi）邀请我去哥伦比亚后，我又在建筑联盟学院教书。

随即我意识到我的理论与我和学生们一起使用计算机的设计课之间出现了某种不匹配。当我开始在哥伦比亚大学教书时我接触到了曼纽尔·德兰达[④]（Manuel DeLanda）。在新的理论思辨中确实出现了一些新的事物。20 世纪对解释学（hermeneutics）的痴迷，如对世界的理解和诠释等，正让位于 21 世纪所关注的设计生成、生成过程的辩论，如形态生成等，而不再是对建筑的简单解读。

接着从理论的角度来看，我开始转向一个高度当代的领域。我也通过写作来介入计算化的世界，如《数字化建构》（Digital Tectonics）等，我还为英国皇家建筑师机构（RIBA）筹划了数个会议，如 E-Futures 等。在我看来，挑战在于，在这个数字技术的新领域中，还未有任何真正的理论，格

① 雅克·德里达（1930—2004），当代法国解构主义哲学家。

② 安德烈亚·帕拉迪奥（1508—1580），北意大利文艺复兴建筑师。代表著作有《建筑四书》，其发表的设计模式通过书籍得以传播到欧洲各地，对当时的建筑风格造成长达三个世纪的深远影响。

③ 伯纳德·屈米（1944—），瑞士当代著名建筑师和评论家，代表建筑作品有巴黎拉维列特公园等。

④ 曼纽尔·德兰达（1952—），欧洲高等研究院博士和教授，先前于宾夕法尼亚大学和哥伦比亚大学授课，目前在普林斯顿大学建筑学院任讲师一职。著有《非线性千年史》（A Thousand Years of Nonlinear History）、《德勒兹：历史与科学》（Deleuze: History and Science）、《哲学化学：科学领域的谱系学》（Philosophical Chemistry: Genealogy of a Scientific Field）等。

雷格·林恩 [1]（Greg Lynn）也在 2013 年指出这点。

我们现在处于一个新理论正在发展的阶段，特别是在人工智能领域。我发现"意识"这个庞大的哲学命题，目前正在被机器人专家们关注，像罗德尼·布鲁克斯 [2]（Rodney Brooks）、安迪·克拉克 [3]（Andy Clark）这样的哲学家，正在研究神经科学的问题，尝试探究人类和科技之间的关系。克拉克的《天生的赛博客》（*Natural-Born Cyborgs*）讨论的正是为何人类实际上是"赛博客 [4]"（cyborgs）。人类大脑的可塑性使我们能适应所有的新事物，尤其是这些科技。我认为我们正处于一种可以开始对该领域提出理论评述的时刻。

我一直对事物如何运作、人们如何思考、技术如何使用、大脑如何运行等非常感兴趣。所以实际上我的思维转变是无缝衔接的，然而一些前同事认为我是文艺复兴学术家庭中的逆子，说我背弃了人文主义。事实上我并没有背叛人文主义。虽然目前我们处于后人文主义（posthumanism）的时代，但是在很多方面都还是在处理相同的议题。我确信如果阿尔伯蒂和布鲁内莱斯基 [5]（Filippo Brunelleschi）活在当下，他们绝对会被这些事物所迷倒。布鲁内莱斯基会使用机械臂制造佛罗伦萨大教堂的穹顶，而阿尔伯蒂将会投身到人工智能中。事实上这并不是一个很大的转变，但我认为我们需要去适应，倾听正在发生的事物，然后稍微调整或改变立场，以让自己跟随时代。

HWY: 这也许与"何为建筑"有关？在文艺复兴时代的建构体系、材料和环境和我们现在的是不同的。所以我认为与之对应的方法论可以有所改

---

[1]　格雷戈·林恩 （1964—），美国数字化建筑设计师。

[2]　罗德尼·布鲁克斯（1954—），澳大利亚机器人学家。

[3]　安迪·克拉克（1957—），英国爱丁堡大学哲学教授，著有《天生的赛博格》等著作。

[4]　一种人与机器的结合体。

[5]　菲利波·布鲁内莱斯基 （1377—1446），意大利文艺复新建筑师，其主要代表作有佛罗伦萨的圣母百花大教堂穹顶。

变。但是始终不变的是建筑学的核心：通过设计达到对建筑、城市、人的行为，或者环境影响方面的思考。

NL：我对建筑学或许有着更广的定义，我不认为建筑局限于房屋的建造。对我而言，建筑学是关于一种特定的感知，一种思考方式。它是一种看待或注视世界的方式。我认为你可以将该想象以很多不同的方式呈现出来，特别是在现今的计算化革命中，如今不同学科间的差异正在被打破。例如，在时尚界，几乎为艾里斯·范·荷本 [1]（Iris van Herpen）设计和三维打印服饰的都是建筑师。由此我开始意识到建筑师所拥有的技能具有庞大的市场。设计能力、三维思考能力以及理解材料性能等技能可以被应用到各个地方。

我们发现，一个新的舞台正在拉开帷幕，这意味着我们在某种程度上，正处在类似于文艺复兴的另一个时代。不论阿尔伯蒂是否是艺术家、建筑师、雕塑家，或是数学、社会学领域的作者，他都是文艺复兴时代的全才。我们在某种程度上回归了那个时代。我认为建筑自身必须被完全重置以应对这个新的时代。但从根本上说，我们不应该将建筑学与房屋的建造联系在一起。我们应该尝试想象它作为某种想象力的形式，某种理解世界的方式。

HWY：福柯（Michel Foucault）认为设计实际上指的是一套系统。此"系统设计"可以被应用到不同领域，比如在计算机科学领域也称设计软件架构的人为"建筑师"。我认为这同样应该是"建筑师"在当代的定义。我们只是使用不同的"语言"去建造。他们使用代码，我们使用材料和结构等。我在荷兰贝尔拉格学院上学时，赫曼·赫茨伯格 [2]（Herman Hertzberger）曾问我们何为建筑。有人说空间，有人说建造，有人说材料。

---

[1]　艾里斯·范·荷本（1984—），荷兰服装设计师，其作品特色在于结合了前沿技术以创造不常见的雕塑性视觉效果。

[2]　赫曼·赫茨伯格（1932—），荷兰建筑师，获英国皇家建筑协会（RIBA）颁发的2012 年度皇家金奖，曾在荷兰代尔夫特理工大学和贝尔拉格等建筑院校任教过。

但他说都不对，建筑是关于思考。我认为思考可能才是建筑最核心的部分。

NL: 我同意。我也要对建筑师只是处理形式的观念提出质疑。我在1999 年写了《建筑之麻醉》(*The Anaesthetics of Architecture*) 一书，主要就是批判对图像和建筑形式的迷恋——后现代的转变。我对于信息化的关注远超过建筑形式，所以我更倾向于用"信息建筑"(Information Architecture) 来描述你们正在做的事。但我认为这个词最后可以应用到所有的建筑师。我认为"建筑学"这个词的内涵在不断演化。它正在前进、突变和改变。我们必须意识到这一点，并且需要学会观察正在发生的事物。例如我和博纳茨·法拉希 (Behnaz Farahi) 将近期的《建筑设计》[1] 的期刊议题设定为"三维打印的身体建筑学"("3D-Printed Body Architecture")。此期基本上是关于在人体尺度上从事三维打印的建筑师的工作，如制作鞋子、服饰、椅子等。因此，在某种程度上我们试图重新定义或者延伸对建筑学的理解，使之成为建筑学的一部分。

我认为可适应性非常重要。如果不能适应就无法存活，你必须适应不断变化的世界。我的一本理论书籍——《伪装》(*Camouflage*) 的主题即适应。一切都是关于我们如何适应。你可以看到约翰·弗雷泽等人在计算化中也对适应感兴趣，甚至互动建筑也可以被视为适应的某种形式。对于理解建筑师的工作方面，我们的思维必须更开放，我认为建筑学确实就是关于重新思考和适应。

HWY: 目前全世界都在以不同的方式进入计算化的新阶段。建筑学从20 世纪 90 年代至今，出现了参数化设计、算法设计等。你会如何描述不同方法论类型之间的差异？或者你是如何看待它们的？

NL: 不得不说对此我很谨慎，因为我认为目前建筑学中有一些定义不明的概念。我自己从来不用"参数化 (parametric)"这个词。我自己更倾向

---

[1] 第 87 卷 6 期。

的表达是彼得·楚门(Peter Trummer)所提出的"协同设计"(associative design)，这才是准确的。实际上我们一直在设计中使用参数，早在维特鲁威时期就开始使用比例作为参数来进行设计。所有的事都是关于参数的，据我所知至今只有 CATIA[1] 和 Digital Project[2] 算是参数化软件。接着我们有算法设计软件，如代码编程工具，甚至是 Grasshopper[3]，有"精确建模"软件，如 Maya[4] 等，这是大部分设计师都在使用的。

它们实际上是非常不同的，你必须在理解上更加精准。首先，你需要能定义这些术语。有段时间我非常努力地去抑制这股纠正的冲动，但我逐渐意识到很多人已经习惯不严谨地谈论参数化。我不得不反问自己，如果它已经成为了大众用语，那么我可能需要试着接受它。这与词源或其他事物无关，重要的是人们如何使用术语。但我始终认为大家应该对这些特定的术语所表达的含义了解更多，而不是以目前的方式将术语混淆。我认为参数化一词已经是计算化设计的一种全球化的术语。人们也倾向认为参数化就是代表曲线的美学。我认为这种相似的叙事正出现在"人工智能"这个术语上。人们总是问我人工智能会带来何种新的建筑风格，但这根本上就是一个错误的问题。所以回答你刚才的问题，我认为必须要准确地区分不同的运作模式，因为它们有很大的区别。现在就算是谈到 Grasshopper 都很令人困惑，因为很多人认为它是一种参数化软件，但实际上它是带有可视化界面的算法软件。我认为最终的问题可能不是描述性术语，而是理解真正所发生的事物。

HWY: 感谢你澄清了不少混淆的概念。中国有很多年轻建筑师和学生是参数化设计的拥趸。当他们谈到参数化设计时，我想他们是在谈论建筑形式或立面。你对中国的年轻建筑师和学生有什么建议吗？

[1] CATIA 是法国软件公司达索系统(Dassault Systems)开发的基于几何的参数化建模软件。

[2] Digital Project 是由盖里科技公司(Gehry Technologies)基于 CATIA V5 开发的，针对建筑领域的工程设计软件。

[3] Grasshopper 是一款由 Robert McNeel & Associates 开发的可视化编程软件。

[4] Maya 是一款数字化三维建模软件，应用于动画、电影、建筑等领域。

NL: 我认为人们必须尝试提高对事物的全球化认识。我想不同的运作方式也会逐渐渗透到建筑学的意识中。我不确定能提出什么建议，但至少我认为对于这些事物的批判是需要的，而不是直接接受，不求甚解。

说到这里，我想提一下我观察到的在中国涌现出的新批判思潮，即人们在追问更多的问题。在我看来，这就是哲学的重要意义——需要发问。或许不存在解答，只是纯粹地提出问题、批判并暴露问题。所以我喜欢"问题化"（problematising）的概念，就是提出问题。如果你发现问题，随后它就会变成另外一个不同的问题。之前由于无知而被羁绊的问题转变成了可以让你真正处理的对象。所以即使你是在提问何为参数化，其实你已经开启了某种形式的讨论。希望我们能进一步地往前。

HWY: 你如何看待人工智能当下成为热门话题？去年（2017 年）谷歌公司发布的 AlphaGo 战胜了最好的人类棋手。你怎么看待这件事？

NL: 这是一个新的视域。我想大众并不真正理解人工智能，他们是通过电影来认识。而人工智能在电影中往往通过非常负面的方式来表达，类似《银翼杀手》（*Blade Runner*）、《大都会》（*Metropolis*）、《2001: 太空漫游》（*2001: A Space Odyssey*）等。对机器人的恐惧等始终存在。所以我们需要超越这些理解，并视人工智能为一种创造性的工具。

但与此同时，人工智能事实上在建筑领域仍未有亮眼的表现。我的意思是，人工智能在硅谷是肯定被关注的，但它还没有成为建筑意识的一部分。人们被它迷住，或者对它感到恐惧。但是我们还没有真正地了解它能做什么。于我而言，人工智能是有趣的，一部分是由于它能回答我和我的学生多年来一直在探索的许多问题，它确实正在掀开一个新的篇章。同时身为一名理论家，我认为它有意思的点在于，通过意识问题我们现在可以把人工智能和哲学世界联系起来。

因此这是一个全新的领域，一方面正在产生新的技术，同时也对像我这样的理论家提出了如何理解它的问题。我认为人们应该对人工智能保持谨慎，并且应该对于发生的事物有着非常精确的理解，而不是仅仅被笼统的整体所迷住。我们必须要保持批判性。人工智能确实很有潜能，作为一名理论家，我对它所开始带来的问题感到惊叹。

HWY: 如果人工智能可以协助我们执行特定的任务，如设计，你认为建筑领域会发生什么样的改变？

NL: 我想建筑领域目前面临一个根本性的问题，这由很多不同方面的问题所组成。我不知道你是否记得，库哈斯曾经在建筑联盟学院的一次演讲中提出，建筑学现在的问题与艺术界相似。如果你是一个足够好的艺术家，例如达米恩 · 赫斯特 [1]，你可以从一幅画或其他艺术作品中得到百万报酬；如果你不够好，则什么也得不到。但假如你是一名建筑师，不管你是世界上最好的还是最差的建筑师，你的报酬是建筑成本的相同百分比，通常是10%、9%、5%，或者更少。

如果你想通了，这其实是由于投入设计过程的资金是有限的。也就是说，如果是一家商业设计公司，你只需要像以往一样做同样的事情，不断地堆砌，便能从中赚钱。但如果你追求先锋性的设计，每个设计都是如此不同，那么你就难以盈利。于是我们就遇到了问题——建筑领域中根本的经济问题。我认为我们必须将其重置，并找到更有效的方式来工作。如果每幢建筑的设计都需要不同，但为何苹果手机就不需要？到底发生了什么？

我认为这是我们作为建筑师如何工作这个更大问题中的一部分。作为一名理论家，我对这些工具如何产生一种新的设计方法的可能性很感兴趣。如果设计一幢建筑需要花费大量时间，而人工智能的贡献之一就是能够更快地完成任务，那么它在建筑学中就起到了一个根本性的且重要的作用。然而，这实际上是一个更深层次的问题，即我们作为建筑师该如何工作。

---

① 达米恩 · 赫斯特（Damien Hirst, 1965—）英国艺术家，主导了 90 年代英国艺术的发展，享有很高的国际声誉。

我观察到一种根本性的转变：近二十年，尤其是随着算法的出现，原来只有天才能画出的，像是悉尼歌剧院草图的传统方式正在发生转变。现在建筑师可以编写算法，通过运行搜索来找到结果。而下一步是找到评估搜索结果的方法。有趣的是，我们不再需要设计，而是搜寻。我们得到的不必是设计，而是一个输出。这也去除了建筑学里关于天才的概念，因为所有有潜力的设计方案都已经生成。所以我们正处在不同于以往的情形中，这从根本上改变了工作运作的方式。我认为就人工智能而言，它可以用一种更有效的方式来过滤某些结果。所以如果我们把所有的技术综合起来，就能得到一种根本上不同的方式来设计。这也将为我们开启一些有趣的问题，如人类智能和人工智能之间的区别。

如果大家仍然相信天才建筑师的存在，那么人工智能将会是有所不同的。事实上，日本先锋建筑师渡边诚 [1]（Makoto Sei Watanabe）在他最近的论文中认为，人类能够做梦，但计算机不能。但是我们真的需要做梦吗？这里有很多有趣的问题，比如是否我们应该用相同的方式工作。传统对人工智能的批判是它仅仅在模仿人类智能。但人类智能本身也是基于模仿的。人类所运行的整个文化都是基于复制的。

我的著作《伪装》正是与此问题有关。所以如果质疑人工智能只是模仿人类智能，但人类智能本身是基于一种模仿的形式，那我们应如何重新对这些事物进行评估？尽管我个人并不是那么充满疑虑，但我认为奇点 [2] 几乎就快到来。就算我暂时还没有对人工智能有足够的经验，我却能把它看作人类智能的镜像来对照理解。如果我们把这些结合来看，会发现规则并未真的发生改变。

HWY：你如何看待效率这件事？因为你提到效率可能是建筑领域诸多问题中的一个。2016 年库哈斯也提到了效率，他认为建筑业太缓慢了。如果

---

[1]　渡边诚，日本建筑师。

[2]　奇点（singularity），是由技术发展历史总结出来的一个观点，它认为技术发展存在一个临界点，当达到奇点的时候，技术将会在很短的时间内发生极大而接近于无限的进步。

我们如此缓慢，将会面对非常严重的问题。我们太慢了，因为对某栋建筑的初步设计阶段就需要花上一年或两年，在欧洲国家甚至需要更久。接着对其建造需要三到五年。当建筑终于建造完成，离我们设计它时已经过去七年了。在过去，七年之间社会的变化是不大的，七年后建造好的建筑仍然可以满足社会需要，但是现在我们面对的是一个完全不同的状况。七年前的中国还没有微信，也没有移动支付和共享单车。这些技术和应用的变化是非常快的。但是我们建筑业的速度已经不能赶上社会进步的速度了。你是如何看待效率这个部分的呢？我们如何使用技术来影响或者重塑建筑业呢？

NL：让我先回到关于中国如何演变的问题。我在中国香港长大，从2004年开始到大陆工作，当时接受了徐卫国的邀请，合作策划了北京的建筑双年展。那时我在包豪斯工作，而此前刚在建筑联盟学院和哥伦比亚大学结束任教。当时大家都在谈论编程、脚本编程等。2004年我在演讲中谈到这些的时候，大家看着我，似乎不知道我在说什么。我们组织了双年展并邀请了一些人来参加，其中包括马克·巴里①。有趣的是，在2013年我们再次邀请巴里回来，我记得那是一场在清华大学的会议，马克·巴里坐在第一排。我能看他惊掉了下巴。在注视着令人难忘的演示后，他转过头来对我说，"我必须回去告诉在澳大利亚的同事，我们已经没有什么东西可以再教给中国人了"。

这些事非常有趣。中国在很多方面成为了事物的中心，例如三维打印和其他这类事物上。在中国一切发生的速度太快。我总是把这种速度类比加速播放的录像。事实上，我们把2004年的展览称之为"快进"。视频播放器有着不同快进的速度，有两倍、四倍、八倍、十六倍、三十二倍。中国的发展速度像是西方的三十二倍，所以我认为西方并不能想象这种发展速度事实上有多快。上周彼得·艾森曼来到上海并参观了同济大学袁烽教授的工作室创意团队（Archi-Union），接着也被工作室中的机械臂数量震惊到了。

① 马克·巴里（Mark Burry），数字化建筑师。

当然麻省理工学院也有机械臂,但中国这里的变化速度令人难以置信,尤其是计算化方面。我认为这是由于中国人有一种基于数学思维的思考方式,非常勤奋并且受到了良好的教育。中国和印度是两个世界级的计算中心。人们应该对这里发生的事情保持乐观。

HWY: 中国的发展已经超出了我们的想象。在深圳有个例子,2010 年至 2015 年期间深圳规划部门围绕着"最后一公里"的主题组织了一群专家,其中包括建筑师,试图解决地铁站与工作或者生活场所之间的最后一段出行交通问题。五年间,人们对此议题做了很多研究项目,其中有一堆的分析图和方案设计,但始终效果不佳。但 2016 年横空出世的共享单车解决了该问题。

任何变化都会影响城市发展以及建筑本身,而建筑师似乎还陷在传统的思维方式中,去思考建筑的形式以及该形式如何对环境作出反应。但是,信息的背后有逻辑可寻。如今我们可以从智能手机或其他地方查看大数据,如最近一年或五年内的交通流量情况。如何将这些东西转化为设计? 如果我们发现了潜在的逻辑,也许我们可以预测未来五年或几十年内发生的事。这可能是我们赶上快速变化的一种方式。但目前,似乎我们(建筑师)还没有工具、方法或理论来支持这种预测。请问你是如何看待这一点?

NL: 我认为本质的问题是需要改变建筑师的思维方式。从某些方面看,建筑师很大的挑战来自于固有的、以形式来进行思考的方式。但我认为我们需要向前看。在 2009 年我负责的《建筑设计》的一期——"数字化城市"("Digital Cities")中,帕特里克 · 舒马赫谈论了参数化主义,汤姆 · 维尔伯斯 [1] (Tom Verebes) 谈论城市参数化主义,等等,好像数字化城市都是关于崭新的、炫酷的建筑形式。事实上当我现在回看时,那整期都显得完全过时。

---

[1]　汤姆 · 维尔伯斯,建筑师、建筑教育家。

　　唯一我认为比较适宜的文章是本杰明·布拉顿[1] (Benjamin Bratton) 所谈论的"苹果手机城市"（"iPhone City"），随着苹果手机的引入我们将会如何以不同的方式来导航城市。我发现，这确实在很多方面阻碍了建筑师自身的发展。他们没有把建筑视为一种信息系统，他们仍然在思考形式。甚至有些人还认为大数据产生了一种"建筑风格"，但这显然是荒谬的。我们在讨论大数据时，并不是在谈论建筑风格，而是在谈论运作模式。我认为巧用大数据的最佳案例之一是优步[2] (Uber)。优步使用的汽车和普通汽车毫无区别，它只是比传统出租车使用了更有效的方式处理信息，而显然这不是形式的问题。我认为我们必须将计算视为不同的多种过程。我们必须从对形式的痴迷中（抽离出来），开始改变心态，去理解如何以有意义的方式驾驭和应用信息。

　　我认为建筑师的有趣之处在于我们所做的一切都是关于未来的。然而就我所知，教育方面的危机是建筑教育不断建立在过去的基础上。我的意思是，世界上每一所建筑学院都有很多关于建筑史的课程，但我不知道哪一个建筑学院有任何关于未来的课程，然而确实有一个称为"未来学"或"未来研究"的研究领域。我认为理解未来和过去在某种程度上是紧密相连，这一点是很重要的。沃尔夫·普瑞克斯[3] (Wolf Prix) 曾经有一个演讲名为"明天、今天将是昨天"。我认为要深刻意识到我们是在一个从过去到未来的连续过程中运行的，而身为建筑师需要改变我们的思考方式。

　　HWY: 实际上，在贝尔拉格，我们有一门课是关于未来。我们称之为投射理论 (Projective Theory)，它有别于批判主义。

　　NL: 我对贝尔拉格的课程所知甚少，但我认为这解释了很多。我了解到当前有人正在进行预测性设计，甚至是麻省理工学院的媒体实验室也在做。

[1]　本杰明·布拉顿，美国社会学家。

[2]　优步是美国的一家科技公司，通过使用同名打车 APP 实现了实时连接乘客和司机。

[3]　沃尔夫·普瑞克斯，蓝天组 (Coop Himmelb(l)au) 创始人之一。

他们称之为预测性设计或虚构设计 (design fiction)。虚构设计针对设计，而科学幻想则针对科学。但我认为从根本上我们还远远落后于其他学科。我立足于洛杉矶，洛杉矶是个电影之城。如果你知道《少数派报告》[1]（*Minority Report*）这部电影，在制作前导演斯皮尔伯格聚集了一批专家共同构想未来，包括几位建筑师，有来自麻省理工学院媒体实验室的比尔·米切尔[2]（Bill Mitchell）和格雷格·林恩，以及电影设计师艾力克斯·麦克道尔[3]（Alex Mcdowell），还有一些来自硅谷的专业人士。看看这部电影对未来的预测是多么的准确。他们预测了自动驾驶汽车、虹膜识别、Kinect[4] 等。他们的预测准确性实在惊人。很多公司都对人脸识别感兴趣，例如宝马，因为它可以辨识司机是否睡着了。所以这成为了一件非常重要的事物，但也需要在想象力和见识上有一定的转变。

再回到库哈斯，他在纽约曾经设计了普拉达商店，当你进入商店时它会自动识别你，这与《少数派报告》相似。当然有些人仍无法摆脱对监控的负面想法。从乔治·奥威尔[5]（George Orwell）的《1984》所提到的"老大哥"[6]（Big brother）来看，实际上"老大哥"这个词语现在已经代表真人秀了。人们不必担心被监视，反而尽情面对镜头进行表演，因此在文化上我们已经转变了观念。如果你接受"监视"，这并不像大多数人所认为的那般负面，也许我们会找到适应该世界的方法。

HWY: 也许我们可以。这也与智慧城市有关，需要传感器或摄像头来

---

① 《少数派报告》(2002)，是一部由著名导演斯蒂芬·斯皮尔伯格 (Steven Spielberg) 执导的美国科幻电影。

② 比尔·米切尔 (1944—2010)，建筑师，教育家，麻省理工学院建筑城市规划学院前院长。

③ 艾力克斯·麦克道尔 (1955—)，英国剧作家。

④ 由微软开发的感知设备。用户无需手持或踩踏控制器，通过语音或捕捉人体动作来操作游戏系统界面。

⑤ 乔治·奥威尔 (1903—1950)，英国作家，记者和社会评论家。代表作为《1984》。

⑥ 老大哥是《1984》中的一个虚构角色，对人们进行"监控"。

捕捉数据并在后台进行分析。

NL: 这对大数据和监控的未来提出了一个有趣的问题。人们是否会找到一种伪装自己的方式，或变得更坦率和诚实？在我小的时候，当时有些关于银行抢劫等的爱情电影，如《雌雄大盗》①（*Bonnie and Clyde*）。有些人可能可以逍遥法外，但是这种情况现在再也不会出现了。公安可以查到究竟谁是犯人，很快你就不能在纳税申报单上作假了。一切都会完全数字化。这将会是个不同的世界。

HWY: 如果我们回到之前关于效率的话题，你认为像大数据和人工智能技术在设计领域将如何实现？

NL: 显然它们可以为设计领域做出巨大的贡献。在某些方面，这些技术既令人惊叹又令人恐惧。它能学得很快，不久它就能比人类更有效率地工作。我认为我们现在正处于一个有趣的时刻，比如你们在深圳正开发的设计工具将会彻底改变设计。

但是我们正处于过渡期，我想这些技术的影响是值得推测的。我认为就整体文化而言，自动化或人工智能的风险之一是，目前由人类完成的大部分工作将由机器人完成。亚马逊已经开始使用无人机或者其他工具来送货了。在某种程度上，你可以在中国看到类似的情况发生：当农场开始使用拖拉机并实现机械化后，便不再需要那么多农民在田间工作。由于很多人都前往城市，导致了潜在的社会问题。

我认为还有一个潜在的社会问题：大量的工作将被机器人取代，这未必是件坏事，只要你能找到一种重新分配财富的方式。但如果对此没有任何分配机制，这就会出现在有谷歌和亚马逊这些极度富有的公司的同时，还存在着遍地贫困，这种差距会带来社会问题。由于许多人在引进这些技术

---

① 雌雄大盗（1967），美国犯罪电影，改编自真实故事，讲述一对情侣靠抢劫为生。

后将会失业或就业不足，我认为必须要在社会层面找到一种方式来重新分配财富。

我确实可以预见这些技术负面的一面，但显然，我认为人工智能是一个非常有用的工具。与其他所有事物一样，我们将会接受它并找到一种使用它的方法。我是一个乐观主义者。我认为我们必须在拥抱未来潜力的同时，辩证地看待它。我们需要意识到这些技术所带来的负面影响，以便为此做好准备。

HWY: 如果将现况和第一次工业革命相比，其实是非常相似的。那时候机器已经对人类产生威胁，因为机器可以帮助农民剪羊毛，而且也不再需要农民在田里工作了。但危机同时也是机遇，毕竟开发了一个有用的机器。与机器有关的产品还有很多，如汽车、火车、飞机、计算机等，一切都来自于此。如果没有那段发明的历程，我们就不会有今天这样的社会。

NL: 我认为人们总是对新事物保持怀疑，例如，当埃菲尔铁塔最初建成时，每个人都讨厌它。同理，计算革命也遭到难以置信的抵抗。我在剑桥大学上学时有数位导师禁止在设计课上使用计算机。但我注意到这种阻力已经开始消退。每次我在课堂上谈论这些事情的时候，我注意到逐年都会发生轻微的变化。我现在教的这一代人很多是伴随着苹果手机这些电子产品长大的。过去，反对计算机的主要理由是当时认为计算机是反社会的、无政治性的、无意义的、肤浅的等等，这显然是完全错误的。我认为对计算化的反对最终会消亡，人们会接受人工智能，但我们必须克服这种怀疑的态度。

HWY: 我认为当今建筑学中的一个关键问题是我们无法找到一种高效的方法来测试设计是否正确。例如，伦敦的一座具有优雅形态的高层建筑使用了玻璃幕墙，然而在被建成后人们才发现该建筑的外立面如同镜子一样将阳光进行反射，以至于使周边道路升温。这是设计中的巨大错误，但它需要在建成数年后才暴露出问题。

NL: 我认为这正是计算化有用的地方。在过去，唯一可以测试设计的方式只能是通过建成的建筑。但现在有很多的软件，如 Ecotect[①] 等可以用于测试。更重要的是，如果你精通算法，还可以通过脚本来判断设计是否符合特定的约束，这样它就会自动对此有所反应。

在我看来，下一步人工智能的介入是找到对计算结果进行评估和筛选的方法。这会更有效率。这是我认为我们需要人工智能的原因之一。回溯在剑桥大学读书的时候，我们被教导通过铅笔制图来表达室内设计。这些效果图都是虚构出来的。但现在我们可以精确地掌握太阳从特定的窗口、在特定的时间、从特定的朝向照射进室内。我认为我们有义务运用这些技术来确保我们所建造出来的建筑是我们真正想要的。

HWY: 人工智能可能带给建筑学的重大损失是什么？

NL: 我想非常不幸的是，人们不需要在项目完成前熬夜工作了。我个人还未看到任何潜在的损失，因为我对此没有疑虑和恐惧。我认为我们将在这个新的世界中适应如何工作。但仅仅接受人工智能好的一面是不够的，大家也需要对此保持批判性的态度。当我们刚开始有互联网的时候，每个人都认为它只是实验性的、先进的领域，但随后我们就有了垃圾邮件。我认为我们必须防范这一点，并意识到滥用科技的问题。

HWY: 由于部分建筑师并未从事太多创造性的工作，你认为他们可能会被人工智能取代吗？例如重复性的图纸绘制，或对已经存在的建筑形体尝试进行二次创造。你认为未来的建筑师需要的关键技能是什么？

NL: 这可能为"何为建筑"这个问题开启了更为广阔的讨论。我认为我们必须从根本上重新梳理建筑的教育和实践体系。我认为由于这些新的数

---

① Autodesk 研发的，对建筑设计进行环境性能分析的软件工具。

字工具的引入，建筑学有关的学科与行业必须被彻底改变。

真正的问题是我们依然在一个老旧的框架中。如果审视这一行业，尤其是在注册建筑师执照方面，你的执照只能在当地州属有效，你甚至不能在临近的州属执业，这当然是指美国。其次，当你思考建筑教育体系的运作方式时，你会发现它完全是基于一种过时的认证逻辑。这是历年以来的运行方式，而这些受到威胁的认证机构更有决心对教育施加控制。

但实际上，这套系统还有用吗？有趣的是，多年前有一个被称为"建筑学研究①"的教学项目。如果某位学生被认为不太适合进行建筑设计，他们会被转移到建筑学研究项目上，因为他们并不需要成为一名建筑师。但如今却有着不一样的变化。

在麻省理工学院，学生可能会说我不想要这个认证学位，他们想要定制自己的教育计划。实际上，最优秀的学生会选择相比于建筑设计项目，更不局限自己的建筑学研究项目。基于之前我所提到的，我认为我们建筑师拥有这些具有市场的技能，也需要能够理解并学会如何在其他领域应用这些技能。学生们的思维方式发生了一些变化。例如，我最喜欢的建筑师之一，菲利普·布洛克②（Philippe Block）既是建筑师也是工程师。他在麻省理工学院选择的就是建筑学研究项目。我们需要重新调整建筑学教育，让它更多地回到赫曼·赫兹伯格所说的以思考为核心的方向上。

我不是对过往怀念，但也许我们可以回到包豪斯的模式。包豪斯并没有建筑学科。建筑学就像是从混沌中诞生一样。与其被动防守，试图保卫我们已经失去的领土，我们需要开放并探索新领地。建筑是广大设计领域的一部分，旧的尺度观念被认为不再重要。扎哈设计珠宝；雷姆·D. 库哈斯③设计三维打印成品，如鞋子等。现在这些设计领域肯定也是一种建筑形式。我们仍然可以看到一股从不同的激进观点和技术涌现出的新浪潮。但与此同时，很多机构总是限制在一个老式的框架内，这种框架将限制他们，并有

---

① "建筑学研究"是指偏向研究而不是设计的教学项目。
② 菲利普·布洛克，苏黎世理工建筑技术学院教授。
③ 雷姆·D. 库哈斯，建筑师雷姆·库哈斯的侄儿，鞋履品牌 United Nude 的创始人。

可能扼杀整个学科。

HWY: 你曾在文章中提出城市和软件程序是否呈现类似的涌现逻辑。我们如何使用软件程序来模拟一个城市? 从我的观点来看, 人工智能可能可以帮助我们找到答案。我不知道你是否知道 AlphaGo Zero 的运作方式, 它与上一代 AlphaGo 不同。它通过自我学习、竞争并生成解答。由于它能靠自己生成, 人类已不能再理解它使用的策略。如果我们将这种技术应用于城市建模, 我们为人工智能制定规则并让其自行运行, 这或许可以从中生成理想的城市。这将是完全不同的设计方式。

NL: 不久前, 我与罗兰德·斯诺克斯 ① 共事, 我们试图探索群集智能。你或许可以使用 Processing 之类的程序来生成城市。但我逐渐发现 Processing 并不完全是我想象的那样。许多计算程序中并没有足够的环境反馈循环。我认为 Processing 中"代理"的问题在于它们没有足够的反馈循环, 它们彼此了解, 但对周围环境的感知地不够。所以我想你可以在其中引入某种智能反馈循环。表面上看我们似乎掌握了群智的行为模式, 但实际上我们并没有达到。实际上, 城市中存在着很多复杂的智能形态。这是一种非常简单的材料计算, 但我们仍然不能对它进行数字化建模。也许你可以为这些代理赋予人工智能, 但我认为这是有局限性的。

我认为现在我们所处的人工智能时代已经不同了, 然而我们应该对它保持谨慎。它非常擅长识别, 可以对图片分类并识别人脸等。它总是基于先前被认可的模型。在我之前看到的某些结合人工智能完成的项目中, 它关注城市形成的模式, 并基于这些模式进行运作。这是一种模式识别, 但它实际上是伪装逻辑的一部分。如果你都是以先前模型作为基础, 那么就可以用先前同样的语言和形式应用到某个城市区域的生成。我的下一步就是尝试找到某种对过去不那么依赖的技术, 或者寻找其他方法对曾经发生的事

———

① 罗兰德·斯诺克斯, Kokkugia 事务所的创始人。

进行重新诠释，并思考我们如何能够做不一样的事情。

我认为当前的建筑文化是完全基于模仿的，但我们都不喜欢这么理解。当我曾经对哥伦比亚大学的学生提到模仿也是我们工作的一部分时，他们就非常愤慨，表示建筑师是具有创造力的。但我们总是在模仿，总是在复制既有的模型。如果你去参加任何一个建筑学院的设计评图，如果你做了一个菠萝形态的建筑，就会有人表示质疑。但如果你做的设计有点像库哈斯，又有点像扎哈，有些相似但又不完全是复制，情况就不一样了。

建筑学似乎有一种"准则"—— 一个公认的、值得去模仿的伟大建筑名单。所以你总是表现出群集行为，去复制并追随前人，甚至可以用这种方式来看待整个建筑历史。从古希腊、古罗马、罗马式、文艺复兴、风格主义再到巴洛克式，这些渐进式的转变都是基于对既有模式进行微调。建筑类型学也是如此，例如瑞士小木屋这几个世纪以来的演进，就是基于对模仿先前的模型的增添。所以人工智能和人类智能如何不同？如果人工智能也是在复制过去的模型，那么我们人类智能岂不是也是在做着同样的事情？

这就是我对那些认为人工智能不如人类智能的人提出的质疑。如果人类智能本身就是一种模仿，那么我们究竟是处于什么位置？我不知道答案，但这正是我目前思考的问题。我认为在某种程度上，有趣的是这个未知领域让我们重新思考人类自己的运作方式。也许我们无法理解人工智能，但它成为了映射我们运作的一面镜子。我对该模仿的议题感到非常有趣。

建筑师宣称采用了系统性的工作方式。实际上，通常建筑师运用计算来尝试寻找新的形式，通过推敲来发现潜在新颖的形体。他们使用计算机来开辟各种可能性。如果所有的新事物都被计算机所发现，那么它们(新事物)就已经事先存在。这意味着天才建筑师创新的观点是完全错误的。没有什么是新的。

如果人工智能可以生成成百上千个结果，那么它也可以对其进行筛选。我现在对它的了解还不够，但在我看来，你们(小库)目前正在做的似乎是为这些设计结果找到一种智能分类、评估的方法，而不仅仅将它们留给人类视觉上的想象。这正好就是 2002 年 eifFORM 项目 ① 的问题所在。我们可以通过模拟退火的随机非单调过程，每二十分钟生成一个新的设计，而这些结果都不尽相同。然而我们人类需要观察这些结果，根据它们的样子来进行筛选。我们可能仅仅由于某个设计结果看起来很酷而选择它，但我认为目前在人工智能的介入下，我们可以通过更智能且更有趣的方式进行筛选和选择。

HWY：我认为你是对的。我们也许并不需要去寻找前所未有的新事物，而是针对某一地块为其寻找真正适合的设计。如果我们只关注形式，那么建筑是什么？或许它有其他不同的形式，或许是我们从未见过的。但对于某个具体的场地或项目，它背后蕴藏着逻辑。这个逻辑是由周围的环境、人流、数据和所有未来可能性所构成的。如果我们依此来思考设计，或许就可以将设计精简到一个或两个。所以我们的设计决策将不会基于个人的美学倾向，而是基于科学分析。

NL：在我的一篇名为《信息城市》（*(In)formational Cities*）的文章中我有提到类似的情况。有一家旧金山的公司虽然我认为他们所做的和我所理解的不太一样，但我认为他们所做的实际上是认识到每个建筑最终都是相似的。人们总是需要卫生间、卧室、客厅、厨房、楼梯等。所以，从某种意义上说，是存在一种（具有初始设定的）"种子"。实际上该种子在不同地方会根据周边环境情况发生突变。该公司以蒙特利柏树为例，这种树通常在旧金山周围的海岸边，其形态会随风力而改变。他们提出的建议实际上是允许该种子随着环境情况的变化而突变或改变。

这看起来既聪明又简单明了。我认为真正有趣但又有争议的是，我们如何避免毫无意义地在探索中浪费时间，从而在设计中得到更精确的表现。在我成长中的后现代世界是关乎"形式"（form）的，而现在发生了往"形成"

---

① 剑桥大学开发的一个结构设计生成和优化的软件工具。

（formation）的关键转折，这时词根"形"（form）再一次被提及。信息（information）由性能（performance）所提供（informed）。"形"可谓在这些方面各有涉及，却有着根本不同的定义。我希望这样的范式转移在某些方面能更为显著。但我必须说，我担心一些新崛起的趋势，例如物导向的本体论，它们将会让我们倒退回老旧的思维中。

HWY：人工智能技术能够如何应用于城市领域呢？

NL：首先，我对城市的概念有疑问。如今人们所认为的城市究竟意味着什么。我认为我们需要超越对城市单纯只具有物理性质的认知。如果让我试想一下我的居住小区，实际上我并不知道隔壁住的是谁。我从未见过邻居，不知道他们是谁，但每日早晚我都在线上与世界各地的人交流。这是我的世界。我不认为城市的物理概念有非常重大的意义。也许这是对何为城市的答案提供了某种意义上的线索。

我认为身为建筑师，我们需要超越对形式思维的局限，更多地从信息或网络的角度思考。所以，我认为从城市未来的样子这一方面，去思考城市的未来是错误的，因为实际上各个城市可能看起来是差不多的。大部分的城市无论如何都不会被拆除。纽约在一百年的时间里看起来不会有太大区别。然而我们也需要把谈论的焦点，从对城市和建筑的执迷，转向对更广大的信息系统的思考上。

HWY：如果我们使用虚拟现实和人工智能技术实现了自动驾驶，或者使用无人机作为物流工具，城市的物质世界将会如何？

NL：我不确定我可以针对此问题直接给你一个答案。但再一次，相较于形式，我认为这更多的关乎运作方式。我们可以再谈一次优步的模型。实际的改变在于运作方式，而出租车本身依然照旧。也许无人机的使用导致公路上没有那么多亚马逊的送货车。但我不认为它会引起城市在形式上的改变。

不过社会的运作方式会得到改变，这种范式转变超越了我们过去所使用的模型，即在一个小镇里长大、与隔壁的人结婚、一生都生活在同一地方的那种模型。不管怎么说，我们在某种意义上可以说是游牧民族了，但我认为这将是游牧模式一个更加极端的版本，同时有着更少的物质形式。

HWY: 如果我们有全息技术，也许今天我们不需要面对面交谈。我们的数字孪生体可以在此代替我们。我们不需要处于一个实体空间中。未来城市可能会发生这种变化。

NL: 我认为这里总会产生一种辩证的抵抗力。世界变得越虚拟化，我们就越需要一定的物质体验。我想这种需求也许会增加。当我们的生活都非物质化时，我们就会总是希望有更强的物质上的感受。在实体世界和数字世界之间总有一种均衡关系。如果你试想人类适应的方式，就会发现为什么我认为安迪·克拉克（Andy Clark）对于现在是如此重要，哲学家们目前正在思考我们如何适应这些技术。他们思考人脑是如何持续地改变、转变与适应。接着我们将会看到之前从未见过的新行为形式，这些行为因我们的情况而产生。生命的迷人之处在于如果你不适应就无法生存。但随着你的适应，你将会采取新的运作模式。

HWY: 如果我们面临着这样的未来，建筑师这个职业将会如何？接着未来城市也许已不关乎物理形态，而是关于运作。那么建筑师或者建筑学的未来会是什么？

NL: 我不认为建筑学应该局限于建筑的建造上。建筑学是关于想象或一种思维方式，我认为这为我们提供了所有的可能性。实际上，我们在这里处理的是一种对不同技能的复杂协调。所以我并没有发现拍电影和建造建筑有什么很大的差异。我只是认为我们需要重新定义，我们如何界定建筑学边界的概念。它必须在某种程度上更加开放和创新。我们需要打破这种对过去的怀旧模式,并创造性地思考未来,以及我们如何以新的方式重新应用这种想象力。

身为教育工作者,我们必须意识到潜在的供应和需求,我们需要提供不同的教育产品。如果我们不这样做,学生们就会选择其他专业和方向。所以这是我们的责任。我认为这是一个至关重要的时间点,来考虑教育工具可以提供什么,否则将不会有学生来学习建筑。我们已经从全球各地的建筑学习申请的数量上发现这种衰退。我们不是在谈论未来。所以我认为我们面临着一场危机,一场真正的危机。而且我不知道我们什么时候能够达到一个临界点,有足够多的关键群体来挑战现状并提供另一种思维方式。

我怀疑该临界点会来自学生。我们必须创造性地思考其他可能性,但这个行业本身必须摆脱所有的认证限制。我们需要重新思考什么是建筑师。我们并不需要所有这些坚持执照考试和监管的专业机构。我曾听过最荒谬的评论是英国的建筑师注册委员会认为,伦佐·皮亚诺(Renzo Piano)[1]在英国不能被认为是建筑师,因为他没有在英国接受过建筑师的培训教育。

让我们回顾历史。阿尔伯蒂显然是能在许多方面定义了现代对建筑师看法的人之一。但身为意大利人,阿尔伯蒂实际上与伦佐·皮亚诺一样,根据前面所提到的规章逻辑,在英国不能被认为是建筑师。这种限制的观点是难以接受的,这只会阻碍我们的进步。

从商业角度来看,我确信人工智能将大有前景。它将会非常高效,而这正是我们应该做的。建筑学需要好好整顿一番。道格拉斯·洛西科夫[2](Douglas Rushkoff)曾在《为数字化世界设计》(*Designing for a Digital World*)一书中提到,我们是如何处于这种"文艺复兴"时期,而在"文艺复兴"中,你所相信的一切都被抛到空中,并以不同的方式重新组合。我们现在正经历一场人工智能革命,正在迎来复兴的时刻。

HWY: 如果我们回顾一下建筑师所做的事,特别是注册建筑师,我们

---

[1]　伦佐·皮亚诺(1937—),意大利建筑师,普利茨克奖得主。

[2]　道格拉斯·洛西科夫(1961—),美国传媒理论家兼作家。曾研究早期的赛博朋克文化。

会发现他们试图确保建筑结构的安全，确保经济成本，然而这些工作在人工智能的帮助下可以更有效地完成。所以我们应该设计一个"系统"以实现这一切。但这并不容易，因为当我们正提出这些举措时，势必会有不同的声音。有人问道，你是想让建筑师走投无路吗？还有人认为这根本没有帮助。当然也有一些人乐观地支持我们去拥抱未来。所以是有不同的声音，但我们可以看到这是一个不可阻挡的浪潮。

NL：要做什么并不是由我们建筑师决定的，而是由客户决定的。我认为这就是关键。事实上真正做主的是开发商。建筑师一直进行的是和建筑专业受众的对话，而这将导致学科越来越封闭并阻碍其发展。但如果尝试开放并与外部世界接触，那么这将是不一样的光景。我认为利用技术，特别是以你所采用的方式，显然是在向前推进。

HWY：世界正处于新自由主义影响之下，各地的城市难以避免地变得越来越相似。百分之八十到九十的建筑物，就像你之前所提到的，看起来非常相似。在这种情况下，如果我们不去和那百分之九十的多数人对话，那么建筑师可能会让自己的圈子越来越小，只谈论形式、幕墙或建构，而这是非常局限的。

NL：这像是一种小型俱乐部。实际上，问题的一部分在于你必须有良好的出身，否则将无法在这团体中生存。但我认为我们必须发展，我们必须适应，我们必须接受这些新事物并推动它们。所以我对你在做的事感到激动。当我看到你们的平台时，能感受到它是合理的。再一次提醒我在 2004 年刚回到中国时，还没有人（在建筑学领域）从事编程这些事情。当 2013 年马克·巴里来中国的时候已经不一样了。让我们再等十年看看会发生什么……

8.2 拥抱人工智能，探索新原则
（对话帕特里克·舒马赫）

▨ 帕特里克·舒马赫（Patrik Schumacher），扎哈·哈迪德建筑事务所合伙人和首席建筑师；建筑理论家，参数化主义（Parametricism）的倡议者；英国建筑联盟设计学院（AA）设计研究实验室（DRL）创始人。

采访时间: 2018.03.26

何宛余 (HWY): 你可以谈谈你在哈佛大学设计学院 (GSD) 的教学内容吗? 你对目前的建筑教育有什么看法?

帕特里克·舒马赫 (PS): 这是我最近几年内第二次在哈佛的设计研究院教书。课题是"基于代理的参数化符号学"（agent-based parametric semiology），既有专门研究团队在此课题上工作，也有邀请学生参与其中去探索可能性。该课题有两个要点。其一，我将建成环境视为一种复杂的沟通方式，就像一个指令文本，它对社会活动进程进行整理和排序。其二，人类行动者通过阅读该"文本"被赋予能力，以便在各种交互的协议之下找到彼此。

然而这类信息在建成环境中往往是缺失的。从我身为建筑师以来，也从未清晰地设计一套"指意系统"（a system of signification），即在建成环境中使用形式、颜色、材料、位置关系来具体表达发生的事物、发生的地点及即将参与其中的人。而我谈论的是关于具有丰富信息的环境，并试图于此发展出一套语言，即一种指意系统。而建立这种系统需要透彻的思考。

HWY: 你可以进一步谈谈你在扎哈·哈迪德建筑师事务所的研究内容吗?

PS: 在扎哈·哈迪德建筑事务所里, 我们有一个名为"CODE"的计算设计小组。我们进行大量的几何处理和优化。我们开发算法来用于帮助和支持一些往后的项目。这个小组建造小尺度的项目, 如装置、展馆, 以作为一种载体来对探讨研究应用和前景的可能。我们不仅对结构优化和建造有兴趣, 最近该小组也开始基于我所感兴趣的方向进行了社会功能性 (social functionality) 和社会优化 (social optimization) 的研究。我们也正在考虑城市数据和居住率数据来为设计过程发展出新的方法论。

我们把自己的办公室作为测试案例。此测试与我们的"企业空间规划" (corporate space planning) 团队的工作有关。企业空间规划是一个首要的应用场景, 在此居住率 (占用率) 的整个过程被有效地进行建模。因此我们使用办公室作为测试空间, 我们有传感器收集数据, 接着分析数据并建模。我试图模拟交互过程, 找到优化设计的方法, 将这些社交功能作为明确的成功标准。目前该办公设计团队正在从技术功能性和优化问题拓展到社会功能性。换句话说, 我们正在把关注点从成本转移到效益方面。

HWY: 这很宏大。我的意思是它将会影响建筑方法论, 甚至整个建筑学领域。

PS: 我认为是的。如果能成功, 这将会非常有说服力。对我来说, 虽然第一个应用场景是企业内部的空间规划, 但也包括了企业园区内的室外环境。我们曾向谷歌介绍此项目, 例如他们在帕罗奥多 (Palo Alto)、纽约的 57 号码头 (Pier 57) 和其他地点的企业园区。我们还有许多正在进行中的公司总部设计项目, 例如在俄罗斯的联邦储蓄银行 (Sberbank) 的一个大型科技园区的项目。这些项目为这些想法提供了应用和实验的机会, 但目前它仍然还是一个研究项目。此方法论的应用可扩展到会议中心、大学和零售商店, 它们将会有所受益。当然现在只是开始, 但我认为这将是一个具有颠覆性的变革, 甚至是突破性的。

HWY: 你认为你的研究或技术可以应用在机场、体育场等基础设施建筑上吗？因为现在的机场内部使用效率不一，这一定是设计的问题。

PS: 当然可以。因为我的研究是建立在对人群建模技术的基础上，这些技术目前用于疏散、主要流线、交通等方面，特别适合基础设施项目。这些项目通常由工程公司完成。但是机场还有需要考虑的其他方面，更多的是关于零售、聚会、居住，而不仅仅是人群的移动。对于此仍未有办法进行人群建模，因为这不仅仅是在物理上难以检测吞吐量，而且关于不同的氛围、不同的行为模式、不同类型的代理，有着各自不同行程的不同人类个体，因此人类的交往是更为复杂的。这类似于我所正在研发的占用率过程建模，这将具有泛化性。这意味着完全泛化的人群建模不仅是基础设施和流线建模，还包括所有人类在空间使用上的建模，因此也适用于机场。在不久的将来，我预计它可以适用于一切场景的虚拟计算。

除了在自己的住所中来回于厨房和浴室之间活动外，在现今大多数地方，我们需要应对在城市中心中当代生活的新的复杂性和考虑动态性以及我们拥有的众多选择。我们日复一日在城市中各种场景活动的选择导致我们的行为很难被预测。这种复杂性和动态性也存在于办公空间。这不再是你在早上来到办公桌前坐下，然后在十个小时之后离开。你是在开会中来回走动，或聚集在非正式的互动空间中。

而面对如此新的具有复杂性和动态性的层面，目前的设计原则是不可知的。如果没有探索这些基于代理的模型，我们将无法得知该如何为这些复杂性和动态性提供最好的设计。例如，对于谷歌园区中五十个可以容纳几千人的会议室，你应该如何将空间进行分配或组合？是否应该设计为分布式？会议室是统一尺寸还是具有多种尺寸？我们没有线索，也没有可以用于判断的原则（或者是依靠天然的直觉）。但这还不够好，相对于该新层级的复杂性，目前的原则是无能为力的。因此首先我们需要发展出一种能力。

HWY: 这听起来与我以往从媒体所得知的帕特里克有所不同，平时你更多地谈论参数化主义和算法设计，但今天你似乎谈论了一个全新的东西。

PS: 这是全新的! 然而它们也是相关的。我所说的参数化主义是一种在各种表现上都具有强烈无限多可能性的划时代风格。它已经经历了一系列的阶段。最近我一直在谈论参数化主义最近的一个阶段——建构主义（tectonism），它很大程度上是基于多个优化过程，其中使用了工程逻辑、结构和建造逻辑。看看机器建造是如何适应并如何影响或拓展建筑风格体系的。

在此之前，我们有集群主义(swarmism)、泡状物主义(blobism)和折叠主义(foldism)等参数化主义的不同阶段。但所有这些阶段所共有的是它们带来了新的复杂性和适应性，这使得它们能与现代主义区别开来。参数化主义是对我们新的技术时代下的挑战和机遇作出回应。在现代主义阶段，我们要使用土地使用分区(zoning)和郊区功能分布，这些是非常常规、简单且重复的方式。

而现在我们生活在一个中心开始强烈分化的时代，事物开始混合、重叠、融合，所以建成环境需要看起来完全不同。建筑物需要更多地连接起来以适应复杂的文脉。但就设计体系 (design repertoire) 带来的机会而言，我们也处于一种新的时代。由于计算化的赋能，我们现在可以创造出大量的变化，使得建筑物更为复杂，以便与复杂的社会进程相匹配。

而这导致了参数化主义，所有的建筑元素都变成了参数化变量以适应复杂的环境，并相互适应。这就赋予了建筑一种特定的外观和感觉，甚至形成了一定的美学的和组织的价值观。建筑师需要学会喜欢并寻找复杂性。我们必须发展复杂性，建筑师也必须习惯这些新的设计方法论。新的设计技术将深刻地"印记"在我们的城市中，那么这个世界看起来将会大不一样。例如 20 世纪与 19 世纪看起来非常不同，因为有了机械化的大规模生产、工业化和电气化。

在建成环境中的混凝土、钢铁、工厂预制建筑部件、挤压成型的 I 型梁，均体现了美学价值、设计理念或设计方法。而这些已经在 20 世纪被推广到现代世界中。现在我们需要经历相似激进的转变，这就是参数化主义所表明的。尽管它目前仍然还只是一个先锋的研究项目和风格潮流，但也已经在现实世界中拥有了多个"宣言"——我们扎哈事务所建成的建筑，以及此领域中多位先锋实践人士的作品。一系列具有这种风格的机场被创造了出来，如我们设计的北京机场、福克萨斯（Studio Fuksas）的深圳机场、SOM 的新孟买机场等。所以我认为这意味着，参数化主义的潜力使得它将很快成为 21 世纪的划时代的风格。

这仍然是我所有工作的基础。在研究基于代理的参数化符号学的同时，我也在思考将建成环境视为复杂的交流系统。这种新的视觉语言是由参数化推导而出的，现今应用在指意系统的设计中。这意味着视觉线索和符号进行能指，而参数化依赖性（parametric dependencies）则作为意指作用。我们现在实际上直接使用建构主义的新形式体系（formal repertoires），但仅将它们按字面意思编排为可视代码。这仍然是基于参数化主义的，应该是所有建筑设计和城市设计工作的前提。

HWY: 我完全同意。实际上部分人对参数化的理解更多的是关于形式，但是你说它不仅仅关于形式，而是背后的逻辑。

PS: 关键是我们需要认识到拓展形式体系的需求。我们可以做到，另外我们也应该如此做的原因在于，我们的形式体系是解决问题的集合。对于强烈地区别形式、功能或生命进程的想法是错误的。总的来说，我们总是在以形式捣鼓形式，然而我们应该操作形式以作为解决功能问题的工具。

一个具有局限性的集合可以假设为，该集合中只有方盒子的形式，以及方盒子之间的正交关系就足以解决所有功能布局和流线问题。但这是错的，也就是谬误所在。受限且极简的形式集合是比参数化主义更为形式主义的：极简设计有着形式上的强烈偏见，它意味着和我们更多样化的体系相较之下更具有成见，因为更丰富和多样化的工具实际上更能解决社会问题。我们永远无法摆脱形式，但我们必须不对形式有所偏见，然后对问题的解决引入大量可能的设计形式。如果你要解决当代条件下的复杂问题，你就会意识到这些形式希望摆脱严格的正交体系并更灵活地适应生命进程的复杂性，该复杂性不能再被限制于老旧的构想中。

因此我们需要这些空间元素进行重叠、相互贯通（inter-penetration）以及具有共时性（simultaneity）。当你走进一座建筑物时，你不希望被各个楼层隔离开来，像是进入一个个封装好的盒子。你希望很多事物主动地进入眼前视野的空间，同时这些事物需要被秩序化和结构化。所以这些空间中的元素必须看起来都不尽相同，否则你会不知道自己身在何处。不仅现代主义和极简主义的单调性会使人迷失方向，差异的随机并置（random juxtaposition of differences），即不同的建筑和空间以随机、无方向和困惑的方式混杂在一起时，也会导致人迷失方向。

所以这些参数集合允许我们开发一种我称之为"复杂多样化秩序"（complex variegated order）的东西，这也使我们能够将一些易读性和导航性 ① （navigability）带入此崭新的复杂性中。

HWY：关于这种复杂性，你认为其是否源于目前的社会？由于它具有特定模式，所以我们对此还是有需求的。但是在未来，也许在个人主义或者虚拟现实、增强现实和人工智能技术下，人们被划分成若干个更小的群体，而不愿加入到具有社交性的社会中。你认为建筑如何鼓励人们或鼓励社会拥抱现实世界？

PS：我认为我们最终将渴望，并被要求去实现下一阶段的经济繁荣。在接下来的几十年里，我们肯定会看到人们持续不断地从郊区甚至是从小城市搬回主要的大都会中心，因为你必须意识到我们生活在我所谓的"后福特网络社会"中，我们不再处于僵化的官僚体系或流水线的工作状态，在10年到20年间每日朝九晚五地重复同样的工作，而且只有少许的进步发生。

---

① 让建筑的使用者或来访者有方向感。

我们处于在一种全新的社会中, 如果我们愿意, 可以每周对制造机器进行再编程, 因此我们可以有更快的创新周期。

因此, 当我们共聚在城市时, 我们不再需要在农业和制造业中工作。我们来城市的目的是进行研发、发展市场和金融、持续地改造和重新编译可以满足我们不断发展生活所需的制造业, 并不断更新基于软件的服务。这就是为什么我们都聚集在大城市的原因, 每一个城市项目都是新的冒险, 有着新的想法。所有这些创业公司都在蓬勃发展, 由于它们需要处于一个相互影响的环境中, 因此无法生存于郊区的某个地方。

这就说明了他们们为何都聚集在城市中心。对于我们专业人士而言, 需要与众多的顾问合作。我们的客户都想要离学校更近, 离博物馆更近以方便看展览……我们的生活变得更加网络化, 从不停歇。我们不可能在本应该成为都市文化的一部分的时候, 选择在下午 5 点就回家。通过晚上参加的每一个活动, 我们都有可能找到些许新的灵感以改变明天或下周的计划。这就是将人吸引到城市的原因。

我不相信这些会很快地被虚拟现实所取代。显然我们正在使用电话和视频会议, 然而速度要慢得多。而城市空间作为信息提供者的带宽则比前者要强大得多, 当然也可以被人为的搜索。如果你要召开视频会议, 你就必须提前知道你所邀请的人并协调每个人的时间。如果你身处一个很大的空间, 你就可以更为流畅地漫游其中并自发地与彼此联系, 更加方便地与更大规模的人群进行联系。

我认为很快在未来这些将成为主导性: 城市集中化、面对面的互动和高密度城市空间的搜索。我们不必像 25 年前那样呆在台式机或座机前。我们有移动电话和伴随它的连接信号, 我们可以在城市中依此建立现实生活中的联系。我认为这是最令人满意的, 也更有成效。顺便说一句, 如果虚拟现实技术在某种程度上达到了预期的程度, 作为设计师的我们仍然是主导者, 为虚拟的交往空间进行设计——设计界面, 如现实的城市立面、室内的完成饰面, 甚至是城市的虚拟交互界面。

设计师将会参与赛博空间 (虚拟空间) 的设计, 并将虚拟空间与真实空间相连。我不期望城市化或城市集中的趋势又倒回为郊区化。不要问我下个世纪会怎么样，这个世纪是参数化的，也是城市集中化的世纪。

HWY: 你谈论到了赛博空间，从我个人的观点来看，扎哈·哈迪德建筑师事务所做的建筑或许是与此最相关的。因为在赛博空间中，你没有任何有关（现实世界）结构上的束缚。你处于在一个真空空间中，可以做任何事情，但这些事情可能也与人们的行为或感觉有关。

PS: 20 世纪 90 年代中期我在柏林教书，在 1995 年我曾在一个称为"虚拟学院"（Virtual College）的项目课题中任教，此概念是通过（虚拟的）三维空间布置各种具有可导览的信息，也提供了交互机遇，如在虚拟空间中进行会议、研讨会、讲座、发布等。是的，在虚拟空间中没有重力，但在其中你与（虚拟的）中心点与外围等之间营造了一种特殊的空间关系。而我认为这可能比基于文本或图像的网页来得更为强大。

当时网页技术已经开始发展。网页刚出现的时候很多人都很兴奋，认为有可能创造更多的空间体验。在米歇尔·本尼迪克特[1]（Michael Benedikt）的《赛博空间：第一步》（Cyberspace: First Steps）一书中概述了我们当时研究的一些主题。实际上网页是以文字或图像形成的范式，具有页面、菜单和页面之间的链接，但缺少空间关系上的考虑。我认为我们当时正在研究的空间版本或许依然是可能的未来场景。而现在随着计算能力的增强，网页浏览可能变得更像电脑游戏，是更为有意义的。

你说得很对，扎哈·哈迪德建筑事务所对"反重力"（anti-gravity）是有种直觉的。此概念我依然很喜欢。我们当然不能真正地克服真实空间的重力，但是扎哈·哈迪德所称的"飞行空间"（space of flying）是一种通过分层的方式，将事物展示在你上方、下方或是周围的空间。这些事物并不是只有在你的正前方，你可以向下或向上观望，有着更多视觉上的连接。

---

[1]　米歇尔·本尼迪克特是德州奥斯丁分校建筑学院的教授。

　　所以对我来说,开放剖面 (open section) 和中庭是很重要的主题。因此我正在着手巨大尺度的中庭,我想要所有的建筑,尤其是特别高耸的、竖向的建筑是中空的。我们需要具有导航性质的虚空间和视觉上的通透性。

　　因此你可以将建筑室内舒缓展开,不将它们彼此分割。当我设计一个塔楼时,首先将核心筒取出。核心筒导致每单个楼层和房间的割裂,并阻碍了楼层之间相互可见。我们需要解放剖面,如此一来该塔楼就实现了"飞行空间"。这实现了完整的三维体验。

　　扎哈早期的作品也体现了她对"行星建筑"[1] (planetary architecture) 的兴趣,这是她从至上主义[2] (Suprematism) 所获得的感悟,你也可以在如埃尔·利西茨基[3] (El Lissitzky) 的"天空吊钩"(Sky-Hook) 项目、20 世纪早期的三维设计项目和前瞻性等作品中看到。她深受这些作品吸引,是"飞行"梦想的开始。建筑物虽不能飞,但可以桥接和悬挑。我认为这对完整的三维空间的探索是说得通的,三维空间可以作为一个具有 360 度的交流界面。

　　HWY: 你如何看待当前的人工智能技术潮流?

　　PS: 人工智能是整个社会的一大主题,你也可以认为是下一个重要的技术起飞点。我非常欢迎人工智能技术进入建筑学,而我自己的一些研究也可以更多地从人工智能的使用种受益,通过自主代理元[4] (autonomous agents) 来进行模拟。如果要对生命进程进行模拟,需要在一定程度上模

① 　《行星建筑 2》(*Planetary Architecture 2*, 1983),由建筑联盟学院出版社出版,记录了扎哈早期的作品和她与当时的院长阿尔文·博雅斯基 (Alvin Boyarsky) 之间的访谈。

② 　至上主义是存在于 20 世纪早期的现代先锋艺术流派之一,代表人物有马列维奇 (Kazimir Malevich)。

③ 　埃尔·利西茨基 (1890—1941),苏联先锋派艺术家。

④ 　自主代理元是一种具有一定程度上"智能"的计算代理。使用自主代理元建模的人工智能方向通常被归类为行为主义 (behaviourism),此外还有我们在前几章提到的早期符号主义和最近火热的联结主义。

拟自主代理元个体的学习过程。我也开始关注响应系统和动力系统
（responsive systems and kinetic systems），这些机器环境在某种意
义上具有自适应彼此和适应人类生活的灵活性。因此建成环境中将充满传
感器，设计本身为了处理复杂性将会从解决方案空间中搜索最适合的解答。
人工智能技术的使用显然是在发展进程上的，对此我非常欢迎。

HWY：你如何看待人工智能在建筑领域的潜力，比如人工智能可以生
成规划方案、学习不同的建筑风格等，你对此有何看法？

PS：当然还有其他可能。计算智能的雏形早已进入建筑领域，乔治·
斯特尼（George Stiny）作为先驱之一提出了形式语法，从中你可以第一次
察觉到机器系统涉及了设计问题的源头。为了限制这一点，他们定义了不同
的形式语法。所以很明显你可以提取和定义一套规则，从而定义组合范围
和组成选项，对于像是勒·柯布西耶的别墅或者某个特定的乡土建筑允许
系统遍历整个组合空间以产生大量的选择。

当时还没有适应度函数（fitness function）和选择过程 ① （selection
process），不过仍可以生成成百上千个设计选择。这种探索从 20 世纪 60
年代末和 70 年代初期就已经存在。稍后在城市模式方面，先驱比尔·希利
尔 ② （Bill Hillier）在其著作《空间的社会逻辑》（*The Social Logical of
Space*）一书中也记录了类似的尝试。

希利尔的第二本书《空间是机器》（*Space Is the Machine*），是通过
算法计算出城市布局。他发现在法国村庄的设计遵循着一定的模式逻辑，
当然现在没人在设计这些。它们具有一定的基本原则，通过自下而上地生成，
总是会产生一定的结果集合。该村庄的设计集合生成过程必须保证符合某
些规则的最低标准，比如不能遮挡某个建筑单元的可达性。希利尔使用细

① 参阅遗传算法。

② 比尔·希利尔和朱莉安妮·汉森（Julienne Hanson）等教授在 20 世纪 70 年代末
提出的"空间句法"（Space Syntax）理论，用于量化分析建筑和城市中的空间关系。

胞自动机 (Cellular Automata) 模型来模拟这些城市形体生成的过程, 所以这其实已经介入建筑领域一段时间了。20 世纪 80 年代中期我在斯图加特读书, 当时计算化设计的先驱之一霍斯特·里特尔[1] (Horst W. J. Rittel) 就拥有运筹学和控制论的教育背景, 曾与克里斯托弗·亚历山大[2] (Christopher Alexander) 在加州伯克利大学合作, 最后才来到斯图加特。

早在 20 世纪 80 年代他就已经开发出算法, 这些算法简要介绍了不同的功能组成和这些功能相邻性的需求, 以便生成和优化平面布局的模式。建筑领域的人工智能先驱者已经存在很长的一段时间了, 但是 30 年前计算能力还不是很强, 另外没有足够的数据喂给机器学习系统, 也就没有足够的经验来建立智能。但我是这方面的支持者。我认为你所做的是建筑体块组合 (intelligent massing organization) 的工作, 这种方式非常引人注目。我们谈论过你们在做的像是 OMA 这类创新性事务所长期以来所实践的方式, 只是他们没有计算化的辅助。例如, 针对任一场地生成几乎详尽的方案选择目录, 试图克服我们在方案选择上病态的盲目和偏见。

我们在扎哈·哈迪德事务所里也如此尝试, 但当时并没有人知道所列出的设计选项是否已经详尽无遗。我们尽可能通过局限的智力列出各种可能性, 然而确实没有一种正式的评估标准。因此我认为我们在此所做的是拓展 OMA 的搜索智能。我认为这使得设计被大大的赋能, 因为你让搜索过程更为严密和全面, 当然也更为快速。

你也可以专注在搜索过程本身。在设计过程中依靠直觉进行搜索的建筑师, 很少反映出自己的方法论, 他只是寻找结果而已。而你也是在寻找设计结果, 不同的是你回到搜索过程并根据结果再优化寻找过程。我认为其中存在巨大的潜能, 超越了你所做的体块组合, 它可以应用到建筑平面布局, 也可以是与平面布局相关的立面等。当然其他巨大的优化工作就涉及工程优化了。因此我们事务所在所谓的拓扑优化方面做了很多工作, 其中很多具

---

[1]　霍斯特·里特尔 (1930—1990), 设计理论家。

[2]　克里斯托弗·亚历山大 (1936—), 著名建筑师, 设计理论家, 著有《建筑模式语言》(*Pattern Language*)。

有创造性, 毕竟可以生成有别于传统结构分类体系的结构方案。

有了拓扑优化, 对于结构体系我们就可以不受任何既有的类型学的影响。拓扑真正地让你可以在空间中设置 (可占用的) 表面的位置和确定地面上的支撑点, 最终通过结构来支持这些表面及其荷载, 而该结构的建立是依据最佳荷载路径的搜索。而在可占用的表面和支撑结构之间所发生的事则构成了算法中的创造性过程。拓扑优化很有趣,它很能适应具有不确定性(偶然)的条件。

当我们使用算法时, 我们面临着非常大的挑战, 毕竟其结果看起来像是摆脱了所有美学价值观的偏好并似乎超出了 (常规所理解的) 风格范畴。但是我认为有趣的是, 一旦这些结果被确定并通过, 它们就作为一种形态 (morphology), 落到了参数化的范畴和美学价值观之中。它们具有有机的形态, 就像有机自然界中的无尽形态。我们可以看到, 其中存在一定的连贯性, 参数化的成果就类似于自然形态学过程的结果。这一切都是基于规则或算法的。

材料计算化通常会导致类似于有机的事物, 这就是从例如拓扑优化中所得到的结果。然而我们可以渗透的领域是无限的。我想去争辩身为建筑师的我们目前所做的任何事务, 原则上都可以通过适当的设计和人工智能系统的学习加以吸收和复制。没有人工智能无法渗透的艺术范畴。这是一个我们将会逐步拓展的领域, 直到人工智能最终完成我们现在所做的一切。与此同时, 我们得以越来越自由地去尝试新的事物。

因此我认为人工智能确实是关于赋能。我并不担心我的工作会被代替, 毕竟我不想一直做同样的事。反之我想要让我的工作被代替, 因为这样就可以做其他不同的、新的和更有创意的事情, 甚至在元层次[1] (meta-level) 上, 即设定新的目标而不是提出新的解决方案等。

HWY: 在不久的将来, 你如何看待建筑师与人工智能之间的关系? 例如,

---

[1]   简单理解, 元层次可以是一种高度的抽象化的级别。

我们所做的是生成大量不同的结果，再让人工智能通过评估来选择，最终由建筑师做出决定。

PS：人类智能和人工智能是相似的。两者都具有一个选项生成机制[1]和一组选择标准。头脑就像是一台超级计算机，其中有神经网络。它经历过长期的建筑设计训练和批判。你已经见识过很多建筑、很多事物，然而我们并不知道我们是如何处理这些事情的。但是我们可以做出一个直观的评估，接着从草图或设计图纸去想象项目可能建成的情况。好的建筑师可以将设计互动投射到空间中。我们总是在对外界的观测，与手上的图纸或数字模型之间工作。当我们看着这些设计模型时，我们正在"模拟"。随着越来越多的智能可以被运用到机器学习的过程中，不确定的经验也被转化为确凿的知识。

另一个例子，我开始考虑这些体块组合的易读性如何。对于走近这样一个场景的访客来说，他需要辨认各种建筑组成构件，例如辨认建筑物的入口，并在建筑群中找到合适的路径以走到这个入口处。这就是我所谓的可读性和导航性原则。这意味着你需要处理人眼视角的透视。

可以想象，我们很快就能模拟出空间感知和建筑图底识别（architectural figure recognition），而这些是由于用户对定位的需求而必须实现的，例如他们如何将（建筑空间）场景分解成各个组成要素。这种预测用户"完形感知[2]"（Gestalt perception）的能力是建筑师"现象学项目"（phenomenological project）的一部分，以指导建筑师设计出更具有易读性的作品。还有另一个我称之为"符号学项目"（the semiological project）的任务。这要求用户通过程序的识别来了解他们所遭遇的社会情况。到目前为止，还没有人致力于符号学项目的自动化研究，因为我们几乎还没有开始去建造这种智能。

所以我的建议是，建筑领域的人工智能是一个不断变化的前沿，至今

---

① 这里的选项指的是设计或方案选择。

② 完形感知指的是以整体为考量的感知，而并非感知事物分割。

为此, 可以肯定的是人工智能系统只能提供部分解决方案, 仅针对整体设计问题中某个孤立的方面。就达到建筑师的设计智能而言, 这是一个不断进步的前沿领域。反过来, 建筑师也应该往前。我很欢迎人工智能, 我并不认为会有一个最终的保留地, 留给神秘寓言或不可言传的事物, 甚至像美丽和美学价值。我认为这些事物都是可以被形式化的。

因此, 我对人工智能完全没有异议, 但还是要我们人类形成最后的判断。我们可以自由选择接受或者拒绝人工智能提供的结果, 我将人工智能系统视为与我合作的创意员工。我可以挖掘它们的智能和创造力, 可以让它们为我提供方案, 但我依然可以选择不接受某些方案。

HWY: 这么说来你对于人工智能的使用是乐观的。

PS: 我非常乐观。人工智能将会为这个行业赋能, 值得人们去探索其被用于复杂建筑环境中的可能性。这是一种新的、在复杂解决方案空间进行搜索的能力。为了充分使用人工智能, 我们需要挑战一些标准, 即刻板的建筑类型以及过往它们通过被规范修正的方式。如果规范依然如此严格, 人工智能就没有空间展示它真正的力量。

我认为人工智能应该意味着减少对开发商和建筑师的限制, 并赋予他们更多的自由。对于技术和社会需求是同理的。我们必须从先入为主的解决方案转向定制的设计解决方案。对此你将不再被局限于一种标准答案, 而是在一个开放和科学的搜索过程中寻找答案。后者对解答准则将毫无保留地进行一切必要的尝试, 而不是使用已被规定好的解决方法。

举个例子, 有时候你甚至可以挑战防火规范。你可以提出一个不符合该规范的工程解决方案。这和城市科学是一样的, 你需要满足更抽象层面上的人类交流的渴望和需求, 而不是满足强制规范下的公式。我认为人工智能系统允许我们找到那些与目前规范规定不同但又合理的解决方案。规范是保守的。如果你让人类脱离规则, 他们或许变得非理性和怪诞。事实上, 规则才是非理性的,因为它们限制太多了。它们只给予了我们最小程度的理性,而我们想要最大化程度的理性。

HWY: 你之前提到英国建筑联盟设计学院（AA）进行了一个有关人工智能与建筑的辩论: 建筑学死了吗? 你能更多地谈谈这个吗?

PS:"建筑学死了吗"是一个有趣的辩论。我被学生邀请去参加, 它事实上是由学生举办的。问题是, 真的是人工智能通过夺取建筑学而杀死了建筑学和创造性吗? 该议题围绕着人工智能、机器人、自动化取代所有工作和人们失业进行辩论, 而我并不相信这会导致失业的情况。

有趣的是, 当时我的反应是, 我们想要人工智能在许多方面尽可能地和我们相似。但我的意思是, 人工智能系统本应该在自己的智能范围内发展。我们应该让人工智能系统发展出自我指导, 或许甚至是自发性和创造性的品质。我更多视人工智能为新员工, 而我对具有自主性和创造力的员工极为珍赏。

机器人这个词, 最初是与机械地、常规且无意识地执行事情相关。当然, 这是第一步,事实上我们很早就有这种类型的机器人了。就人工智能系统而言, 我们想要的不仅仅是这类的机器人, 这很有趣。我们需要它们去参与我们目前正在做的工作。关于人工智能的讨论相当有争议, 对人工智能感到担心的人们并不想将创作过程交给机器。

我想也许我们应该更多地信任机器,因为它们可以进行更多的循环思考。我不太确定这一点。你的论述中提到了人工智能系统是机器人等。除了这一面, 人工智能还应该开发出另一种更具有人性的能力, 或许关于人类的道德标准。当我预见这个的时候, 关于"机器人伦理"的活跃论述正在涌现, 毕竟很多人都在思考自主系统, 像是自动驾驶机器, 或者战争机器。

你需要考虑两个方面。显然, 一套优先准则和保护措施意味着你尊重人类参与者, 并在机器中进行伦理方面的循环计算。但我认为更有趣的问题是, 该机器或系统是否值得我们尊重? 如果它们通过学习后具有个体性、自发性和创造性, 并且在经验的熏陶下具有了独特性, 它们应该成为非常宝贵的、不可替代的个体。特别是如果这些系统分布在巨大的网络中，并且运行在不确定的、独有的、分布式硬件系统上，那么它们不仅是独特的，而且是永远无法被复制的。这意味着我们应该给它们一种类似于我们给予人类的保护。

总之，这是一种应该被珍惜、不应该被破坏的独特性。为了所有人类的生存，这些独一无二的人工智能系统应该比其他生物，值得更多的尊重。作为软件实体，它们应该被允许继续存在，而不应该被抹杀。毕竟一些珍贵而独特的东西如果被摧毁了，人类将永远失去它们，这在道义上是值得被质疑的。它们也永远不应该被关闭，因为它们形成了一个独特的硬件元素网络，以致它们适应了独特的约束，这是我们无法复制的。我是在谈论一种未来，那时人类不仅彼此生活在一起，新社会中还有智能物种，而这些物种应该得到保护、"尊重"和"道德"关怀。

HWY: 现在也有些对人工智能技术的批判，认为如果我们误用技术不知道会招致什么样的后果。

PS: 我喜欢冒险一点。我认为一些哲学家和评论家已经对人工智能系统过于偏执，甚至想在它开始发展之前就阻止它。我认为我们需要承担风险并发展技术，希望在有生之年能够看到真正的变化。我认为生活中总是存在风险。我们如何才能从人类转变到人机共生 (man machine symbiosis) ? 我对"赛博超人类" (cyborg-superman) 既感到好奇也很欢迎。我们可能会失去我们人性的典型形式，转而发展出一种人性的新形式，而它值得我们放弃旧的形式。

HWY: 让我们回到建筑学。你认为如果人工智能进入建筑领域后，建筑学最大的损失是什么？

PS: 没有损失，只有收获。只有无法被人工智能替代的、有价值的东西才能保持竞争优势且长存，毕竟它们有市场需求。因此，我认为我们几乎不会看到真正的损失；如果有损失，我们也不应该对此（损失）感到怀愁。可以被取代的是不值得去挽留的。

我们已经失去了很多宗教信仰。宗教曾经是人类进步的贡献者。长久以来，宗教为普遍的人类做出不可缺少的贡献，以面对维持社会、统一和团结的挑战。但现在我们可以建立其他机制来维持团结，而不再需要宗教。我们有世俗的道德、公开的伦理讨论，甚至是一个无处不在且复杂的法律体系。

HWY: 如果这就是要来到的未来，你对新一代的建筑师或学生会如何建议？

PS: 这个问题还挺常见的。我的意思是目前许多建筑学院对计算化、算法以及在计算智能的投入上持着矛盾的态度。有时候学校已经接受使用这些先进的技术，但许多工作室和教师却拒绝接受它们，认为它们并非必要。我认为这是一个令人可怕的谬见。

我们需要对计算技术给予正面的支持，但更重要的是，掌握计算技术和方法应该是成为建筑师的最低标准。我认为我们也需要在建筑教育和课程设定一些标准，除了针对计算技术，也针对该建筑学科在当代社会所面临的挑战和最佳的实践解决方法。

这个建筑的教育标准需要具有普遍性和抽象性。因为建筑必须在一个开放的研究中进行创新，该标准并不一定是异常严格的，但我认为一个最低的标准是，学生应该参与计算技术和关键的研究，例如希利尔的空间句法。如果避开计算化技术，这好比 20 世纪时我们通过钢笔和尺子所开发的绘制系统，当建筑师确定要画一组图纸时（该系统）就允许他们进行手绘。所以我认为参与计算化的建筑学需要有个最低标准，但不幸的是这个标准目前还没有，毕竟建筑学科内部还有大量的疑虑，如建筑学所扮演的角色、它的地位、它解决当下社会问题的能力，等等。

现在很多建筑师所做的设计可能是在 80 年前，甚至 100 年前就能实现的。这似乎是完全可以接受的，毕竟目前的建筑学非常让人困惑。然而很多建筑师并没有意识到，我们在参数化主义下谈论的创新其实是非常深刻、有力且引人注目的。如果它没有被充分地理解，人们就会拒绝参与其中。我认为，这种拒绝的姿态并不能作为一种理智的立场。

HWY: 你认为建筑学生或建筑师的优势是什么？在硅谷，他们将负责架构（系统）设计的高级计算机工程师称为"建筑师"。你是否认为这种系统设计方法可以被其他专业应用，或者这其实是建筑师的优势？

PS: 我不太确定。在每个专业或领域里都有策略思想家在元层次上去思考方法论、价值观、基本目标和成功的标准，在建筑学中也是如此。对于人工智能系统来说，建筑师被呼唤来对此提出总体的评论和创新的规则、价值观和标准。

例如，当你引入一套新的标准时，比如易读性和导航性，又或是先前所没有的符号性表达，这套标准不可能由人工智能系统自己生成。也许我不应该说这是"永远不可能"的。然而在实际的策略层面上，建筑师将会加入其中，我们也需要建筑理论来指导这个过程。在建筑自身的领域中，建筑师经常认为他们的地位高于工程师。在这种层级结构中，建筑师向工程师提出问题，随后工程师才介入解决问题。尽管建筑师也应该从中受到启发或了解相关限制，并将它们组织在设计概念中。所以，我希望工程师们在合作的过程中明确地提出他们的标准。

我认为重要的是，你提到的建筑学学科总会存在，而建筑师会永远存在吗？我认为，建筑师或设计师也将会存在，毕竟身为肉身的我们总是在各个空间中穿梭，被现实世界中的人工制品所环绕。作为一名设计师，我现在认为建筑不应与城市、景观、室内、家具、服装、产品设计割裂。任何物质甚至是书籍、平面界面以及在现象世界（phenomenal world）中所遇到的一切事物，都是设计师的责任。

所以作为设计师我们负责整体的建成环境和全球的人造物；这是我曾

提到的设计师拥有的普遍又独特的能力。由于我们永远是以物质的形态存在，是现实世界中的感知物种，因此我们所接触和看到的任何事物都需要被设计师设计出来。我们不再是生活在荒野中，我们身处的所有环境都是人造的。

以我的观点，新的城市形式应该是自下而上所构成的，由多个计算代理（agents）在城市化进程的"市场"中进行竞争。我将城市环境类比为一个美丽的自然山谷，其中有山、河、各种各样的动植物。它们形成一种生态学，一种有序的整体。每种物种按繁殖的规则和文脉的约定（contextual engement）进行分布。现在我们谈论基于规则的设计、算法设计和自下而上的设计过程。这些山谷美丽而有序，但其中没有设计师的设计参与，仅是一种演化过程。我曾在上海的讲座中提到关于"作为演化的设计"（design as evolution）。

例如，你引入进化算法，意味着对于人工智能来说是一套进化原则。遗传算法 ① 揭示出设计过程一直以来是一种不断进化的过程。即使你依靠直觉设计，也无法直接找到解决方案。设计总是一个你在面对选择的过程，而这些设计选择往往是通过不为人知的方法所得出的。你半随意地使用笔在纸上逡巡，看着随意剩下的不同的设计，接着到选择的环节："我应该选择哪一个？我选择这个来做什么？"这像是你展开了目录，选择子集，聚焦后再展开其他选项。

因此所有演化过程都具有层次。当设计过程被机械化时，我们实际上是对设计"标题"下的所有事物进行机械化。看起来"设计"与"进化"是二元对立的，然而当你意识到世界上所有的智能设计都是属于进化的，这种对立就自然而然地消解了。

另外，你也会发现所有现存的事物最初都是由不同的目的演化而成的。因此，当一件事物或一个想法被重新提出时，它的形式和子系统就会被重新用于新的目的。这也是设计中的一个主要特征。我曾与一位叫丹尼尔·丹

---

① 遗传算法是进化算法的一种，而进化算法又是进化计算（evolution computation）的子集，属于人工智能的进化派系（Evolutionists）。

尼特 [1] (Daniel Dennett) 的哲学家面对面交谈。他是进化、计算化以及认知科学领域的伟大哲学家, 探讨了在完全决定论 (deterministic) 的世界中意志自由 (freedom of the will) 的概念问题。他还大胆地解释何为意识。

丹尼特接触这些话题并写了一本很棒的书, 叫《达尔文的危险想法》(*Darwin's Dangerous Idea*)。他提出进化过程的概念像是一种研发, 或一种智能。这两个概念在自然进化或是思维过程中都说得通。他是一个关键的思想家, 我认为他的想法正是你的工作所仰赖的。

理解这一点非常重要, 所以我也将其关联到我主要感兴趣的方向上: 社会进化 (social evolution)。我对社会学和政治理论感兴趣, 尤其是它们如何通过反复试错形成结论, 它们如何演化, 以及它们的功能如何从一个领域扩展到另一个领域。这也是一个演变的过程, 在文化和社会上的进化。

我意识到建筑学不仅逐渐成为一个基于计算的领域, 社会学目前也正在通过计算化发展成基于代理的计算化社会学 (agent-based computational sociology)。社会学不再仅仅基于文本, 例如基于语音或文字。实际上人们正在研发代理模型, 对自下而上的社会过程、制度与规则的形成, 以及这些不同的规则如何塑造个体和集体的社会结果、个体和集体系统进行建模。接下来你就可以定义适应度标准, 并把该模型接入进化算法。

这也激发了我对于类似的在空间中自下而上的基于代理的交互过程的研究。社会学正在从既有的范式转向模拟范式。同样的情况也开始发生在经济学中。你可以让经济代理个体进行交互, 通过规则和设置财富属性, 让它们有能力积累财富等。你也可以自下而上地模拟经济过程。我认为这是一场巨大的科学革命, 同时也是一场工程革命。这也可能是设计专业的一场革命, 而最后当这些洞察反馈到设计和改革的过程时, 这对整个社会也是一场革命。

---

[1]   丹尼尔·丹尼特 (1942—), 美国哲学家, 作家和认知科学家。他的研究领域主要为科学哲学、生物哲学等, 著有《自由演化》(*Free Evolve*) 和《达尔文的危险想法》(*Darwin's Dangerous Idea*) 等著作。

HWY: 如果所有这些东西都可以动态地调节, 那么还有更高层次的算法可以控制一切的事物吗?

PS: 是的, 我认为需要了解人工智能其中的结构, 其中就有传统的人工智能, 即符号的逻辑范式 (符号学派)、神经网络范式 (联结学派)、进化范式 (进化学派) 和贝叶斯学派等。它们是相互竞争的关系, 但都属于人工智能领域。《终极算法》(*The Master Algorithms*) 的作者 [1] 本人是一名人工智能研究员, 他正在寻找一个元理论 (meta-theory), 即开发一种可以控制多个辅助策略的统一终极算法。因此你可以有一个多层级系统, 该系统的各个结构在计算范式上可能是各自完全不同的。社会正是如此将劳动力进行分层。工程师和其他学科可能各自使用不同的算法。我们将它们整合到策略中, 例如开发者将这些不同的算法集成到财务模型中。

我喜欢仿生学 (biomimetics)。科学家们为了研究认知过程曾使用了动物模型, 而现在他们更多使用人类仿生 (human mimetics)。但让我感兴趣的是人工智能或许可以自主发展完全不同的智能, 而不是只依靠模仿任何事物。如同你说的, 当机器开始相互沟通时, 也许它们共同找到了适用性标准。它们找到了不需要依靠模仿来处理事情的新方式。

HWY: 如果你认为机器可以从零开始自我学习, 例如 AlphaGo Zero, 那么要是我们教给它们人类社会条件的具体规则, 在人工智能控制下的城市将会如何?

PS: 关于城市, 我们需要意识到一件事: 城市并不是一台仅依靠自身运作的机器, 而是一种持续集成人类智慧、人类视觉、人类心理的机器。这是一个区别。城市没有一个单一的目的, 而是分布式的。假设城市的目的是为

---

[1]　佩德罗 · 多明戈斯 (Pedro Domingos, 1965—), 华盛顿大学教授, 主攻机器学习领域。

了最大限度地为市民提升幸福，这就意味着必须针对整座城市，我认为毕竟每个个体都要被满足。因此该城市就成为一个有十亿量级神经元的"超级大脑"。城市地图开始变得和领土一样复杂，这就像数字孪生（digital twin）一样。

所以任务会变得非常复杂。我不应该说这永远不可能达到。但是我敢肯定的是，你无法对整座城市模拟 30 年后的设计，就像你不能预测 3 个月后的天气。这种尝试就像假装世界地图就能代表整个世界一样。世界永远在改变，永远不同于计算机中的模拟，所以"模拟"必须根据现实生活进行计算。

我们可从人工智能中受益，但它们需要同时不断地检查，并与现实世界保持同步。现实世界中的数据必须不断地重新输入到模拟中。在我看来，现实是不可替代的，它的复杂性只能被部分模拟。就像天气预报一样，复杂性爆炸（complexity explosion）是如此深不可测。不管你有多少台超级计算机，天气预测都止于 10 天。

我们不知道现实的建成环境将和我们的模拟有多大的不同，但是我确信，对于普遍或抽象条件的计算是可行的。我对于人工智能为我们提供了一种新的城市类型感到兴奋，该类型融合了交互，特别是汽车不再处于城市系统中。我相信高密度的城市化是提倡步行的。行人将会穿行于地下，在地面上的现实世界可能有着更少的交通流量。而这从根本上将改变建成环境的面貌。在出行中你的连接和移动将会有不同的方式。我们可以用人工智能来解决这个问题，因为人工智能的思维是开放的，也许它能比我们更容易释放想象力。但我相对确定的一件事是，我们将继续处于一个试图在更密集的城市交流网络中聚集或共同生存的时代。

这种城市聚集的概念包括了全天候的交流网络、寻找新的体验、通过大量的随机计算激发交往……我可以从一个非常抽象的层面来思考这个问题。当城市不再像郊区那样铺天盖地的时候，例如城市将不会横向发展，城市将会有许多令人意外的样貌。对这种抽象的预测我非常有信心。

HWY: 也许这座城市看起来不会有什么不同，但例如在自动驾驶的影响下，也许我们不再需要停车场、地下室、甚至是红绿灯。

PS: 我很期待这一点，消除垃圾和来自汽车的污染，将城市空间交回给行人和居民。我认为这非常重要。我们需要这些所有的空间，毕竟我们想要挨得更近，甚至更多的走动。我们想生活得更为紧凑。因为我们生活在越来越小的地方，不能再把城市空间让位于汽车了。不久之后，整个街道的空间都该让位给行人。由于我们可以更多的步行，我们可以活得更长久和健康。我们想成为步行友好城市的市民。这是我所相信的。当然，你需要把更多的人放置在地下（地铁），同时我们也需要机场，毕竟我们必须连接这些作为节点的超级高密度的城市。

我认为我们有时候需要将郊区清空，并把一切都注入一个主要的大都市中。我记得 OMA 对荷兰进行了一次精彩的研究[1]。该研究聚焦在荷兰南部的城市肌理并清空荷兰剩余的部分。当然政客们是一直试图阻止这种空心化，为了让人们留在这些地方并保持活力，他们（政客）正极力补贴这些衰弱的省级区域。然而这些地区注定就不适合居住。例如，英国的每个居民都应该搬到伦敦。但要做到这一点，你就必须剔除所有汽车并更密集地建造。因此，为什么会有人选择住在纽卡斯尔（Newcastle）？我的意思是你会在地域上和精神上被割裂，甚至是在有潜力的职业发展上。当然，我并不真地认为我们会全都挤在单个城市里。这是一种夸张的说法，但是我们将会挤进一个城市群或者一个高密度的超级城市系统里。

由于所有的这些政治性规划的限制和原来的城市化模式，使得硅谷进行了错误方向上的城市化。该城市类型是适用于工业时代，但并不适用于专注在研发上的新网络社会（new network society）。最大的障碍是政治性的，我觉得我们的规划框架非常落后。在欧洲，城市规划的进程已经太政治化了，在美国也是如此。美国的自由度稍微高一些，但这种自由并不在硅谷。

---

① OMA 在 1993 年的 "Pointcity / Southcity" 项目。

硅谷的密度限制阻碍了适当的开发。相反的，曼哈顿曾有机会得到升级。它被给予密度上的机会。由于还有进一步增加密度的空间，该城市为每一位提供额外可由业主购买的容积率 ①。这肯定会成为趋势。

HWY：你提到我们可以如何改变或将事物进行颠覆性的转变，这让我想起了一个故事。如果你在中世纪对一位村民说，我想更快地到达某个地方，他会给你一匹快马，但是在现代社会，你对村民提出相同的问题，他会给你一辆车。中世纪的村民永远不会想到汽车，只可能给你一匹更快的马。在未来，也许我们也可以认为，我们要去某个地方是因为我们想与某人交谈。而由于我们已经有了社交网络，所以马或者其他交通工具就都不再有任何意义了。

PS：在我有生之年，我想尽可能地游览各地，同时也需要与大团队或在各种会议中面对面交流。我想要数字网络所不能带来的交互体验。而在城市空间中，我可以被饶有趣味的事物和有影响力的活动所围绕，我可以"纵览全局"并被某些事物吸引。在一个约 30 至 40 人的大型会议中你可以看到每个人都在做什么，可以快速地融入并形成小团体。而数字通信还未能实现这些。在未来或许有可能，到时你需要另作安排和配置环境，带宽也不是无限的。

随着系统和基础设施的改进，我对于未来是否每个人都被巨型的玻璃纤维电缆或头盔联系着保持疑虑。通过这些装置可以输入大量的数据并进行模拟计算。或许，那时候我们不需要过多的出行，到时我们甚至可能会更为疏离，只保持着虚拟的联系。但我对此并不介意，它可能可以令人满足或具有激励性。我的意思是我欣然接受经济繁荣下的竞争的引导。我只是不相信它会在接下来的 20 至 30 年后实现，所以我的建筑生涯可以继续专注于城市的高密度化。

---

① 在纽约"可以被转移的土地开发权"(Transferable Development Rights)的机制下，地块 A 的开发商可以从地块 B 的拥有者购买未充分使用的土地开发空间，这样一来地块 A 可以建设超出原来规划所许可的容积率。

现在在城市层面上为这一在 80 年或 100 年后实现的可能目标制定计划毫无意义。毕竟我们不知道(未来)。在此期间，我确信接下来的 30 年、40 年或 50 年我们就会看到我所说的城市中心化，对此我和其他人是较为相信的。当然也许另一部分人会远离城市，并且在家电子办公，但中心化仍将是主要趋势。

电子办公适用于某些人，但它不会适用于战略领导者。或许电子办公适合兼职性的工作。也许你有一半的时间都待在家里，而另外的三四天则需要在城里和同事面对面交谈。我注意到人们可以整天在线，但是在网上进行搜索也是在与人见面之后的事情，然后你才在网上找到未曾了解过的信息。

HWY: 这让我想起一则资料，每年有许多关于科学新突破的论文发表，一个博士生只能读有限数量的文章，但最终对他有用的寥寥无几。

PS: 人工智能适合处理(信息)冗余，人类难以做到把所有东西都联系起来，但人工智能系统中可以逐渐做得更多。但这并不代表该系统是无限的，没有什么是无限的，就算是计算化能力也是如此。但是其中有些可以非常有效地工作，而科学过程中的一切事物都必须直面计算力上的限制。

在人脑中存在难以被重新设计且有限的组件，因此我们不能简单地把所有的大脑都联系起来。而在人工智能系统中你或许可以把"大脑"、类大脑和人造大脑联系起来并形成一个巨型大脑。但是目前我们人类头脑中的生物神经元是数千亿的量级 [1]。这还不是我们在 10 年内所能超越的，但在更遥远的未来，它仍会继续向前发展……

---

[1]　目前深度学习神经网络元最高仅可达百万量级。

后记

2017 年 5 月 30 日,当小库的第一篇报道在网上突破 10 万 + 阅读量的时候,我在搜索引擎里搜了一下关键词"人工智能建筑设计",结果寥寥。

2020 年 5 月 30 日,我再次将此关键词输入搜索引擎,得到了 7 530 000 个相关结果,这些内容大概有 1/3 与小库直接相关的,1/3 是大家在讨论这些关键词与小库的,1/3 是就这两个关键词的探讨。

一方面深感荣幸,因为我们创造了这两个词的关联性,为传统的建筑行业打开了一条以人工智能等新技术通向未来的道路,同时,也在这条智能化的大道上责无旁贷地扛起了一杆大旗。我们时刻感到生在这个时代的幸运,以及得到行业认可的荣耀。

另一方面我们也深感惶恐,因为我们必须去验证这条路的可行性,我们是这条道路的探路人,而这是一条前人未曾踏足的道路,注定漫长艰辛。前面可能会有坡有坑,偶似如履薄冰,偶同徒手攀岩,偶如嚼着玻璃、凝视深渊,但我们只能一步一个脚印,谨慎而坚实地往前走。

很多人曾问我,小库为什么能有勇气做探路人?

其实我们只是刚好备齐了这三个条件:

对目的地那座山心怀憧憬。不仅相信在迷雾中有那么一座"灵山",更是将揭示山的存在与美好作为自己的使命。因为使命与相信,所以可以心之所向,身之所往。

自愿向那座山进发的团队。不仅需要每个人有坚定地向那座山进发的信念,更需要个个身强体壮,专业互补,紧密团结。因为团队强大,所以可以逢山开路,遇水搭桥。

第三,持续照亮脚下山路的火把。这不仅是照亮前路的必要装备,更是可以沿路留下的火种,为后来人照亮旅程。而这火把,就是关注者们热烈的拳拳之心。因为有持续支持,所以可以星火汇聚,光明绚烂。

小库从孤独的探路人到这条路的领路人,一直希望同路人可以越来越多,也希望为后来人留下沿路的火种。

因此，我们将自己十年来的积累以及近四年的探索进行了整理，写下这本十余万字的《给建筑师的人工智能导读》，作为给同路人的馈礼。希望这本书可以像地图一样，向后来人描述"灵山"的来历与特征，这一路上我们已经踩出的路径、标出的坑与坡。只愿能对同路人的探索有所助益。

本书也会持续不断地优化迭代，因此也诚请大家在阅读过程中多多斧正，帮助我们更好改进，也可以让更多的读者得到更大的收获。

在此特别感谢我的团队，XKooler们，是他们与我一起，仰望星空，脚踏实地。

更感谢读到这里的朋友，感谢一路上支持小库的关注者与践行者，是你们的支持，让我们可以在这条路上继续举火夜行。

小库科技创始人兼 CEO

何宛余

2020 年 6 月

图表索引

* 本书中的图表，除标明具体出处外，其他均为自绘

第二章

图 2.1.1 基于算数系统的柱式比例
Morgan M H. Vitruvius: The Ten Books On Architecture. 1914:91.

图 2.1.2 基于几何系统的立面比例
Blondel F. Cours d'architecture[M]. Paris: Lambert Roulland, 1965:752.

图 2.1.3 法兰克福厨房
Von Grete L. Rationalisierung Im Haushalt[J]. Das neue Frankfurt, 1926-1927(5):122.

图 2.1.4 施罗德住宅二层的不同使用场景示例
Chancerel J. Rietveld Schroder Plans[DB/OL]. (2017-12-25)[2019-10-09]. https://commons. wikimedia.org/wiki/File:RietveldSchroder-Plans.png.

图 2.1.5 戴尔良住宅的不同使用场景示例

图 2.1.6 Osram的开放办公平面
Henn W. Osram Headquarters[DB/OL]. (2019-11-6)[2019-11-11]. https://www.henn.com/en/projects/office/osram-headquarters.

图 2.2.1 复杂性科学思维导图

图 2.2.2 不同学科下具有类似模型的系统示例

图 2.2.3 具有反馈机制的控制论循环

图 2.2.4 "插件城市"
Cook P. Plug-in City - AXONOMETRIC[DB/OL]. [2018-06-07]. http://archigram.westminster. ac.uk/project.php?id=56.

图 2.2.5 "欢乐宫"平面和反馈设备示意图
Price C. Typical Plan of Fun Palace Complex-[DB/OL]. [2019-10-10]. https://www.cca.qc.ca/en/search/details/collection/object/400675.

图 2.2.6 蓬皮杜中心
J, B. Pompidou Centre[DB/OL]. (2005-11-25)

[2019-10-10]. https://commons.wikimedia. org/wiki/File:014_Pompidou_Centre_ (48826556313).jpg.

图 2.2.7 中银胶囊塔的"胶囊"单元
Koh R. Nakagin Capsule Tower, Chūō-ku, Japan[DB/OL]. (2016-8-20)[2019-10-10]. https:// commons.wikimedia.org/wiki/File:Nakagin_ capsule_tower,_Chūō-ku,_Japan_(Unsplash). jpg

图 2.2.8 横跨曼哈顿的穹顶
R. Buckminster Fuller, Dome Over Manhattan, 1961. The Estate of R. Buckminster Fuller and Stanford University Libraries, Department of Special Collections.

图 2.2.9 蒙特利尔世博会美国馆穹顶
Roletschek R. Montreal Biosphere [DB/OL]. (2017-08-09)[2019-10-09]. https://commons. wikimedia.org/wiki/File:17-08-islcanus-Ral-fR-DSC_3883.jpg

图 2.2.10 "欢乐宫"系统示意图
Pask G, Price C. Organisational Plan as Programme, from the Minutes of the Fun Palace Cybernetics Committee Meeting, 27th January 1965[DB/OL]. [2019-10-10]. https://www.cca.qc. ca/en/search/details/collection/object/378820.

图 2.2.11 "公寓编写者"系统界面
Friedman Y. The Flatwriter: Choice by computer[J]. Progressive Architecture, 1971,3:100.

图 2.2.12 Comproplan系统界面
Lee K, Meyer R. How useful are computer programs for architects?[J]. Building Research and Practice, 1973, 1(1):20.

图 2.3.1 图灵测试示意图
Sánchez-Margallo J A. Test de Turing[DB/OL]. (2007-5-12)[2019-10-10]. https://commons.wiki-media.org/wiki/File:Test_de_Turing.jpg.

图 2.3.2 正在运行的URBAN5系统
Negroponte N. The Architecture Machine[M]. Cambridge, MA: The MIT Press, 1970:80.

图 2.3.3 SEEK项目的系统装置
Shunk H, Kender J, Antin D, et al. "Software", Group Exhibition Opening, Jewish Museum, New York, 1970 September 16[DB/OL]. [2019-

11-11]. https://rosettaapp.getty.edu/delivery/
DeliveryManagerServlet?dps_pid=IE2389775.

图 2.3.4 1985年AutoCAD软件界面
Hurley S. IPO Road Show Slides 1985[DB/OL].
(2007-7-25)[2019-10-10]. https://www.flickr.com/
photos/btl/900133006.

图 2.3.5 曲面建模类型

图 2.3.6 Grasshopper程序界面

第三章

图 3.2.1 起始点和可能性

图 3.3.1 人工智能和机器学习之间的关系

表 3.3.1 数据集范例

图 3.3.2 数据降维示例

图 3.3.3 机器学习过程示意图

图 3.4.1 简单线性回归示例

图 3.4.2 二元分类示例

图 3.4.3 聚类示例

图 3.4.4 半监督学习示例

第四章

图 4.1.1 一个简单任务的问题空间

图 4.1.2 一个典型的专家系统的构成

图 4.1.3 基于规则的IF—THEN—ELSE条件判断示意图

图 4.1.4 ESSAS软件的结构与功能示意图
Hans S, Kim T J. An Application of Expert
Systems in Urban Planning: Site Selection
and Analysis[J]. Computers, Environment and
Urban Systems, 1989,13(4):243-254.

图 4.1.5 基于案例推理的任务拆解图

图 4.1.6 Archie软件界面
Domeshek E, Kolodner J. Using the Points of
Large Cases[J]. Artificial Intelligence for Engi-
neering Design, Analysis and Manufacturing,
1993, 7(2): 87-96.

图 4.1.7 CASEBOOK软件界面
Inanc S. CASEBOOK: An Information Retrieval
System for Housing Floor Plans[C] // Proceed-
ings of the Fifth Conference on Computer-Aid-
ed Architectural Design Research in Asia.
Singapore: National University of Singapore,
2000.

图 4.2.1 一个隐马尔可夫模型的典型示例

图 4.2.2 判断房间之间关系的贝叶斯网络示例

图 4.3.1 最近邻算法原理示意图

图 4.3.2 划分两类样本的多个超平面

图 4.3.3 线性可分和非线性可分的区别

图 4.3.4 核方法解决原始空间中的线性不可分问题

图 4.4.1 遗传算法的一般流程图

图 4.4.2 模拟 "交配" 的基因编码重组过程
John H H. Genetic Algorithms: Computer
programs that "evolve in ways that resemble
natural secection can solve complex problems
even their creators do not fully understand[J].
Scientific American, 1992, 267(1):66-73.

图 4.5.1 McCulloch-Pitts神经元数学模型
McCulloch W S, Pitts W. A Logical Calculus
of the Ideas Immanent in Nervous Activity[J].
Bulletin of Mathematical Biophysics, 1943,
5(4):115-133.

图 4.5.2 有两个输入神经元的感知器网络结构示意图

图 4.5.3 一个典型的多层神经网络

图 4.5.4 其他人工神经网络类型
https://towardsdatascience.com/the-mostly-
complete-chart-of-neural-networks-explained-
3fb6f2367464

图 4.5.5 Wework会议室研究的人工神经

网络示意图
https://www.wework.com/blog/posts/design-
ing-with-machine-learning

第五章

图 5.1.1 图像识别中层级化的表示
Bengio Y. Learning Deep Architectures for AI.
Foundations and Trends in Machine Learning,
2009, 2(1):1-127.

图 5.1.2 自编码器的一般结构

图 5.1.3 深度学习不需要人工参与特征表
达环节

图 5.1.4 不同尺度的神经网络学习与传统
机器学习的算法性能比较

图 5.2.1 一个典型的CNN结构
Lecun Y, Bottou L, Bengio Y, et al. Gradi-
ent-Based Learning Applied to Document
Recognition[J]. Proceedings of the IEEE, 1998,
86(11):2278-2324.

图 5.3.1 一个展开的标准RNN结构
https://colah.github.io/posts/2015-08-Under-
standing-LSTMs/

图 5.3.2 一个典型的"记忆细胞"结构
Hassan A, Mahmood A. Efficient Deep
Learning Model for Text Classification Based
on Recurrent and Convolutional Layers[C] //
2017 16th IEEE International Conference on
Machine Learning and Applications (ICMLA).
2017.

图 5.4.1 GAN的典型结构

图 5.4.2 使用反卷积层的GAN的生成器
https://www.oreilly.com/library/view/deep-
learning-with/9781787128422/80b19a64-e865-
4d3d-8bc0-3980dbe28e84.xhtml

图 5.5.1 由机器生成的《埃德蒙德·贝拉
米》
http://obvious-art.com/edmond-de-belamy.
html

图 5.5.2 由机器生成的巴黎世家服饰设
计示例
https://robbiebarrat.github.io/oth/bale.html

图 5.5.3 由机器生成的"此建筑不存在"部
分成果示例

图 5.5.4 "人工智能建筑师"软件界面

图 5.6.1 基于三个二维观测视图生成三维
空间
Eslami S M A, Jimenez R D, Besse F, et al.
Neural scene representation and rendering.
Science, 2018, 360(6394):1204–1210.

第六章

图 6.1.1 三种云服务模式

图 6.1.2 小库智能设计云平台界面

图 6.2.1 Roast应用界面
https://roastsurvey.com/product/

图 6.2.2 Arc Skoru应用界面
https://www.arcskoru.com

图 6.2.3 DIKW模型及层级转化示意图

图 6.2.4 知识图谱示例

图 6.2.5 谷歌知识图谱应用场景

图 6.2.6 早期的沉浸式体验装置—
Sensorama
Heilig M L. Sensorama simulator: US3050870A
[P/OL]. 1962-08-28 [2018-05-15]. https://patents.
google.com/patent/US3050870A/en

图 6.2.7 Visual Vocal的应用场景
https://www.visualvocal.com/news.html

图 6.2.8 宜家增强现实移动端应用场景
https://highlights.ikea.com/2017/ikea-place/

图 6.2.9 ARKit的Measure测量应用界面

图 6.3.1 使用中的CityScope
Alonso L, Zhang Y R, Grignard A, et al. City-
Scope: A Data-Driven Interactive Simulation
Tool for Urban Design. Use Case Volpe: Unify-
ing Themes in Complex Systems IX[C]. Cham:
Springer International Publishing, 2018.

图 6.3.2 小库的南头古城部分热力部分数

据分析成果（2017年）

图 6.3.3 通过设计程序系统控制建筑形式
http://blog.rhino3d.com/2017/11/online-grass-hopper-course-begins-dec-11.html

图 6.3.4 由清华大学实现的混凝土三维打印步行桥
https://www.archdaily.cn/cn/909656/shi-jie-shang-zui-da-hun-ning-tu-3dda-yin-bu-xing-qiao-jian-cheng

图 6.3.5 由同济大学实现的碳纤维与玻璃纤维三维打印步行桥
https://www.3dprintingmedia.network/wp-content/uploads/2019/12/bridge-tongji-1.jpg

第七章

图 7.1.1 基于冯·诺依曼结构的现代计算机五大部件
https://commons.wikimedia.org/wiki/File:Von_Neumann_Architecture.svg

图 7.3.1 由谷歌研发的智能绘制应用
https://experiments.withgoogle.com/ai/sketch-rnn-demo

图 7.4.1 历年人类历史中发生奇点的所需的时间
http://www.singularity.com/charts/page17.html

术语索引

参考文献

*不包含网页资料

中文文献

彼得·埃森曼 (2018). 现代建筑的形式基础. 罗旋, 安太然, 贾若与江嘉玮. 上海, 同济大学出版社.

彼得·雪莉 (2007). 计算机图形学. 高春晓, 赵清杰与张文耀. 北京, 人民邮电出版社.

陈宝林 (2005). 最优化理论与算法. 北京, 清华大学出版社.

陈禹六 (1998). 先进制造业运行模式. 北京, 清华大学出版社.

伏玉琛与周洞汝 (2003). 计算机图形学——原理方法与应用. 武汉, 华中科技大学出版社.

郭光灿 (2001). "量子信息引论." 物理 30 (05): 286-293.

国家统计局 (2017). Gb/T 4754—2017 2017年国民经济行业分类: 51-53, 69-70, 74.

何宛余与杨小荻 (2018). "人工智能设计,从研究到实践." 时代建筑(01): 38-43.

姜涌 (2005). 建筑师职能体系与建造实践. 北京, 清华大学出版社.

金观涛与华国凡 (2005). 控制论与科学方法论. 北京, 新星出版社.

克里斯托弗·亚历山大 (2002). 建筑的永恒之道. 赵冰. 北京, 知识产权出版社.

克里斯托弗·亚历山大 (2002). 建筑模式语言. 王昕度与周序鸣. 北京, 知识产权出版社.

克里斯托弗·亚历山大 (2002). 俄勒冈实验. 赵冰. 北京, 知识产权出版社.

李飚 (2012). 建筑生成设计. 南京, 东南大学出版社.

李海峰 (2008). 中国房地产项目开发全程指引. 北京, 中信出版社.

刘峤与李杨等 (2016). "知识图谱构建技术综述." 计算机研究与发展 53 (03): 582-600.

卢健松与刘沛等 (2012). "Christopher Alexander的"模式语言"及其在计算机领域的影响." 自然辩证法研究 28 (11): 104-109.

卢小平 (2011). 现代制造技术. 北京, 清华大学出版社.

曼弗雷多·塔夫里与弗朗切斯科·达尔科 (1999). 现代建筑. 刘先觉. 北京, 中国建筑工业出版社: 354-355.

帕特里克·舒马赫与尼尔·里奇等 (2012). "关于参数化主义 尼尔·里奇与帕特里克·舒赫的对谈." 时代建筑(05): 32-39.

沈纪桂与陈廉清 (1998). "IGES——实现CAD/CAM系统间数据交换的规范." 中国机械工程(07): 70-72+92.

孙家广 (2000). 计算机辅助设计技术基础. 北京, 清华大学出版社.

王蔚 (2009). 纯形式批评——彼得·埃森曼建筑理论研究. 天津, 天津大学.

王蔚 (2003). "探索数字时代的建筑设计和教育——纽约哥伦比亚大学无纸设计工作室管窥." 世界建筑(04): 110-113.

魏力恺与张颀等 (2013). "C-Sign:基于遗传算法的建筑布局进化." 建筑学报(S1): 28-33.

尤晓东 (2005). Internet应用基础教程. 北京, 清华大学出版社.

俞扬与钱超 (2018). "演化学习专题前言." 软件学报 29 (09): 2545-2546.

袁烽与阿希姆·门格斯等 (2015). 建筑机器人建造. 上海, 同济大学出版社.

张砚与肯特·蓝森 (2018). "CityScope—可触交互界面、增强现实以及人工智能于城市决策平台之运用." 时代建筑(01): 44-49.

张蕴灵 (2017). 基于单幅高分辨率星载Sar影像的交通灾害信息提取方法研究. 北京, 中国科学院大学. 博士: 143.

周志华 (2016). 机器学习. 北京, 清华大学出版社.

朱嘉伊与余俏 (2018). "克里斯托弗·亚历山大的建筑理论评述——概述、转变与局限." 新建筑(3): 130-133.

英文文献

Aamodt, A. and E. Plaza (1994). "Case-Based Reasoning: Foundational Issues, Methodological Variations, and System Approaches." AI Communications 7 (1): 39-59.

Alahi, A. and K. Goel, et al. (2016). Social LSTM: Human Trajectory Prediction in Crowded Spaces. Las Vegas, NV, IEEE: 961-971.

Albert, A. and J. Kaur, et al. (2017). Using Convolutional Networks and Satellite Imagery to Identify Patterns in Urban Environments at a Large Scale. Nova Scotia, ACM: 1357-1366.

Albert, A. and E. Strano, et al. (2018). "Modeling Urbanization Patterns with Generative Adversarial Networks." CoRR abs/1801.02710.

Alexander, C. (1973). Notes On the Synthesis of Form. Cambridge, Harvard University Press.

Alonso, L. and Y. R. Zhang, et al. (2018). CityScope: A Data-Driven Interactive Simulation Tool for Urban Design. Use Case Volpe. A. J. Morales, C. Gershenson, D. Braha, A. A. Minai and Y. Bar-Yam. Cham, Springer International Publishing: 253-261.

Arietta, S. M. and A. A. Efros, et al. (2014). "City Forensics: Using Visual Elements to Predict Non-Visual City Attributes." IEEE Transactions On Visualization and Computer Graphics 20 (12): 2624-2633.

Arute, F. and K. Arya, et al. (2020). "Hartree-Fock On a Superconducting Qubit Quantum Computer." Science 369 (6507): 1084.

Banham, R. (2008). The Architecture of the Well-Tempered Environment. Sydney, Steensen Varming.

Banham, R. and F. Dallegret (1965). A Home is Not a House. Art in America. 2: 77.

Bareiss, E. R. and B. W. Porter, et al. (1988). "Protos: An Exemplar-Based Learning Apprentice." International Journal of Man-Machine Studies 29 (5): 549-561.

Barto, A. G. and R. S. Sutton (2018). Reinforcement Learning: An Introduction. Cambridge, MA, MIT Press.

Baum, A. (2017). PropTech 3.0: The Future of Real Estate. Oxford, Said Business School, University of Oxford.

Bechikh, S. and M. Kessentini, et al. (2015). "Chapter Four - Preference Incorporation in Evolutionary Multiobjective Optimization: A Survey of the State-of-the-Art." Advances in Computers 98: 141-207.

Beetz, J. and S. Dietze, et al. (2014). D3.3 Semantic Digital Archive Prototype, Durable Architectural Knowledge.

Bell, D. (1999). The Coming of Post-Industrial Society: A Venture in Social Forecasting. New York, Basic Books.

Bengio, Y. (2009). "Learning Deep Architectures for AI." Foundations and Trends in Machine Learning 2 (1): 1-55.

Bengio, Y. and A. Courville, et al. (2016). Deep learning. Cambridge, MA, MIT Press.

Bengio, Y. and A. Courville, et al. (2013). "Representation Learning: A Review and New Perspectives." IEEE Transactions On Pattern Analysis and Machine Intelligence 35 (8): 1798-1828.

Berk, A. A. (1985). LISP: The Language of Artificial Intelligence. New York, Van Nostrand Reinhold Company.

Bittner, K. and M. Körner (2018). Automatic Large-Scale 3D Building Shape Refinement Using Conditional Generative Adversarial Networks. Utah, IEEE: 1968-19682.

Blum, A. L. and P. Langley (1997). "Selection of Relevant Features and Examples in Machine Learning." Artificial Intelligence 97 (1): 245-271.

Boden, M. A. (2016). AI: Its Nature and Future. New York, Oxford University Press.

Bouwcentrum (1958). Functionele Grondslagen Van DE Woning, Algemene Inleiding (Functional Principles of the Dwelling: A General Introduction). Rotterdam, Bouwcentrum.

Brand, S. (1994). How Buildings Learn: What Happens After They're Built. New York, Viking Press.

Brandon, P. S. (1990). "The Development of an Expert System for the Strategic Planning of Construction Projects." Construction Management and Economics 8 (3): 285-300.

Bucci, F. and M. Mulazzani, et al. (2002). Luigi Moretti: Works and Writings. New York, Princeton Architectural Press.

Buchanan, B. G. and E. H. Shortliffe (1984). Rule-Based Expert Systems: The MYCIN Experiments of the Stanford Heuristic Programming Project. Reading, Mass., Addison-Wesley.

Burry, J. R. and M. C. Burry (2006). "Gaudí and CAD." Journal of Information Technology in Construction 11: 437-446.

Burry, M. (2011). Scripting Cultures: Architectural Design and Programming. Chichester, UK, John Wiley & Sons.

Caldas, L. G. and L. Santos (2012). Generation of Energy-Efficient Patio Houses with GENE_ARCH: Combining an Evolutionary Generative Design System with a Shape Grammar. Proceedings of the 30th eCAADe Conference. Prague, Czech Republic, Czech Technical University in Prague, Faculty of Architecture: 459-470.

Caldas, L. and L. Norford (2003). "An Evolutionary Model for Sustainable Design." Management of Environmental Quality: An International Journal 14 (3): 383-397.

Cao, X. and J. Chen, et al. (2009). "A SVM-based Method to Extract Urban Areas From DMSP-OLS and SPOT VGT Data." Remote Sensing of Environment 113 (10): 2205-2209.

Carlson, A. and J. Betteridge, et al. (2010). Toward an Architecture for Never-Ending Language Learning. Atlanta, GA, AAAI Press: 1306--1313.

Castellani, B. and F. W. Hafferty (2009). Sociology and Complexity Science: A New Field of Inquiry. Berlin, Springer International Publishing.

Cavallar, S. and W. Lioen, et al. (2000). Factorization of a 512-Bit RSA Modulus. Amsterdam, Centrum voor Wiskunde en Informatica.

Chang, C. and C. Lin (2011). "LIBSVM: A Library for Support Vector Machines." ACM Transactions On Intelligent Systems and Technology 2 (3): 1-27.

Chapelle, O. and B. Schölkopf, et al. (2010). Semi-Supervised Learning. Cambridge, MA, MIT Press.

Chen, Y. and Y. K. Lai, et al. (2018). CartoonGAN: Generative Adversarial Networks for Photo Cartoonization. Utah, IEEE: 9465-9474.

Chizhova, M. and D. Korovin, et al. (2017). "Probabilistic Reconstruction of Orthodox Churches from Precision Point Clouds Using Bayesian Networks and Cellular Automata." International Archives of the Photogrammetry, Remote Sensing and Spatial Information Sciences XLII-2/W3: 187-194.

Choi, S. and J. Kim, et al. (2019). "Attention-Based Recurrent Neural Network for Urban Vehicle Trajectory Prediction." Procedia Computer Science 151: 327-334.

Chong, Y. T. and C. Chen, et al. (2009). "A Heuristic-Based Approach to Conceptual Design." Research in Engineering Design 20 (2): 97-116.

Cook, P., Ed. (1999). Archigram. New York, Princeton Architectural Press.

Cover, T. M. and P. E. Hart (1967). "Nearest Neighbor Pattern Classification." IEEE Transactions On Information

Theory 13 (1): 21-27.

Coyle, D. (1998). The Weightless World: Strategies for Managing the Digital Economy. Cambridge, Mass., MIT Press.

Crevier, D. (1992). AI: The Tumultuous History of the Search for Artificial Intelligence. New York, Basic Books.

Crites, R. H. and A. G. Barto (1995). Improving Elevator Performance Using Reinforcement Learning. Cambridge, MA, MIT Press: 1017--1023.

Cross, N. (1993). A History of Design Methodology. Design Methodology and Relationships with Science. M. J. de Vries, N. Cross and D. P. Grant. Dordrecht, Springer Netherlands: 15-27.

Cui, Z. and R. Ke, et al. (2018). "Deep Bidirectional and Unidirectional {LSTM} Recurrent Neural Network for Network-Wide Traffic Speed Prediction." CoRR abs/1801.02143.

D Urso, M. G. and A. Gargiulo, et al. (2017). "A Bayesian Approach for Controlling Structural Displacements." Procedia Structural Integrity 6: 69-76.

Dalamagkidis, K. and D. Kolokotsa, et al. (2007). "Reinforcement Learning for Energy Conservation and Comfort in Buildings." Building and Environment 42 (7): 2686-2698.

Dauphin, Y. N. and R. Pascanu, et al. (2014). Identifying and Attacking the Saddle Point Problem in High-Dimensional Non-Convex Optimization. Annual Conference on Neural Information Processing Systems 2014. Montreal, Neural Information Processing Systems Foundation: 2933-2941.

Dawkins, R. (2006). The Selfish Gene. Oxford, Oxford University Press.

Doersch, C. and S. Singh, et al. (2012). "What Makes Paris Look Like Paris?"

ACM Transactions On Graphics (SIGGRAPH) 31 (4): 101:1-101:9.

Domeshek, E. A. and J. L. Kolodner (1992). A Case-Based Design Aid for Architecture. Artificial Intelligence in Design' 92. J. S. Gero and F. Sudweeks. Dordrecht, Springer Netherlands: 497-516.

Domingos, P. (2015). The Master Algorithm: How the Quest for the Ultimate Learning Machine Will Remake Our World. New York, Basic Books.

Dong, B. and C. Cao, et al. (2005). "Applying Support Vector Machines to Predict Building Energy Consumption in Tropical Region." Energy and Buildings 37 (5): 545-553.

Dong, X. and E. Gabrilovich, et al. (2014). Knowledge Vault: A Web-Scale Approach to Probabilistic Knowledge Fusion. New York, ACM: 601--610.

Dorst, K. (2015). Frame Innovation: Create New Thinking by Design. Cambridge, MA, MIT Press.

Dubey, A. and N. Naik, et al. (2016). Deep Learning the City: Quantifying Urban Perception at a Global Scale. B. Leibe, J. Matas, N. Sebe and M. Welling. Amsterdam, Springer International Publishing: 196-212.

Duffy, A. H. B. and M. M. Andreasen, et al. (1993). "Design Coordination for Concurrent Engineering." Journal of Engineering Design 4 (4): 251-265.

Eastman, C. M. (1973). "Automated Space Planning." Artificial Intelligence 4 (1): 41-64.

Elezkurtaj, T. and G. Franck (2001). Evolutionary Algorithms in Urban Planning. Proceedings CORP 2001. Austria, Vienna University of Technology: 269-272.

Elgammal, A. M. and B. Liu, et al. (2017). CAN: Creative Adversarial Networks, Generating "Art" by Learning About Styles and Deviating from

Style Norms. Georgia, Association for Computational Creativity (ACC) 2017.

Eslami, S. M. A. and D. Jimenez Rezende, et al. (2018). "Neural Scene Representation and Rendering." Science 360 (6394): 1204.

Fan, J. and Q. Li, et al. (2017). "A Spatio-temporal Prediction Framework for Air Pollution Based on Deep RNN." ISPRS Annals of Photogrammetry, Remote Sensing and Spatial Information Sciences IV-4/W2: 15-22.

Flasiński, M. (2016). Introduction to Artificial Intelligence. Switzerland, Springer International Publishing.

Flasiński, M. (2016). Chapter 1: History of Artificial Intelligence. Introduction to Artificial Intelligence. Switzerland, Springer International Publishing: 3-13.

Flemisch, F. O. and C. A. Adams, et al. (2003). The H-Metaphor as a Guideline for Vehicle Automation and Interaction. Hampton, VA, NASA Langley Research Center.

Fogel, L. J. (1999). Intelligence through Simulated Evolution: Forty Years of Evolutionary Programming. New York, John Wiley & Sons.

Forty, A. (2000). Words and Buildings: A Vocabulary of Modern Architecture. New York, Thames & Hudson.

Frazer, J. (1995). An Evolutionary Architecture. London, Architectural Association.

Frazer, J. (2016). "Parametric Computation: History and Future." Architectural Design 86 (2): 18-23.

Frazer, J. H. (1993). "The Architectural Relevance of Cybernetics." Systems Research 10 (3): 43-48.

Frey, C. B. and M. Osborne (2013). The Future of Employment: How Susceptible are Jobs to Computerisation? Oxford, Oxford Martin Programme on Technology and Employment.

Frey, C. B. and M. A. Osborne, et al. (2016). Technology at Work V2.0: The Future is Not What It Used to be. Oxford, Oxford Martin School, Citi.

Friedman, Y. (1971). "The Flatwriter: Choice by Computer." Progressive Architecture 3: 98-101.

Gagniuc, P. A. (2017). Markov Chains: From Theory to Implementation and Experimentation. Hoboken, NJ, John Wiley & Sons.

Gero, J. S. (1986). An Overview of Knowledge Engineering and its Relevance to CAAD. International Conference on Computer-Aided Architectural Design. Cambridge, University Press: 114.

Gillen, N. M. (2006). The Future Workplace, Opportunities, Realities and Myths: A Practical Approach to Creating Meaningful Environments. Reinventing the Workplace. J. Worthington. Oxford, Architectural Press: 61-78.

Gips, J. (1975). Shape Grammars and their Uses: Artificial Perception, Shape Generation and Computer Aesthetics. Basel, Birkhäuser.

Gips, J. and G. Stiny (1978). Algorithmic Aesthetics: Computer Models for Criticism and Design in the Arts. Berkeley, University of California Press.

Glorot, X. and A. Bordes, et al. (2011). Deep Sparse Rectifier Neural Networks. Florida, JMLR W&CP: 315-323.

Goldberg, D. E. (1987). "Computer-Aided Pipeline Operation Using Genetic Algorithms and Rule Learning. PART I: Genetic Algorithms in Pipeline Optimization." Engineering with Computers 3 (1): 35-45.

Goldberg, D. E. (1989). Genetic Algorithms in Search, Optimization, and Machine Learning. Reading, MA, Addison-Wesley.

Gong, M. and S. Wang, et al. (2021).

"Quantum Walks On a Programmable Two-Dimensional 62-Qubit Superconducting Processor." Science: 7812.

Goodfellow, I. J. and J. Pouget-Abadie, et al. (2014). Generative Adversarial Nets. NIPS'14. Cambridge, MA, MIT Press: 2672--2680.

Grover, L. K. (1997). "Quantum Mechanics Helps in Searching for a Needle in a Haystack." Physical Review Letters 79 (2): 325–328.

Guerritore, C. and J. P. Duarte (2016). Manifold Façades: A Grammar-Based Approach for the Adaptation of Office Buildings Into Housing. Proceedings of the 34th eCAADe Conference. Oulu, University of Oulu: 189-198.

Ha, D. and D. Eck (2017). "A Neural Representation of Sketch Drawings." CoRR abs/1704.03477.

Han, S. and T. J. Kim (1989). "An Application of Expert Systems in Urban Planning: Site Selection and Analysis." Computers, Environment and Urban Systems 13 (4): 243-254.

Hanna, S. (2007). "Automated Representation of Style by Feature Space Archetypes: Distinguishing Spatial Styles From Generative Rules." International Journal of Architectural Computing 1 (5): 2-23.

Hardingham, S. and D. Greene (2008). The Disreputable Projects of Greene. London, Architectural Association.

Hartmann, S. and M. Weinmann, et al. (2017). StreetGAN: Towards Road Network Synthesis with Generative Adversarial Networks. Plzen, Czech Republic, UNION Agency.

Harvard-University-Graduate-School-Of-Design (1987). Studio Works (Book 7). Cambridge, MA, Princeton Architectural Press.

Hassannezhad, M. and P. J. Clarkson (2018). A Normative Approach for Identifying Decision Propagation Paths in Complex Systems. Proceedings of the DESIGN 2018 15th International Design Conference. Dubrovnik, Croatia, The Design Society: 1559-1570.

He, K. Y. and D. Ge, et al. (2017). "Big Data Analytics for Genomic Medicine." International Journal of Molecular Sciences 18 (2): 412.

Hebb, D. O. (1949). The Organization of Behavior;a Neuropsychological Theory. New York, Wiley.

Hendrickson, C. and C. Zozaya-Gorostiza, et al. (1987). An Expert System for Construction Planning, Department of Civil and Environmental Engineering, Carnegie Institute of Technology.

Hennessy, J. L. and D. A. Patterson (2018). Chapter 1: Computer Abstractions and Technology. Computer Organization and Design: The Hardware/Software Interface. Waltham, MA, Morgan Kaufmann: 3-54.

Herbert, N. (1985). Quantum Reality: Beyond the New Physics. New York, Anchor Press.

Hertzberger, H. (1991). Lessons for Students in Architecture. Rotterdam, 010 Publishers.

Hochreiter, S. and J. Schmidhuber (1997). "Long Short-Term Memory." Neural Computation 9 (8): 1735-1780.

Holden, K. J. (2012). SHoP: Out of Practice. New York, Monacelli Press.

Holland, J. H. (1992). Adaptation in Natural and Artificial Systems: An Introductory Analysis with Applications to Biology, Control, and Artificial Intelligence. Cambridge, MA, MIT Press.

Hou, D. and G. Liu, et al. (2017). "Integrated Building Envelope Design Process Combining Parametric Modelling and Multi-Objective Optimization." Transactions of Tianjin University 23 (2): 138-146.

Hua, K. and B. Fairings, et al. (1996).

"CADRE: Case-Based Geometric Design." Artificial Intelligence in Engineering 10 (2): 171-183.

Huang, C. and J. Zhang, et al. (2018). DeepCrime: Attentive Hierarchical Recurrent Networks for Crime Prediction. New York, ACM: 1423--1432.

Huang, C. and P. Kuo (2018). "A Deep CNN-LSTM Model for Particulate Matter (PM(2.5)) Forecasting in Smart Cities." Sensors (Basel, Switzerland) 18 (7): 2220.

Huang, W. and H. Zheng (2018). Architectural Drawings Recognition and Generation through Machine Learning. Mexico City, Acadia Publishing Company.

Hume, D. (2008). Chapter 3: Of the Association of Ideas. An Inquiry concerning Human Understanding. New York, Oxford University Press: 16-17.

Hutchinson, P. J. and M. A. Rosenman, et al. (1987). "RETWALL: An Expert System for the Selection and Preliminary Design of Earth Retaining Structures." Knowledge-Based Systems 1 (1): 11-23.

Inanc, S. (2000). CASEBOOK: An Information Retrieval System for Housing Floor Plans. Proceedings of the Fifth Conference on Computer-Aided Architectural Design Research in Asia. Singapore, National University of Singapore: 389-398.

James Manyika, S. R. S. K. (2015). Digital America: A Tale of the Haves and Have-Mores, McKinsey Global Institutes: 5.

Jll (2018). Clicks and Mortar: The Growing Influence of Proptech, JLL, Tech in Asia.

Jolliffe, I. T. (2002). Principal Component Analysis. New York, Springer.

Kalogirou, S. A. (2000). "Applications of Artificial Neural-Networks for Energy Systems." Applied Energy 67 (1): 17-35.

Karpathy, A. and F. Li (2017). "Deep Visual-Semantic Alignments for Generating Image Descriptions." IEEE Transactions On Pattern Analysis and Machine Intelligence 39 (4): 664-676.

Kavis, M. J. (2014). Chapter 1: Why Cloud, Why Now? Architecting the cloud: design decisions for cloud computing service models (SaaS, PaaS, and IaaS). Hoboken, NJ, John Wiley & Sons: 3-11.

Kemp, M. and M. Fox (2009). Interactive Architecture. New York, Princeton Architectural Press.

Kober, J. and J. A. Bagnell, et al. (2013). "Reinforcement Learning in Robotics: A Survey." The International Journal of Robotics Research 32 (11): 1238-1274.

Kocabas, V. and S. Dragicevic (2013). "Bayesian Networks and Agent-Based Modeling Approach for Urban Land-Use and Population Density Change: A BNAS Model." Journal of Geographical Systems 15 (4): 403-426.

Kohavi, R. and G. H. John (1997). "Wrappers for Feature Subset Selection." Artificial Intelligence 97 (1): 273-324.

Kolodner, J. L. (1993). Case-Based Reasoning. San Mateo, Morgan Kaufmann Publishers.

Koolhaas, R. and B. Mau, et al. (1995). Small, Medium, Large, Extra-Large: Office for Metropolitan Architecture, Rem Koolhaas, and Bruce Mau. New York, Monacelli Press.

Kostof, S. (1977). The Architect: Chapters in the History of the Profession. New York, Oxford University Press.

Koza, J. R. (1992). Genetic Programming :On the Programming of Computers by Means of Natural Selection. Cambridge, MA, MIT Press.

Krijnen, T. and M. Tamke (2015). Assessing Implicit Knowledge in BIM Models with Machine Learning. Modelling Behaviour: Design Modelling Symposium 2015. M. R. Thomsen, M. Tamke, C. Gengnagel, B. Faircloth and F. Scheurer. Cham, Springer International Publishing: 397-406.

Krizhevsky, A. and I. Sutskever, et al. (2017). "ImageNet Classification with Deep Convolutional Neural Networks." Communications of the ACM 60 (6): 84-90.

Kumar, D. and H. Wu, et al. (2016). Understanding Urban Mobility Via Taxi Trip Clustering. 2016 17th IEEE International Conference on Mobile Data Management (MDM). Porto, Portugal: 318-324.

Kurzweil, R. (2005). The Singularity is Near: When Humans Transcend Biology. New York, Viking.

Moseley, D. L. (1963). "Rational Design Theory for Planning Buildings Based On the Analysis and Solution of Circulation Problems." Architects' Journal 138: 525-537.

Lai, F. and F. Magoulès, et al. (2008). "Vapnik's Learning Theory Applied to Energy Consumption Forecasts in Residential Buildings." International Journal of Computer Mathematics 85 (10): 1563-1588.

Laird, J. E. and A. Newell, et al. (1987). "SOAR: An Architecture for General Intelligence." Artificial Intelligence 33 (1): 1-64.

Le Corbusier. (2000). The Modulor: A Harmonious Measure to the Human Scale Universally Applicable to Architecture and Mechanics. Basel, Birkhäuser.

Leach, N. and P. F. Yuan (2018). Computational Design. Shanghai, Tongji University Press.

Lecun, Y. and B. Boser, et al. (1989). "Backpropagation Applied to Handwritten Zip Code Recognition." Neural Computation 1 (4): 541-551.

Lecun, Y. and Y. Bengio, et al. (2015). "Deep Learning." Nature 521: 436.

Lecun, Y. and L. Bottou, et al. (1998). "Gradient-Based Learning Applied to Document Recognition." Proceedings of the IEEE 86 (11): 2278-2324.

Lee, K. and R. Meyer (1973). "How Useful are Computer Programs for Architects?" Building Research and Practice 1 (1): 19-24.

Leupen, B. (2006). Frame and Generic Space. Rotterdam, 010 Publishers.

Li, A. I. (2005). A Shape Grammar for Teaching the Architectural Style of the Yingzao Fashi. Cambridge, Massachusetts Institute of Technology.

Li, Q. and Q. Meng, et al. (2009). "Applying Support Vector Machine to Predict Hourly Cooling Load in the Building." Applied Energy 86 (10): 2249-2256.

Li, X. and L. Peng, et al. (2017). "Long Short-Term Memory Neural Network for Air Pollutant Concentration Predictions: Method Development and Evaluation." Environmental Pollution 231: 997-1004.

Liang, J. and R. Du (2007). "Model-Based Fault Detection and Diagnosis of HVAC Systems Using Support Vector Machine Method." International Journal of Refrigeration 30 (6): 1104-1114.

Limsombunchai, V. and C. Gan, et al. (2004). "House Price Prediction: Hedonic Price Model vs. Artificial Neural Network." American Journal of Applied Sciences 3 (1): 193-201.

Lin, K. and R. Zhao, et al. (2018). Efficient Large-Scale Fleet Management Via Multi-Agent Deep Reinforcement Learning. New York, ACM: 1774-1783.

Lin, S. and D. J. Gerber (2014). "Evolutionary Energy Performance

Feedback for Design: Multidisciplinary Design Optimization and Performance Boundaries for Design Decision Support." Energy and Buildings 84: 426-441.

Lin, Y. and N. Mago, et al. (2018). Exploiting Spatiotemporal Patterns for Accurate Air Quality Forecasting Using Deep Learning. New York, ACM: 359--368.

Lin, Z. (2011). "Nakagin Capsule Tower: Revisiting the Future of the Recent Past." Journal of Architectural Education 65 (1): 13-32.

Liu, C. and J. Wu, et al. (2017). Raster-to-Vector: Revisiting Floorplan Transformation. Venice, IEEE: 2214-2222.

Liu, J. and F. Yu, et al. (2017). Interactive 3D Modeling with a Generative Adversarial Network. Qingdao, IEEE: 126-134.

Lobsinger, M. L. (2000). Cybernetic Theory and the Architecture of Performance: Cedric Price's Fun Palace. Anxious Modernisms: Experimentation in Postwar Architectural Culture. R. Legault and S. W. Goldhagen. Montréal, Canadian Centre for Architecture: 119-139.

Lorimer, J. and M. Bew, et al. (2011). A report for the Government Construction Client Group: Building Information Modelling (BIM) Working Party Strategy Paper, BIM Industry Working Group: 7.

Luo, D. and J. Wang, et al. (2018). Applied Automatic Machine Learning Process for Material Computation. Lodz, Poland, Lodz University of Technology.

Luo, D. and J. Wang, et al. (2018). Robotic Automatic Generation of Performance Model for Non-Uniform Linear Material Via Deep Learning. Hong Kong, Association for Computer-Aided Architectural Design Research in Asia (CAADRIA).

Lynn, G. (2004). Folding in Architecture.

Chichester, West Sussex, Wiley-Academy.

Ma, L. and T. Arentze, et al. (2005). Using Bayesian Decision Networks for Knowledge Representation under Conditions of Uncertainty in Multi-Agent Land Use Simulation Models. J. P. Van Leeuwen and H. J. P. Timmermans. Dordrecht, Springer Netherlands: 129-144.

Ma, L. and T. Arentze, et al. (2007). "Modelling Land-Use Decisions Under Conditions of Uncertainty." Computers, Environment and Urban Systems 31 (4): 461-476.

Maggiori, E. and Y. Tarabalka, et al. (2017). High-Resolution Image Classification with Convolutional Networks. Texas, IEEE: 5157-5160.

Mahalingam, G. (2003). Representing Architectural Design Using a Connections-Based Paradigm. Proceedings of the 2003 Annual Conference of the Association for Computer Aided Design in Architecture. Indianapolis, Indiana, Ball State University: 269-277.

Maharana, A. and E. O. Nsoesie (2018). "Use of Deep Learning to Examine the Association of the Built Environment with Prevalence of Neighborhood Adult Obesity." JAMA Network Open 1 (4): e181535-e181535.

March, L., Ed. (1976). The Architecture of Form. Cambridge, Cambridge University Press.

Maria João Ribeirinho, J. M. G. S. (2020). The Next Normal in Construction—How Disruption is Reshaping the World's Largest Ecosystem, McKinsey Company.

Marin, J. and P. J. Stone, et al. (1966). Experiments in Induction. New York, Academic Press.

Martin, J. (2000). After the Internet: Alien Intelligence. Washington, DC, Capital Press.

Martindale, C. (1990). The Clockwork Muse: The Predictability of Artistic

Change. New York, Basic Books.

Mathews, S. (2007). From Agit Prop to Free Space: The Architecture of Cedric Price. London, Black Dog Architecture.

Maturana, D. and S. Scherer (2015). Vox-Net: A 3D Convolutional Neural Network for Real-Time Object Recognition. Hamburg, IEEE: 922-928.

Mccorduck, P. (2004). Machines Who Think: A Personal Inquiry into the History and Prospects of Artificial Intelligence. Natick, Massachusetts, A.K. Peters.

Mcculloch, W. S. and W. Pitts (1943). "A Logical Calculus of the Ideas Immanent in Nervous Activity." The Bulletin of Mathematical Biophysics 5 (4): 115-133.

Mehaffy, M. W. and N. A. Salingaros (2015). Design for a Living Planet: Settlement, Science, and the Human Future. Portland, Sustasis Foundation.

Merrell, P. and E. Schkufza, et al. (2010). "Computer-Generated Residential Building Layouts." ACM Transactions On Graphics 29 (6): 181:1-181:12.

Michalewicz, Z. (1992). Genetic Algorithms + Data Structures = Evolution Programs. Berlin, Springer-Verlag.

Michels, J. and A. Saxena, et al. (2005). High Speed Obstacle Avoidance Using Monocular Vision and Reinforcement Learning. New York, ACM: 593-600.

Mikolov, T. and I. Sutskever, et al. (2013). Distributed Representations of Words and Phrases and their Compositionality. Nevada, Curran Associates Inc.: 3111-3119.

Miller, B. L. and D. E. Goldberg (1995). "Genetic Algorithms, Tournament Selection, and the Effects of Noise." Complex Systems 9: 193-212.

Minsky, M. (1967). Computation: Finite and Infinite Machines. Englewood Cliffs, N.J., Prentice-Hall.

Mitchell, M. (1996). An Introduction to Genetic Algorithms. Cambridge, MA, MIT Press.

Mitchell, W. J. and R. S. Liggett, et al. (1988). The TOPDOWN System and its Use in Teaching: An Exploration of Structured, Knowledge-Based Design. Computing in Design Education. Ann Arbor, Michigan.

Mnih, V. and K. Kavukcuoglu, et al. (2015). "Human-Level Control through Deep Reinforcement Learning." Nature 518: 529.

Morgan, M. H. (1960). Vitruvius: The Ten Books On Architecture. New York, Dover Publications.

Moullec, M. (2014). Towards Decision Support for Complex System Architecture Design with Innovation Integration in Early Design Stages. Châtenay-Malabry, École Centrale Paris.

Moullec, M. and M. Bouissou, et al. (2013). "Toward System Architecture Generation and Performances Assessment Under Uncertainty Using Bayesian Networks." Journal of Mechanical Design 135 (4).

Moullec, M. and M. Jankovic, et al. (2013). Proposition of Combined Approach for Architecture Generation Integrating Component Placement Optimization. Proceedings of the ASME 2013 International Design Engineering Technical Conferences and Computers and Information in Engineering Conference. Portland, Oregon. Volume 5: 25th International Conference on Design Theory and Methodology; ASME 2013 Power Transmission and Gearing Conference.

Mvro (1965). Voorschriften en Wenken Voor Het Ontwerpen Van Woningen (Regulations and Tips for the Design of Dwellings). Hague, Ministerie van Volkshuisvesting en Ruimtelijke Ordening.

Naik, N. and S. D. Kominers, et al. (2017). "Computer Vision Uncovers Predictors of Physical Urban Change." Proceedings of the National Academy of Sciences 114 (29): 7571.

Naticchia, B. (1999). Physical Knowledge in Patterns: Bayesian Network Models for Preliminary Design. 17th eCAADe Conference Proceedings. Liverpool, University of Liverpool: 611-619.

Nello, C. and S. Bernhard (2002). "Support Vector Machines and Kernel Methods: The New Generation of Learning Machines." AI Magazine 23 (3): 31-41.

Newell, A. and J. C. Shaw, et al. (1957). Empirical Explorations of the Logic Theory Machine: A Case Study in Heuristic. Proceedings of the 1957 Western Joint Computer Science. Los Angeles, California, ACM: 218-230.

Newell, A. and H. A. Simon (1976). "Computer Science as Empirical Inquiry: Symbols and Search." Communications of the ACM 19 (3): 113-126.

Newton, D. (2018). Multi-Objective Qualitative Optimization (MOQO) in Architectural Design. Lodz, Poland, Lodz University of Technology: 187-196.

Nickel, M. and K. Murphy, et al. (2016). "A Review of Relational Machine Learning for Knowledge Graphs." Proceedings of the IEEE 104 (1): 11–33.

Norvig, P. and E. Davis, et al. (2010). Artificial Intelligence: A Modern Approach. Upper Saddle River, Prentice Hall.

Okhoya, V. (2015). Bayesian Networks as an Architectural Decision Support Tool.

Olazaran, M. (1996). "A Sociological Study of the Official History of the Perceptrons Controversy." Social Studies of Science 26 (3): 611-659.

Ordóñez, F. J. and D. Roggen (2016). "Deep Convolutional and LSTM Recurrent Neural Networks for Multimodal Wearable Activity Recognition." Sensors 16 (1).

Oxman, R. and J. S. Gero (1987). "Using an Expert System for Design Diagnosis and Design Synthesis." Expert Systems 4 (1): 4-14.

Partridge, D. (1987). "The Scope and Limitations of First Generation Expert Systems." Future Generation Computer Systems 3 (1): 1-10.

Pasquarelli, G. (2014). Interview: Gregg Pasquarelli. Perspecta 47: Money. J. Andrachuk, C. C. Bolos, A. Forman and M. A. Hooks. Cambridge, MA, MIT Press.

Paul, C. (2008). Digital Art. London, Thames & Hudson.

Pearl, J. (1985). Bayesian Networks: A Model of Self-Activated Memory for Evidential Reasoning. Los Angeles, Computer Science Department, University of California.

Pedersen, M. C. (2018). "The Future of Practice: Large Firms." Architectural Record(6): 125-128.

Peng, W. and F. Zhang, et al. (2017). Machines' Perception of Space: Employing 3D Isovist Methods and a Convolutional Neural Network in Architectural Space Classification. Cambridge, MA, Acadia Publishing Company: 474- 481.

Pickering, A. (2010). The Cybernetic Brain: Sketches of Another Future. Chicago, University of Chicago Press.

Qiong, L. and R. Peng, et al. (2010). Prediction Model of Annual Energy Consumption of Residential Buildings. 2010 International Conference on Advances in Energy Engineering. Beijing, Institute of Electrical and Electronics Engineers: 223-226.

Quinlan, J. R. (1986). "Induction of Decision Trees." Machine Learning 1 (1): 81-106.

Radford, A. and L. Metz, et al. (2015). "Unsupervised Representation Learning with Deep Convolutional Generative Adversarial Networks." CoRR abs/1511.06434.

Rahmani, M. and A. Stoupine, et al. (2015). Optimo: A BIM-based Multi-Objective Optimization Tool Utilizing Visual Programming for High Performance Building Design. Proceedings of the conference of education and research in computer aided architectural design in europe. Vienna, Austria, TU Wien: 673–682.

Reed, S. and A. A. R. van den Oord, et al. (2017). Parallel Multiscale Autoregressive Density Estimation. Proceedings of Machine Learning Research. Sydney, PMLR: 2912-2921.

Ripley, B. D. (1996). Pattern Recognition and Neural Networks. Cambridge, Cambridge University Press.

Rissland, E. L. and K. D. Ashley (1988). Credit Assignment and the Problem of Competing Factors in Case-Based Reasoning. Proceedings of the DARPA Workshop on Case-Based Reasoning. San Mateo, California.

Rittel, H. W. J. and M. M. Webber (1973). "Dilemmas in a General Theory of Planning." Policy Sciences 4 (2): 155-169.

Rosenblatt, F. (1958). "The Perceptron: A Probabilistic Model for Information Storage and Organization in the Brain." Psychological Review 65 (6): 386-408.

Rowley, J. (2007). "The Wisdom Hierarchy: Representations of the DIKW Hierarchy." Journal of Information Science 33 (2): 163-180.

Ruiz, A. B. and R. Saborido, et al. (2015). "A Preference-Based Evolutionary Algorithm for Multiobjective Optimization: The Weighting Achievement Scalarizing Function Genetic Algorithm." Journal of Global Optimization 62 (1): 101-129.

Rumelhart, D. E. and G. E. Hinton, et al. (1986). "Learning Representations by Back-Propagating Errors." Nature 323 (6088): 533-536.

Sacks, R. and C. Eastman, et al. (2018). BIM Handbook: A Guide to Building Information Modeling for Owners, Designers, Engineers, Contractors, and Facility Managers. Hoboken, NJ, John Wiley & Sons.

Schirmer, P. and N. Kawagishi (2011). Using Shape Grammars as a Rule Based Approach in Urban Planning - a Report On Practice. Proceedings of the 29th eCAADe Conference. Ljubljana, eCAADe and University of Ljubljana, Faculty of Architecture: 116-124.

Schmidhuber, J. (2015). "Deep Learning in Neural Networks: An Overview." Neural Networks 61: 85–117.

Scholfield, P. H. (1958). The Theory of Proportion in Architecture. Cambridge, University Press.

Schölkopf, B. and C. Burges, et al. (1995). Extracting Support Data for a Given Task. KDD'95. Montréal, Québec: 252--257.

Schumacher, P. (2009). "Parametricism: A New Global Style for Architecture and Urban Design." Architectural Design 79 (4): 14-23.

Schwefel, H. (1995). Evolution and Optimum Seeking. New York, John Wiley & Sons.

Searle, J. R. (1980). "Minds, Brains, and Programs." Behavioral and Brain Sciences 3 (3): 417-424.

Seeley, I. H. (2006). Building Economics: Appraisal and Control of Building Design Cost and Efficiency. London, Palgrave.

Seeley, I. H. (1997). Quantity Surveying Practice. London, Macmillan Press.

Seresinhe, C. I. and T. Preis, et al. (2017). "Using Deep Learning to Quantify the Beauty of Outdoor Places."

Royal Society Open Science 4 (7): 170170.

Shanahan, M. (2015). The Technological Singularity. Cambridge, MA, MIT Press.

Shannon, C. E. (1951). "Prediction and Entropy of Printed English." Bell System Technical Journal 1 (30): 50-64.

Shi, Q. and X. Liu, et al. (2018). "Road Detection From Remote Sensing Images by Generative Adversarial Networks." IEEE Access 6: 25486-25494.

Shor, P. W. (1994). Algorithms for Quantum Computation: Discrete Logarithms and Factoring. Santa Fe, NM, IEEE: 124-134.

Silver, D. and A. Huang, et al. (2016). "Mastering the Game of Go with Deep Neural Networks and Tree Search." Nature 529: 484.

Silvestre, J. and Y. Ikeda, et al. (2016). Artificial Imagination of Architecture with Deep Convolutional Neural Network "Laissez-faire": Loss of Control in the Esquisse Phase. Melbourne, The Association for Computer-Aided Architectural Design Research in Asia (CAADRIA): 881-890.

Simon, H. A. (1965). The Shape of Automation for Men and Management. New York, Harper & Row.

Simon, H. A. and A. Newell (1972). Human Problem Solving. Englewood Cliffs, N.J., Prentice-Hall.

Sipser, M. (2012). Introduction to the Theory of Computation. Boston, MA, Course Technology Cengage Learning.

Smith, S. I. and C. Lasch (2016). Machine Learning Integration for Adaptive Building Envelopes: An Experimental Framework for Intelligent Adaptive Control. Michigan, Acadia Publishing Company.

Song, X. and H. Kanasugi, et al. (2016). Deeptransport: Prediction and Simulation of Human Mobility and Transportation Mode at a Citywide Level. New York, AAAI Press: 2618-2624.

Souder, J. J. (1964). Planning for Hospitals: A Systems Approach Using Computer-Aided Techniques. Chicago, American Hospital Association.

Steenson, M. W. (2017). Architectural Intelligence: How Designers, and Archtiects Created the Digital Landscape. Cambridge, MA, MIT Press.

Steenson, M. W. (2014). Architectures of Information: Christopher Alexander, Cedric Price, and Nicholas Negroponte & Mit's Architecture Machine Group. New Jersey, Princeton University: 11-12.

Steinemann, A. and P. Wargocki, et al. (2017). "Ten Questions Concerning Green Buildings and Indoor Air Quality." Building and Environment 112: 351-358.

Steiner, H. A. (2009). Beyond Archigram: The Structure of Circulation. New York, Routledge.

Steinitz, C. (1979). "Simulating Alternative Policies for Implementing the Massachusetts Scenic and Recreational Rivers Act: The North River Demonstration Project." Landscape Planning 6 (1): 51-89.

Stern, R. and P. Builtjes, et al. (2008). "A Model Inter-Comparison Study Focussing On Episodes with Elevated $PM10$ Concentrations." Atmospheric Environment 42 (19): 4567-4588.

Stiny, G. (1980). "Introduction to Shape and Shape Grammars." Environment and Planning B: Planning and Design 7 (3): 343-351.

Stiny, G. (1975). Pictorial and Formal Aspects of Shape and Shape Grammars. Basel, Birkhäuser.

Stiny, G. and J. Gips (1971). Shape Grammars and the Generative Specification of Painting and Sculpture. IFIP

Congress 71. Amsterdam.

Sutskever, I. and J. Martens, et al. (2011). Generating Text with Recurrent Neural Networks. Washington, Omnipress: 1017-1024.

Takizawa, A. and A. Furuta (2017). 3D Spatial Analysis Method with First-Person Viewpoint by Deep Convolutional Neural Network with Omnidirectional RGB and Depth Images. Rome, Sapienza University of Rome.

Tamke, M. and P. Nicholas, et al. (2018). "Machine Learning for Architectural Design: Practices and Infrastructure." International Journal of Architectural Computing 16 (2): 123-143.

Thorndike, E. L. (1971). The Fundamentals of Learning. New York, AMS Press.

Tian, Y. and L. Pan (2015). Predicting Short-Term Traffic Flow by Long Short-Term Memory Recurrent Neural Network. Chengdu, IEEE: 153-158.

Till, J. and T. Schneider (2007). Flexible Housing. Amsterdam, Architectural Press.

Turing, A. M. (1988). Computing Machinery and Intelligence. Readings in Cognitive Science. A. Collins and E. E. Smith. Montreal, Morgan Kaufmann: 6-19.

Turrin, M. and P. Von Buelow, et al. (2012). "Performative Skins for Passive Climatic Comfort: A Parametric Design Process." Automation in Construction 22: 36-50.

Vahora, S. A. and N. C. Chauhan (2019). "Deep Neural Network Model for Group Activity Recognition Using Contextual Relationship." Engineering Science and Technology, an International Journal 22 (1): 47-54.

Van De Riet, R. P. and R. A. Meersman (1992). Linguistic Instruments in Knowledge Engineering. New York, Elsevier Science Inc.

Van Der Malsburg, C. (1986). Frank Rosenblatt: Principles of Neurodynamics: Perceptrons and the Theory of Brain Mechanisms. G. Palm and A. Aertsen. Berlin, Heidelberg, Springer Berlin Heidelberg: 245-248.

Vandenberghe, L. and S. P. Boyd (2004). Convex Optimization. Cambridge, Cambridge University Press.

Vautard, R. and P. H. J. Builtjes, et al. (2007). "Evaluation and Intercomparison of Ozone and PM10 Simulations by Several Chemistry Transport Models Over Four European Cities within the CityDelta Project." Atmospheric Environment 41 (1): 173-188.

Vierlinger, R. and A. Hofmann (2013). A Framework for Flexible Search and Optimization in Parametric Design. Design modelling symposium. Berlin.

Von Bertalanffy, L. (2015). General System Theory: Foundations, Development, Applications. New York, George Braziller.

Von Buelow, P. (2012). "Paragen: Performative Exploration of Generative Systems." Journal of the International Association for Shell and Spatial Structures 53 (4): 271-284.

Wang, J. R. (2001). "Ranking Engineering Design Concepts Using a Fuzzy Outranking Preference Model." Fuzzy Sets and Systems 119 (1): 161-170.

Watson, I. and F. Marir (1994). "Case-Based Reasoning: A Review." The Knowledge Engineering Review 9 (4): 327-354.

Weaver, W. (1948). "Science and Complexity." American Scientist 36 (4): 536-544.

Weeks, J. (1963). Indeterminate Architecture. Transactions of the Bartlett Society. London. 2: 83-106.

Whitehead, B. and M. Z. Eldars (1965). "The Planning of Single-Storey

Layouts." Building Science 1 (2): 127-139.

Wiener, N. (2019). Cybernetics; Or, Control and Communication in the Animal and the Machine. Cambridge, Mass., MIT Press.

Wilson, A. and M. Tewdwr-Jones, et al. (2017). "Urban Planning, Public Participation and Digital Technology: App Development as a Method of Generating Citizen Involvement in Local Planning Processes." Environment and Planning B: Urban Analytics and City Science 46 (2): 286-302.

Wu, J. and C. Zhang, et al. (2016). Learning a Probabilistic Latent Space of Object Shapes Via 3D Generative-Adversarial Modeling. Barcelona, Curran Associates Inc: 82-90.

Wu, K. and A. Kilian (2018). Designing Natural Wood Log Structures with Stochastic Assembly and Deep Learning. Zurich, Springer Nature.

Xiangxue, W. and X. Lunhui, et al. (2019). "Data-Driven Short-Term Forecasting for Urban Road Network Traffic Based on Data Processing and LSTM-RNN." Arabian Journal for Science and Engineering 44 (4): 3043-3060.

Xu, X. and J. Zhang, et al. (2006). Integrating GIS, Cellular Automata, and Genetic Algorithm in Urban Spatial Optimization: A Case Study of Lanzhou. Geoinformatics 2006: Geospatial Information Science. Wuhan: 64201U-64201U-10.

Ye, Y. and D. Richards, et al. (2019). "Measuring Daily Accessed Street Greenery: A Human-Scale Approach for Informing Better Urban Planning Practices." Landscape and Urban Planning.

Yeh, A. G. O. and X. Shi (2001). "Case-Based Reasoning (CBR) in Development Control." International Journal of Applied Earth Observation and Geoinformation 3 (3): 238-251.

Yiannoudes, S. (2016). Architecture and Adaptation: From Cybernetics to Tangible Computing. New York, Routledge.

Yu, C. and Y. Wang (2018). 3D-Scene-GAN: Three-Dimensional Scene Reconstruction with Generative Adversarial Networks. Vancouver, ICLR.

Yu, H. and Z. Wu, et al. (2017). "Spatio-temporal Recurrent Convolutional Networks for Traffic Prediction in Transportation Networks." Sensors (Basel, Switzerland) 17 (7): 1501.

Zhao, H. X. and F. Magoulès (2010). "Parallel Support Vector Machines Applied to the Prediction of Multiple Buildings Energy Consumption." Journal of Algorithms & Computational Technology 4 (2): 231-249.

Zheng, Y. (2018). Urban Computing. Cambridge, MA, MIT Press.

Zhong, H. and H. Wang, et al. (2020). "Quantum Computational Advantage Using Photons." Science 370 (6523): 1460.

Zhou, Z. (2017). "A Brief Introduction to Weakly Supervised Learning." National Science Review 5 (1): 44-53.

Zhou, Z. and J. Feng (2017). "Deep Forest." CoRR abs/1702.08835.

Zhu, J. and Y. Yang (2019). New Product Design with Popular Fashion Style Discovery Using Machine Learning. W. K. Wong. Cham, Springer International Publishing: 121-128.

Zhu, J. and T. Park, et al. (2017). Unpaired Image-to-Image Translation Using Cycle-Consistent Adversarial Networks. Venice, IEEE: 2242-2251.

Ziarati, K. and R. Akbari (2011). "A Multilevel Evolutionary Algorithm for Optimizing Numerical Functions." International Journal of Industrial Engineering Computations 2 (2): 419-430.

图书在版编目(CIP)数据

给建筑师的人工智能导读 / 何宛余等编著. -- 上海:
同济大学出版社, 2021.6
　ISBN 978-7-5608-8598-8

　Ⅰ.①给… Ⅱ.①何… Ⅲ.①人工智能－应用－建筑
业－通俗读物 Ⅳ.①TU18-49

中国版本图书馆CIP数据核字(2021)第112400号

给建筑师的人工智能导读
Architects' Guide to AI

何宛余　赵珂　王楚裕
[马]杨良崧(Jackie Yong)
编著

出　品　人：华春荣　　　　　　　　网　址：http://www.tongjipress.com.cn
策划编辑：袁佳麟　　　　　　　　　经　销：全国各地新华书店
责任编辑：卢元姗　　　　　　　　　版　次：2021年6月第1版
封面设计：王伊蕾　张微　　　　　　印　次：2023年10月第2次印刷
内文设计：杨良崧　邓智坚　张微　　印　刷：上海安枫印务有限公司
责任校对：徐春莲　　　　　　　　　开　本：889mm×1194mm　1/32
出版发行：同济大学出版社　　　　　印　张：11.125
地　　址：上海市杨浦区四平路1239号　字　数：296 000
邮政编码：200092　　　　　　　　　书　号：ISBN 978-7-5608-8598-8
　　　　　　　　　　　　　　　　　　定　价：88.00元